DER INDUSTRIEOFEN

IN EINZELDARSTELLUNGEN

HERAUSGEBER:

OB.-ING. L. LITINSKY

LEIPZIG

BAND II:

DER SIEMENS-MARTIN-OFEN

VON

DIPL.-ING. ERNST COTEL

ORDENTL. PROFESSOR AN DER MONTAN. HOCHSCHULE
IN SOPRON (OEDENBURG), STAHLWERKSDIREKTOR A. D.

SPRINGER-VERLAG BERLIN HEIDELBERG GMBH

1927

DER SIEMENS-MARTIN-OFEN

DIE GRUNDSÄTZE DES HERDSTAHLOFEN-BETRIEBES

VON

DIPL.-ING. ERNST COTEL

ORDENTL. PROFESSOR AN DER MONTAN. HOCHSCHULE IN SOPRON (OEDENBURG)
STAHLWERKSDIREKTOR A. D.

MIT 67 ABBILDUNGEN IM TEXT UND AUF 5 TAFELN
SOWIE 13 ZAHLENTAFELN IM TEXT

SPRINGER-VERLAG BERLIN HEIDELBERG GMBH
1927

ISBN 978-3-662-27650-1 ISBN 978-3-662-29140-5 (eBook)
DOI 10.1007/978-3-662-29140-5

Ursprünglich erschienen bei Otto Spamer Leipzig 1927
Softcover reprint of the hardcover 1st edition 1927

Vorwort des Herausgebers.

Bei der immer mehr durchdringenden Erkenntnis der Notwendigkeit der Spezialisierung auf allen Gebieten der Industrie und der Technik kann folgerichtig auch das Gebiet der technischen Literatur nicht ausgeschaltet werden. Es leuchtet ohne weiteres ein, daß in technischen Werken von mehr oder weniger zusammenfassendem Inhalt den einzelnen Gebieten der Technik schon allein aus Raumgründen nicht eine solche Behandlung zuteil werden kann, wie diese es eigentlich ihrer Natur und Bedeutung nach beanspruchen könnten. Diese Tatsache zwingt deshalb zu gleichzeitiger Anschaffung von mehreren Büchern, in welchen das fragliche Spezialgebiet häufig nur fragmentarisch behandelt wird, und verursacht nicht selten insofern unnütze Ausgaben, als ein großer Teil des sonstigen Inhaltes des angeschafften Buches den Spezialfachmann gar nicht interessiert. Es kommt noch hinzu, daß das Nachsuchen in mehreren Werken mit Verlust an kostbarer Zeit verbunden ist. Eine Sparwirtschaft und Rationalisierung muß deshalb auch auf dem Gebiet der technischen Literatur mit angewendet werden.

Von allen Gebieten der technischen Literatur ist kein einziges bis jetzt dermaßen vernachlässigt worden, wie das Gebiet der industriellen Öfen. Die wenigen vorhandenen Werke behandeln gleichzeitig mehrere Gebiete; über viele industrielle Öfen ist in der Buchliteratur überhaupt nur wenig zu finden. Bedenkt man, daß der Industrieofen die Seele beinahe eines jeden industriellen Prozesses ist, so sieht man ein, daß in bezug auf Bücher auf diesem Gebiete ein unzweifelhafter Mangel herrscht, dem unbedingt abgeholfen werden muß.

Nach dem vorliegenden Plan soll jeder industrielle Ofen in einem besonderen Buch für sich behandelt werden. Es ist eine Reihe voneinander unabhängiger Einzelbücher geplant, und zwar zunächst über folgendes: Hochöfen, Siemens-Martin-Öfen und andere Stahlwerksöfen, Kokereiöfen, Gaswerksöfen, Schwelöfen, Zementbrennöfen, Kalkbrennöfen, Keramische Brennöfen, Öfen zum Brennen von Dolomit, Magnesit usw., Ziegelbrennöfen, Porzellanbrennöfen, Brennöfen für feuerfeste Erzeugnisse, Glasschmelzöfen, Emaillieröfen, Holzverkohlungsöfen, Ofenberechnungen, Grundlagen des Ofenbaues, Wärmetechnik im Ofenbau, Torfverkohlungsöfen, Gießereiöfen, Öfen der chemischen Industrie, Erzröstöfen, Metallschmelzöfen, Destillier- und Raffinieröfen, Hüttenmännische Öfen, Gaserzeuger für Industrieöfen, Baustoffe der Industrieöfen, Wärmeregeneration in den industriellen Ofenanlagen, Betriebsüberwachung der industriellen Ofenanlagen, industrielle

Ofenheizgase, Schornsteine, Abhitzeverwertung in den Industrieöfen, Staubfeuerung in den Industrieöfen usw. usw.

Dem vorliegenden Band folgen in Kürze eine Reihe weiterer Spezialbände.

Ich hoffe durch die Herausgabe der Sammlung „Der Industrieofen in Einzeldarstellungen" einem wirklichen Bedürfnis entsprochen zu haben und bitte die Herren Fachgenossen mich durch Verbesserungswünsche und weitere Anregungen zu unterstützen.

L. Litinsky.

Vorwort.

Da diese Arbeit als ein Band der Sammlung „Der Industrieofen" erscheint, mußten bei der Bearbeitung des Stoffes in erster Reihe die Ansprüche des Betriebes berücksichtigt werden. Daher die ganz knappe Behandlung solcher Teile, welche nur von geringerer praktischer Bedeutung sind oder nicht mit dem Ofen selbst zusammenhängen.

Was die Einteilung des Stoffes anbelangt, so sei folgendes bemerkt. Die Bestimmung der Abmessungen von Ofenteilen und der Bau dieser Ofenteile werden nicht — wie meist üblich — gemeinschaftlich in einem Abschnitt, sondern voneinander getrennt erörtert. Bemessung der Ofenteile und Bau derselben sind nämlich Dinge ganz wesentlich verschiedener Natur. Die Bemessung der Öfen ist Sache der Metallurgie bzw. Feuerungskunde und Wirtschaftlichkeit, der Bau hingegen eine Frage der zweckmäßigen Ausführung.

Die Entwicklung des Ofenkopfes (des Brenners) in selbständigem Abschnitt zu besprechen schien um so mehr zweckmäßig, als auf diese Weise der Gegenstand — für den jüngeren Fachmann — sicher lehrreicher gemacht werden kann. Auch die Richtungen der zukünftigen Entwicklung können viel leichter gesucht werden, wenn man von den bisherigen Entwicklungsstufen ein einheitliches Bild hat. Diese Richtungen, diese neuen Wege zu suchen ist Pflicht eines jeden Hüttenmannes, um den am meisten verbreiteten stahlherstellenden Ofen bzw. dessen Betrieb Schritt für Schritt wirtschaftlicher gestalten zu können. Aus demselben Grunde wurde jedoch — an den betreffenden Stellen — auch auf die in letzter Zeit erprobten Neuerungen stets hingewiesen.

Es sei an dieser Stelle der Schriftleitung von „Stahl u. Eisen" für die freundliche Überlassung von Bildstöcken und Abbildungen, den im Texte genannten Firmen und Fachgenossen für die Überlassung von Lichtbildern, den Herren Assistenten Dipl.-Ing. *Richard Falk* und Dipl.-Ing. *Josef Veszelka* für die freundliche Unterstützung in der Arbeit und dem Herrn Verleger für die schöne Ausstattung des Buches mein wärmster Dank ausgesprochen.

Sopron (Ödenburg), am 15. März 1927.

Der Verfasser.

Inhalt.

1. Einleitung. Zweck und Wesen des Siemens-Martin-Ofens. Geschichtliches.

Der Siemens-Martin-Ofen ist ein metallurgischer Herdofen, ein Flammofen mit dem Zweck, Flußeisen bzw. Flußstahl als Massenerzeugnis herzustellen. Nach den neuesten Benennungen der Eisengattungen ist es richtiger, wenn das schmiedbare Eisen — ohne Rücksicht auf Härte und Härtbarkeit — durchweg als „Stahl" bezeichnet wird, so daß der Siemens-Martin-Ofen eigentlich ein stahlherstellender Ofen, kurz „Stahlofen" ist. Das kennzeichnende Wesen des Siemens-Martin-Ofens ist der flache, längliche, muldenförmige Herdraum, welcher zur Aufnahme der zu verarbeitenden Eisenmengen bzw. des „Stahlbades" dient und — unter Einschaltung der sog. Brennköpfe — mittels Umschaltfeuerung (Wechselfeuerung, Regenerativfeuerung) geheizt wird. Das Siemens-Martin-Verfahren ist dadurch gekennzeichnet, daß das Stahlbad — von Anfang bis zu Ende des Verfahrens — ruhig liegt, richtiger gesagt, keine mechanische Behandlung erfährt. Die Umwandlung des Einsatzes (des Roheisens) auf Stahl erfolgt daher bei diesem Verfahren (im Gegensatze z. B. zum Bessemer-Verfahren, bei welchem durch das Bad Luft geblasen wird) lediglich durch Oxydationswirkungen der Heizgase und Einwirkenlassen eines entsprechend zusammengestellten Schlakkenbades. Das Siemens-Martin-Verfahren ist die weitestverbreitete Art der großgewerblichen Stahlerzeugung.

Die Notwendigkeit der Erfindung des Siemens-Martin-Verfahrens wurde von der „eisernen" Logik der Zeit hervorgerufen. Der Bessemer-Stahl konnte nämlich an Beschaffenheit den allmählich größer gewordenen Anforderungen der Technik nicht mehr ganz einwandfrei entsprechen, wobei sich auch die dringende Notwendigkeit einer auch „Alteisen" („Schrott") verarbeitenden Stahlerzeugungsart deutlich herausstellte. Im Dauerbetriebe der größeren Eisenwerke entfallen regelmäßig beträchtliche Mengen von Schrott (Abfalleisen, Walzwerksabfälle), und auch infolge fortwährender Abnutzung eiserner Gegenstände stehen den Eisenwerken ständig sehr große Mengen von Alteisen zur Verfügung. Das Bessemer-Verfahren hatte zur Verarbeitung dieser Eisenstoffe keine (bzw. keine befriedigende) Möglichkeit. Die zu verbessernde Beschaffenheit des Flußstahles und die zu sichernde Verarbeitungsmöglichkeit des Abfalleisens bzw. Alteisens sind daher die eigentlichen Triebkräfte gewesen, welche zu der Ausarbeitung des neuen Verfahrens führten.

Der Deutsche *Wilhelm Siemens* und der Franzose *Pierre Martin* waren es, welche die Erfordernisse der damaligen Zeit am frühesten verstanden und auch die großartigen Fähigkeiten besaßen, diese wichtigste Frage der neuzeitlichen Eisenerzeugung zu lösen. Die zähe Ausdauer von *P. Martin*, die Anwendung der guten Ratschläge und der Umschaltfeuerung von *W. Siemens* führten nach vielen Versuchen zum Erfolg, und am 8. April 1864 gelang es, in Frankreich den ersten Herdstahl zu erschmelzen. Im Jahre 1868 kam zwischen *Siemens* und *Martin* bezüglich Anteile der beiden Familien an der Erfindung eine Einigung zustande. Nicht nur infolge dieser Tatsache, sondern auch darum, weil ohne Anwendung der *Siemens*schen Umschaltfeuerung der *Martin*sche Gedanke einfach nicht zum Erfolg gelangt wäre, trägt dieses Verfahren mit vollem Recht die Namen beider Erfinder[1]). Obwohl dies ganz selbstverständlich ist, mußte das doch auch hier hervorgehoben werden, nachdem das Siemens-Martin-Verfahren nicht selten nur mit dem Namen des zweiten Erfinders erwähnt wird.

2. Die Entwicklung des Siemens-Martin-Ofens.

Der von *P. Martin* im Jahre 1865 patentierte und sein in Sireuil aufgebauter erster Stahlofen war — wie Fig. 1 zeigt — in Form eines Schweißofens ausgeführt, jedoch mit muldenförmigem Herdboden und mit *Siemens*scher Umschaltfeuerung. Die Köpfe des ersten Siemens-Martin-Ofens zeigen also gar keine Abweichung von der Kopfausführung eines Schweißofens. Der Erfolg ist dennoch nicht ausgeblieben, und es gelang, in diesem Ofen flüssigen Stahl herzustellen. Bei den weiteren Betriebsversuchen hat sich jedoch herausgestellt, daß die damaligen Baustoffe des Ofens den erforderlichen hohen Temperaturen nicht standhalten konnten. Deshalb gereichte es *Martin* zu einem weiteren Vorteil, daß er den entsprechenden feuerfesten Stoff herauszusuchen in der Lage war; dieser Stoff war nämlich der sehr gute Sireuiler Quarzsand.

Es ist nicht ohne Bedeutung, schon bei der Erwähnung der ersten Betriebsversuche des Herdstahlschmelzens auf die Tatsache hinweisen zu können, daß die für Flußstahlerzeugung erforderliche Temperatur bzw. die Bedingung eines Herdstahlschmelzens auch dann gesichert werden kann, wenn Gas und Luft ohne vorherige innige Mischung zur Verbrennung kommen. Man war nämlich Jahrzehnte hindurch der Ansicht, daß die Gas- und Luftströme vor der Entzündung innig „gemischt" werden müssen, obwohl in der Tat von einer Mischung auf Entzündungstemperatur erhitzter Gas- und Luftströme — im wahren Sinne des Wortes — nie eine Rede sein kann[2]). Die kleinsten Teile solcher Gas- und Luftströme entzünden sich nämlich augenblicklich im Zeitpunkt des Zusammentreffens. Obwohl die Lebhaftigkeit dieses Zusammentreffens auf die günstige Verbrennung und Flammenbildung eine unbedingt bedeutungsvolle Wirkung haben muß, spricht bereits der „Schweißofenkopf" dem Standpunkte einer tatsächlichen „innigen Mischung" von Gas und Luftströmen entschieden entgegen.

---

[1]) Dr. *O. Johannsen*, Geschichte des Eisens 166, 1924.

[2]) *C. Dichmann:* Der basische Herdofenprozeß 2. Aufl., 110.

Aus Fig. 1 ist ersichtlich, daß die Wärmespeicherpaare bei dem ersten Herdstahlofen unmittelbar unter dem Oberofen lagen und deshalb schwer zugänglich waren. Später verlegte man die Kammerpaare quer zum Oberofen, und zwar so, daß die Luftkammern in der Mitte, die kleineren Gaskammern seitlich zu liegen kamen. Die Wärmespeicher wurden später — unter Beibehaltung der gegenseitigen Lage — derart verschoben, daß die Kammern von der Belastung des Oberofens und von den Gefahren der Stahleinbrüche gänzlich befreit wurden[1]).

Die weitere Entwicklung des Siemens-Martin-Ofens ist in der Hauptsache durch die fortwährende Verbesserung der Kopfform gekennzeichnet. Diese Tatsache ist einleuchtend, wenn man weiß, daß die Köpfe die wichtigsten, die wesentlichsten Teile des Ofens sind. Die Aufgabe des Kopfes ist, einesteils die zweckmäßigste Einführung des Gases und der Luft, andernteils die zweckmäßigste Richtung dieser Ströme zu sichern, wobei es selbst-

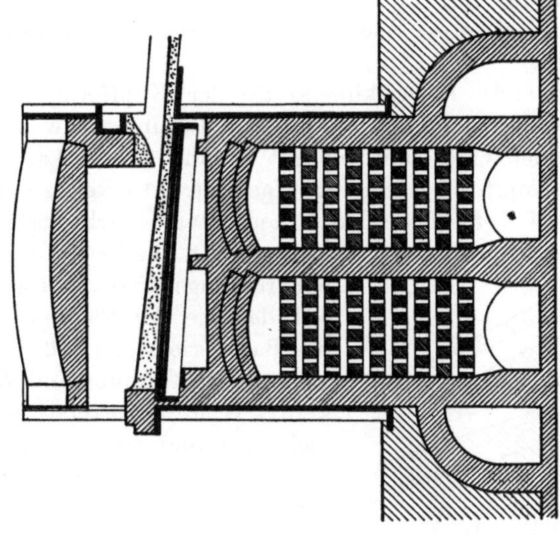

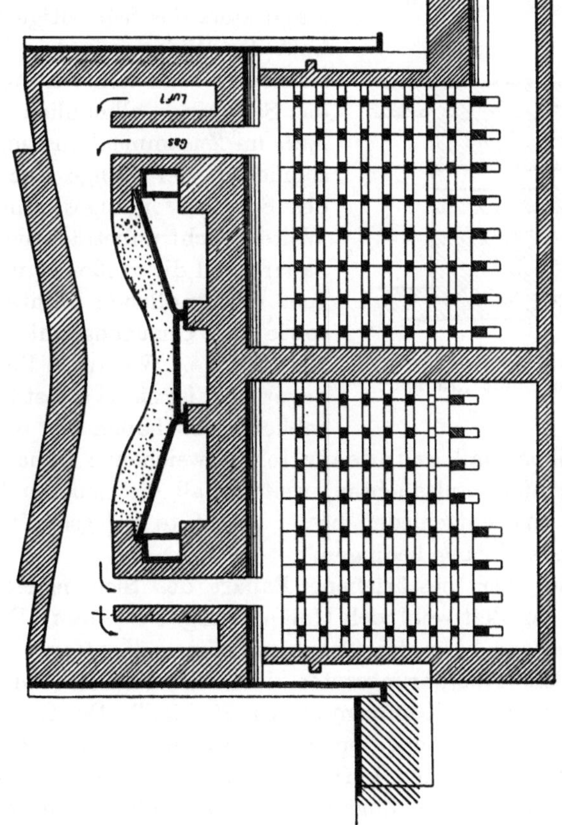

Fig. 1. Der erste Siemens-Martin-Ofen. Patentiert im Jahre 1865. (L. Beck, Die Geschichte des Eisens, V. Bd., S. 696.)

[1]) *Beck:* Geschichte des Eisens **5**, 695.

redend auch auf eine um so größere Dauerhaftigkeit des Kopfes ankommt. Dadurch ist eben die Wichtigkeit und zugleich die Empfindlichkeit des Kopfes gegeben.

Die erste Entwicklungsstufe der Kopfform, welche an die Stelle des „Schweißofenkopfes" trat, war eine Lösungsart, welche jahrzehntelang überall verwendet wurde und sich gut bewährt hatte. Die schematische Darstellung dieser Kopfform ist in Fig. 2 gezeigt. Der kennzeichnende und zugleich der heikelste Teil dieses, auch heutzutage stark verbreiteten Siemens-Martin-Ofenkopfes ist die sog. „Zunge", d. h. die Zwischenmauer der Gas- und Lufteinströmungskanäle. Diese Kopfbauart hat den Vorteil, daß sie der Flamme eine straffe Führung auf das Bad verleiht, so daß die schädliche Wirkung der Flamme auf Gewölbe und Wände vermieden werden kann. Weitere Vorteile weist jedoch diese Bauart nicht auf und besitzt auch diesen einzigen Vorteil nur solange, bis der Kopf neu, bzw. die Zunge lang genug ist. Ist die Zunge bereits in einer beträchtlicheren Länge abgeschmolzen, so wird die Flammenführung ungenügend, bzw. unrichtig, welcher Umstand stets das frühzeitige Abbrennen des Gewölbes bzw. der Widerlager desselben zur Folge hat. Bei schlechter Flammenführung geht selbstredend auch das Schmelzen allmählich langsamer vor sich, weshalb im Zusammenhang mit dem allmählichen Abschmelzen der Zunge auch die Wirtschaftlichkeit des Schmelzvorganges allmählich schlechter wird. Weitere nicht unbeträchtliche Nachteile dieser Kopfbauart sind die großen Baukosten und die langwierigen, umständlichen Maurerarbeiten solcher Köpfe, sowie die Unzugänglichkeit der flickarbeitbedürftigen Zunge. War diese Bauart trotzdem lange Zeit bevorzugt, ist sie ja selbst heute noch in Anwendung geblieben, so haben wir dies dem Umstande zuzuschreiben, daß grundsätzlich abweichende Bauarten sehr lange Zeit hindurch nicht auftauchten, weiter, daß die neueren bzw. neuesten Kopfbauarten eine entschieden besser geschulte Belegschaft und eine sehr sorgsame Betriebsführung bedingen.

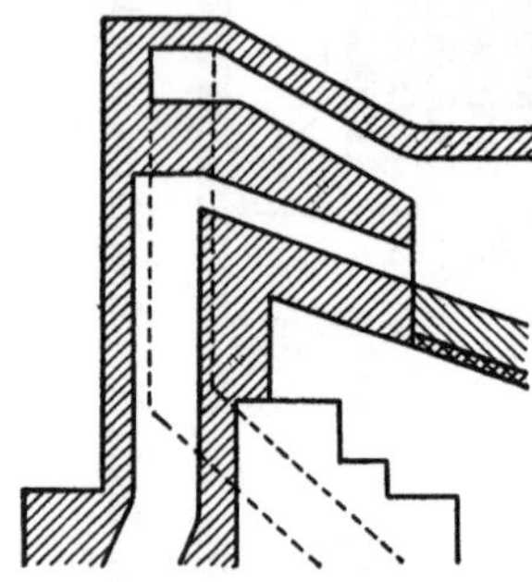

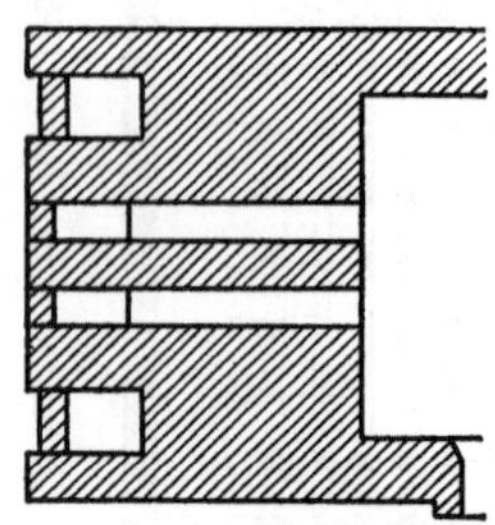

Fig. 2. Siemens-Martin-Ofenkopf mit „Zunge".

Die oben beschriebene Bauart des Siemens-Martin-Ofenkopfes hat im Laufe der Zeit wohl viele Umänderungen erfahren. Diese umgeänderten Köpfe waren jedoch in der Tat keine neuen Kopfformen, sondern lediglich verschiedene Ausführungsarten desselben Kopfes. Eine gut bewährte Ausführungsart dieser Kopfform zeigt z. B. Fig. 3. Der Gaszug wurde bei dieser Ausführungsart zurückgezogen, so daß dieser, wie auch die ebenfalls senkrecht und frei stehenden Luftzüge, von der Außenluft umspült, gekühlt werden. Auch eine bessere Zugänglichkeit der Züge wird mit dieser Anordnung gewährleistet. Die größere Haltbarkeit dieser Kopfausführung wurde von *O. Friedrich* in der Weise noch weiter gesteigert, daß er die der Zerstörung am

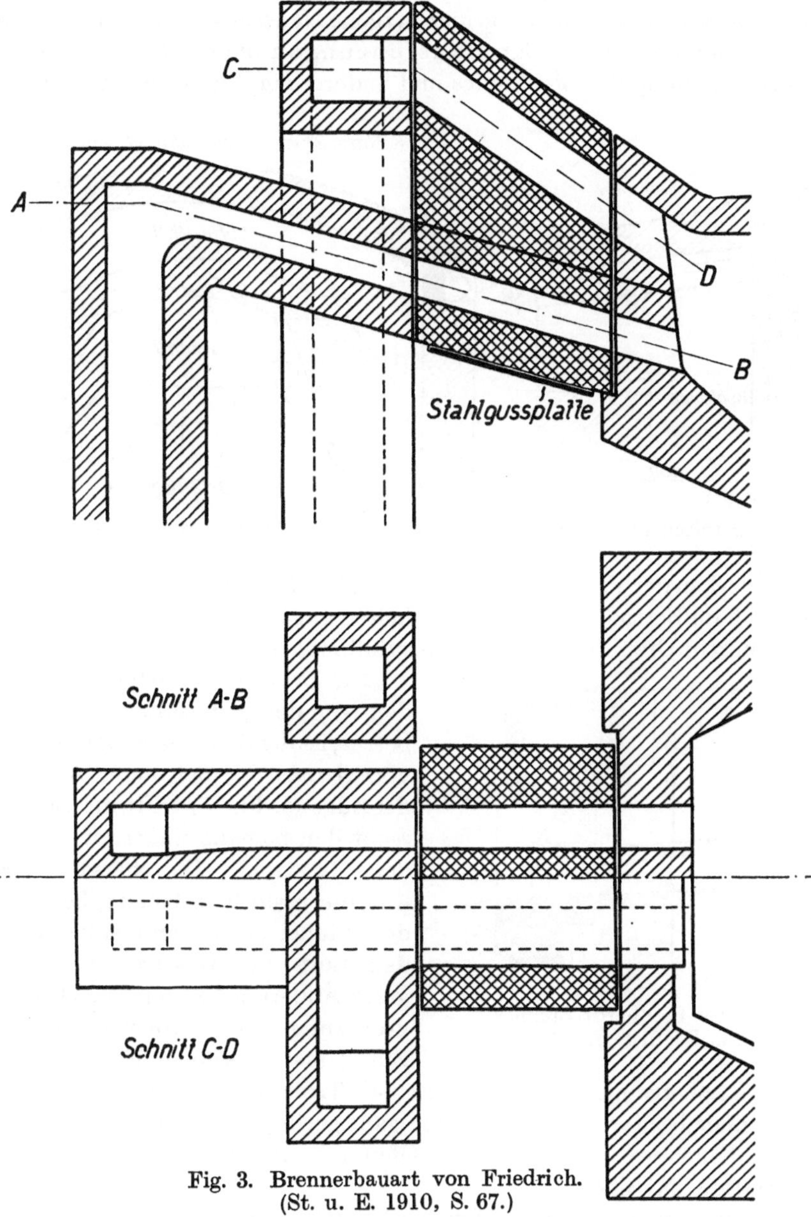

Fig. 3. Brennerbauart von Friedrich.
(St. u. E. 1910, S. 67.)

stärksten ausgesetzten Teile dieses Kopfes (in der Fig. 3 die zweimal gestrichelten Teile) auswechselbar gebaut hatte[1]). Obwohl der Siemens-Martin-

[1]) Dr. *O. Petersen:* Zum heutigen Stand des Herdfrischverfahrens, St. u. E. 67 (1910).

Ofenkopf von *Friedrich* und die zahlreichen anderen Ausführungsarten dieser Bauart — mit Zunge — die Haltbarkeit des empfindlichsten Ofenteiles in sehr beträchtlichem Maße gesteigert haben, können diese Lösungen der Brennerkopffrage doch ebensowenig als grundsätzliche Neuerungen betrachtet werden, wie die wassergekühlten Kopfausführungen dieser Bauart. Die reichliche Wasserkühlung des Ofenkopfes und anderer empfindlicher Ofenteile ist in

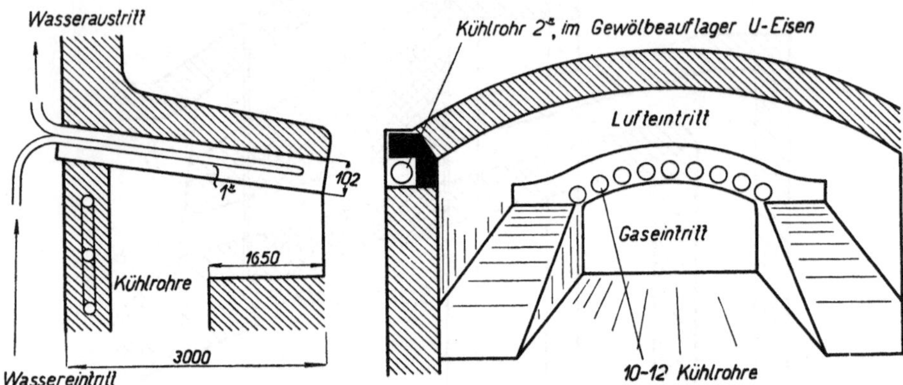

Fig. 4. Amerikanischer Ofenkopf mit Wasserkühlung. (Nr. 90, Bericht Stahlwerksausschuß.)

den Stahlwerken der Vereinigten Staaten von Nordamerika besonders verbreitet und hat sich im Betriebe großer Ofeneinheiten gut bewährt. Ein amerikanischer Siemens-Martin-Ofenbrenner mit Wasserkühlung ist in Fig. 4 dargestellt.

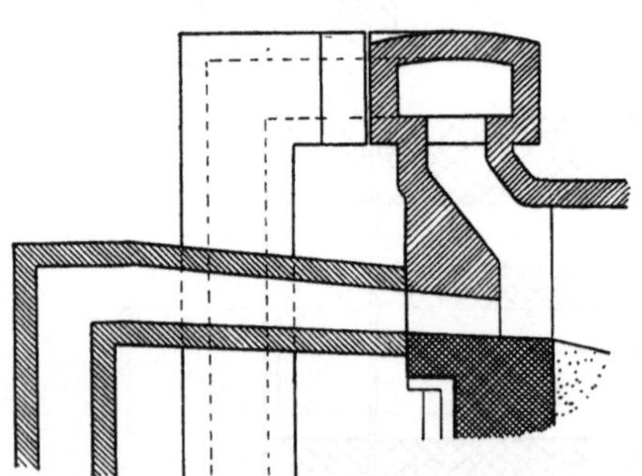

Fig. 5. Der Bernhardt-Brenner. (St. u. E. 1913, S. 311.)

Die erste Kopfausführung, welche den Weg der grundsätzlichen Neuerung betrat, ist der Siemens-Martin-Ofenkopf von *Bernhardt*. Bei dieser Anordnung der Züge (s. Fig. 5) trifft die Luft senkrecht den beinahe wagerecht kommenden Gasstrom. Der Bernhardt-Kopf war die erste Kopfbauart, bei welcher der Winkel des Zusammentreffens von den Luft- und Gasströmen eine sehr große Änderung bzw. eine mächtige Vergrößerung erfuhr, wobei auch die sog. Zunge fast verschwunden, richtiger gesagt, ihre Form grundsätzlich geändert ist. Trotz aller Vorteile, die der Bernhardt-Brenner besitzt, fand er nur eine ganz geringe Verbreitung. In Königshütte sind mehrere Siemens-Martin-Öfen mit Bernhardt-Brenner in tadellosem Betrieb zu sehen.

Bei allen oben angeführten Brennerbauarten (mit Zunge) sind die Luftzüge über den Gaszügen angeordnet, so daß die Zuführung der Verbrennungsluft in den Ofen oberhalb der Gaszugmündungen erfolgt. Diese Anordnung der Luft- und Gasführungen bringt aber — wie wir gesehen haben — verschiedene Nachteile mit sich. Die Trennungswand der Züge (die Zunge) wird durch die hocherhitzten Abgase allmählich zerstört, wodurch die Flammenführung allmählich ungünstiger wird. Die Folgen der ungünstig gewordenen Flammenführung sind der starke vorzeitige Verschleiß des Gewölbes und der Zurückgang der Wirtschaftlichkeit des Schmelzvorganges, bzw. die Verminderung der Leistungsfähigkeit. Ein weiterer Nachteil solcher Anordnung der Züge besteht darin, daß die Luftzüge sehr hoch über der Herdoberfläche zu liegen kommen, wodurch der größere Teil der Abgase bzw. der Flamme von dem Bad vorzeitig abgelenkt wird. Auf die Kostspieligkeit und Umständlichkeit des Baues solcher Brenner wurde bereits hingewiesen, wie auch auf die Unzugänglichkeit der Zunge. Bei der Zusammenfassung der Nachteile dieser älteren Brennerbauarten möge noch festgestellt werden, daß in den Siemens-Martin-Öfen dieser Bauart — infolge der scharfen Richtungsänderungen der Züge — auch die Widerstände zu groß sein müssen.

Eine erhebliche Vereinfachung der Kopfkonstruktion und Beseitigung aller Nachteile der älteren Bauarten wurde erst mit der Brennerbauart des Ing. *J. Maerz* (Breslau) erreicht. *Maerz* baute seinen Brenner bzw. seinen Ofen auf ganz neuen Grundlagen auf (s. Figg. 6 bis 8). Der Kopf des Ofens besteht hier nur aus einem in der üblichen Weise angeordneten Gaszug und zwei senkrechten Luftzügen, die in einem gewissen Abstand von der Gaszugmündung vor dieser von unten in den Ofen einmünden. Die erhitzte Luft steigt — entsprechend der senkrechten Führung — mit ziemlicher Geschwindigkeit bis an das Gewölbe empor und wird — durch dasselbe abgelenkt — dem Gasstrom zugeführt, bzw. dieser wird von dem Luftstrom umfaßt. Die Flamme wird auf der einziehenden Seite gut auf das Bad geleitet und auf der abziehenden Seite des Ofens niedergehalten. Daraus ergibt sich neben einer besseren Brennstoffausnützung eine kräftige, gleichmäßige Beheizung des Bades unter Schonung des Ofengewölbes. Der Ofengang kann während der ganzen Ofenreise gut sein, da solche Brennerteile (wie z. B. die Zunge der älteren Bauarten), durch deren Wegbrennen die Flammenführung ungünstig beeinflußt wird, nicht vorhanden sind. Die Gas- und Luftzüge sind bei dem Maerz-Ofen bis zu ihrer Mündung voneinander vollkommen getrennt und von allen Seiten freistehend angeordnet. Die Ofenwiderstände sind durch die kurze und ohne Richtungswechsel verlaufende Luftführung bedeutend verringert, was auch für die abziehende Seite von Vorteil ist. In den Seitenwänden des Ofens sind dort, wo sich die Luftzüge befinden, durch Türen verschließbare Öffnungen vorgesehen, durch welche man Flickarbeiten an den Feuerbrücken bei vollem Betriebe vornehmen kann.

Der Hauptvorteil der Brennerbauart von *Maerz* besteht darin, daß der Abbruch und Wiederaufbau der Köpfe mit einem geringen Aufwand an feuerfesten Stoffen und Arbeitslöhnen in ganz kurzer Zeit erfolgen kann, und daß der Ofen beim Anheizen sehr schnell wieder auf Schmelzhitze zu bringen ist, weil große Mauerwerkmassen, für deren Austrocknung und Erhitzung eine längere Zeit erforderlich wäre, hier nicht vorhanden sind.

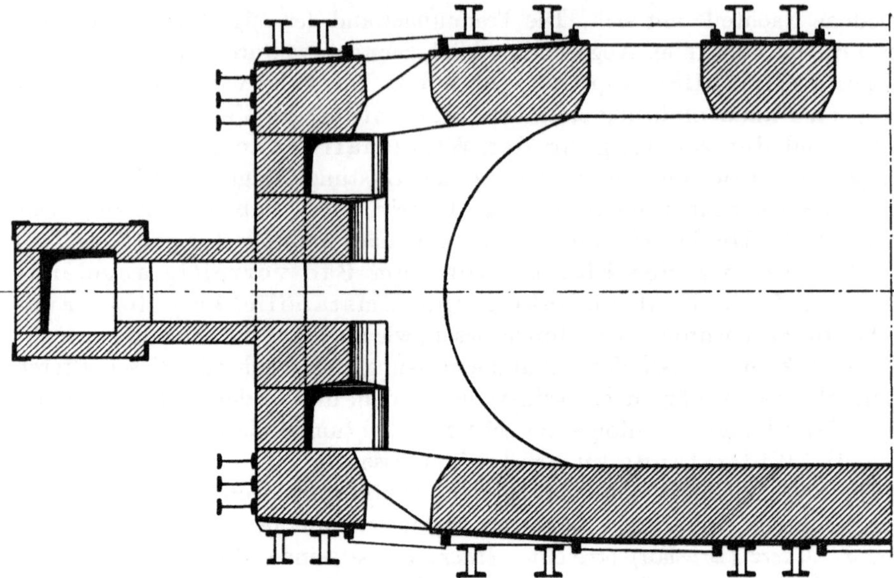

Fig. 6. Siemens-Martin-Ofen, System Maerz.

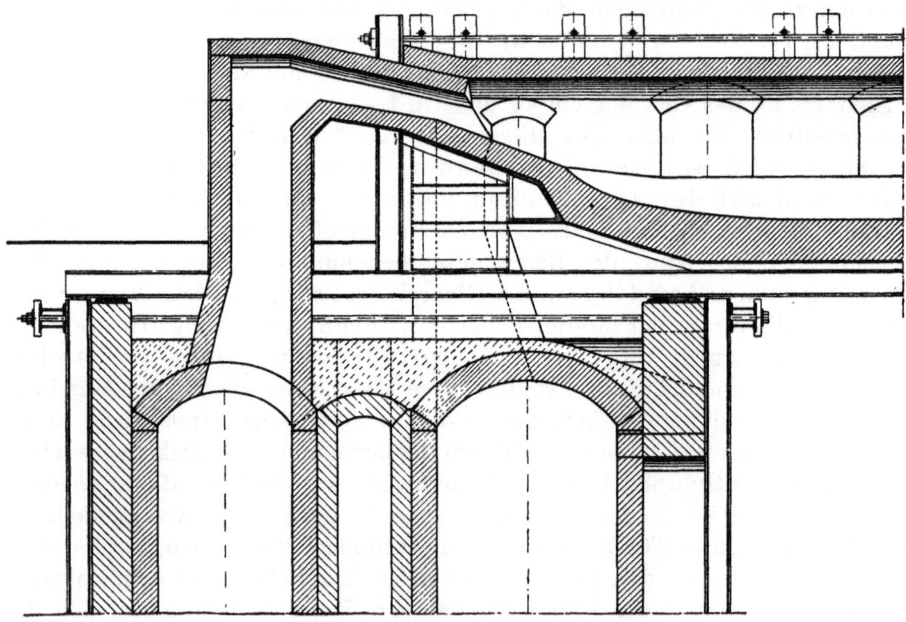

Fig. 7. Siemens-Martin-Ofen, System Maerz.

Wie jede Neuerung, hatte auch der Maerz-Ofen anfänglich mit verschiedenen Schwierigkeiten zu kämpfen. Das Hauptübel war die ungenügende Haltbarkeit der Gaszugmündung. Dieser Nachteil wurde durch die stärkere

Ausführung der Stirnwand des Ofens beseitigt, bzw. wesentlich verringert. Zu demselben Zwecke wurde später die Gaszugmündung über die Stirnwand hinaus vorgezogen und das Mauerwerk derselben verstärkt, was sich sehr gut bewährte. Fig. 6 stellt einen solchen Maerz-Ofen in wagerechtem Schnitt und Fig. 7 in Längsschnitt dar. Ist die Gaszugmündung bis zur Stirnwand zurückgebrannt, so wird nicht der vorgezogene Gaszugkopf, sondern nur das Gaszugmauerwerk in der Stirnwand des Ofens wiederhergestellt. Die Wiederherstellung kann aber, da dieser Teil von außen sehr bequem zugänglich ist, während eines Sonntagsstillstandes in kurzer Zeit erfolgen. Dieser Gaszugteil kann auch vorher auf der Ofenbühne hergestellt und fertig eingesetzt werden[1]).

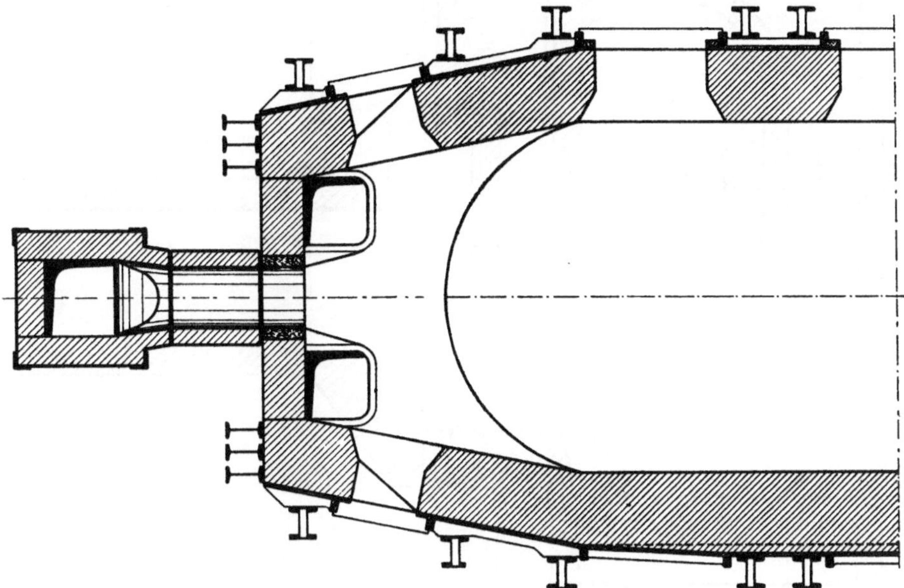

Fig. 8. Maerzofen mit Wasserkühlung.

Für Betriebe, in welchen ein heftiges Aufschäumen zu erwarten ist, werden die Luftzugmündungen so hoch angelegt, daß ein Überlaufen von Schlacke in die Luftzüge nicht stattfinden kann.

Fig. 8 zeigt einen Maerz-Ofen mit Wasserkühlung an den Gas- und Luftzugmündungen. Bei diesem Ofen ist die Wasserkühlung auf ein Mindestmaß beschränkt und die Kühleinrichtung der Gaszugmündung von außen zugänglich und ohne Außerbetriebsetzung des Ofens schnell auswechselbar. Es stehen mehrere solche wassergekühlte Maerz-Öfen seit 3 Jahren in Betrieb, und die Wasserkühlung hat sich gut bewährt. Solche Wasserkühlungen können jedoch selbstredend nur dort angewendet werden, wo ein dauernder Wasserzufluß stets gesichert ist.

H. Moll, Stahlwerkschef der Rasselsteiner Eisenwerke, macht in der Fortentwicklung der Brennerkonstruktion einen weiteren Schritt. Sein Ausgangs-

[1]) Mitteilung des Herrn Ing. *Maerz*, Breslau.

punkt war sicherlich der Gedanke von *Maerz*, so daß die Brennerkonstruktion von *Moll* als eine weiterentwickelte Form des *Maerz*schen Brenners zu betrachten ist[1]). Der Unterschied besteht nämlich lediglich darin, daß die Luftzüge beim Moll-Ofen in einem in die Achse des Ofens versetzten schlitz-

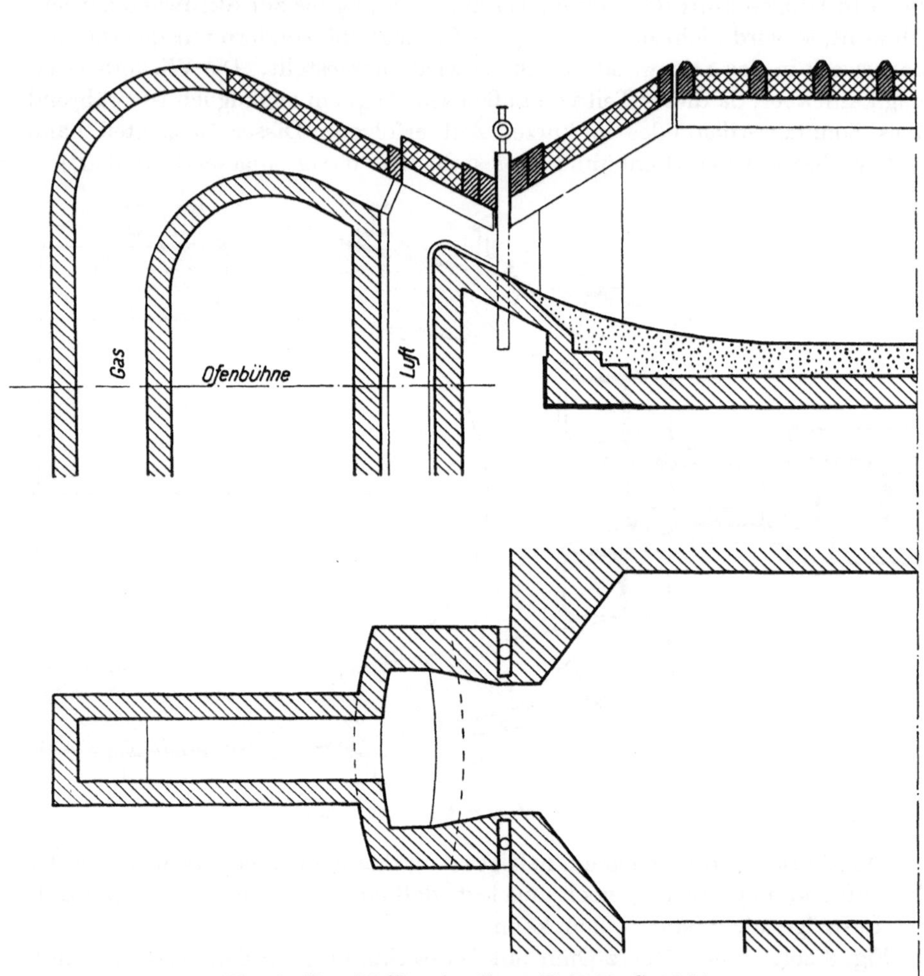

Fig. 9. Der Mollkopf. (St. u. E. 1924, S. 194.)

artigen Luftzug vereinigt sind, wobei es nicht vergessen werden darf, daß *Maerz* bereits im Jahre 1912 im Torgauer Stahlwerk mit einer ganz ähnlichen Anordnung der Gas- und Luftzüge Versuche gemacht hatte. Fig. 9 zeigt den Moll-Brenner, bei welchem die Neuerung, daß die anschließenden Gewölbeteile des Herdes heruntergezogen wurden, auffallend ist[2]).

[1]) Der Mollkopf für Siemens-Martin-Öfen, Stahleisen 193 (1924).

[2]) *E. Cotel:* Über die Probleme der Eisenindustrie, Ztschr. d. Ver. ungar. Ing., Budapest, 151 (1924).

Moll erstrebt mit seinem Brenner eine noch innigere „Mischung“ der Gas- und Luftströme, nachdem der Gasstrom bei der *Moll*schen Anordnung der Züge den Luftstrom sozusagen durchbohren muß. *Moll* hat die vollkommene „Mischung“ und vollkommene Verbrennung auf kleinstem Raum angestrebt. Es ist ihm damit gelungen, eine dem Bunsenbrenner ähnliche Wirkung, d. h. eine „Stichflamme“ zu erreichen. Eine derartige Verbrennung geschieht naturgemäß mit einer hohen Temperaturentwicklung bzw. mit einer großen Schmelzwirkung. In den Moll-Öfen schmelzen daher feste Einsätze (sogar reine Schrotteinsätze) sehr rasch ein, was ein unbestreitbar großer Vorteil des Moll-Brenners ist. Der Betrieb des Moll-Ofens bzw. des Moll-Kopfes ist jedoch ein ziemlich empfindlicher, da es hier eine sehr wichtige Bedingung ist, die Strömungsgeschwindigkeit der in den Herd eintretenden Gas- und Luftmengen möglichst genau so einzustellen, daß sie stets etwas größer ist, als die Verbrennungsgeschwindigkeit des in den Herd einströmenden Gas- und Luftgemisches. Ist dies nicht der Fall, so schlägt der Brenner zurück, wie das bei den Bunsenbrennern häufig erfolgt. In diesem Falle entsteht eine mangelhafte Wärmeentwicklung im Herde und ein frühzeitiges Abschmelzen der Köpfe, da die Verbrennung an unrichtiger Stelle stattfindet.

Diese letztere Empfindlichkeit ist zwar eine wenig angenehme Eigenschaft der *Moll*schen Bauart, kann jedoch keinesfalls als Fehler derselben betrachtet werden. Wenn die Logik des Fortschrittes und die Grundsätze der Wärmewirtschaft im Eisengewerbe zu einer allgemeinen Anwendung der verschiedensten Meßgeräte führten, kann man mit Recht erwarten, daß künftig auch die Belegschaften der Siemens-Martin-Öfen besser geschult werden müssen. Daß der Moll-Ofen in diesem Falle eine ausgezeichnete Lösung für die Siemens-Martin-Stahlerzeugung ist, beweist der großartige Erfolg, welcher im Rasselsteiner Stahlwerk erreicht wurde, wo die Siemens-Martin-Öfen unter der Leitung des Erfinders stehen und die Belegschaft ebenfalls von ihm geschult wurde. Die Stahlerzeugung der Rasselsteiner Öfen für die Stunde ist nämlich bedeutend größer als die der Öfen anderer Bauart und gleicher Fassung. Als Nachteil dieser Konstruktion gilt die nicht immer befriedigende Haltbarkeit der Öfen. Es steht jedoch ganz außer Zweifel, daß dieser Nachteil nur als Zeichen der mit dieser Ofenbauart gemachten geringen Erfahrung zu betrachten ist.

Es sei hier als besonders großes Verdienst von *Moll* erwähnt, daß er sich nicht begnügte, den Brenner der Siemens-Martin-Öfen umzugestalten, sondern auch allen Teilen des Ofens eine weiterentwickelte, mehr vollendete Form zu geben bestrebt war. *Moll* hat z. B. die Tatsache festgestellt, daß man — bezüglich gegenseitiger Anordnung der einströmenden Gas- und Luftzüge — Gas und Luft gegenseitig vertauschen kann, sofern das Grundsätzliche des Brennersystems nicht verletzt wird. So ergeben sich zwei Ausführungsformen des Moll-Brenners: eine, bei welcher der breitere Luftzug in den richtungsbestimmenden Gasstrom mündet, und die andere, bei der die Luft die führende Geschwindigkeit hat, d. h. der schmälere, ungefähr senkrecht aufsteigende

Gaszug mündet in den breiteren, richtungsbestimmenden Luftstrom. *Moll* wendet bei seinen neuesten Öfen auch ganz neuartige Luftkammern und besonders geformte Gittersteine an, welche in weiteren Kapiteln besprochen werden.

Die Brennerbauarten *Maerz* bzw. *Moll* bezeichnen die höchste Stufe der Entwicklung des Siemens-Martin-Ofenkopfes von heute. Es befinden sich wohl auch andere, gut bewährte Bauarten in Anwendung der Siemens-Martin-Stahlwerke, wie dies aus dem nächstfolgenden Kapitel ersichtlich sein wird. Diese letzteren Sonderbauten gelten jedoch nicht als Entwicklungsstufen, sondern nur als Lösungen einzelner Betriebsarten, bzw. als Brenner für gewisse Brennstoffe. Es kann nämlich nicht außer acht gelassen werden, daß als eigentlicher, allgemein benutzter Brennstoff des Siemens-Martin-Betriebes nur das Generatorgas betrachtet wird. Alle anderen Brennstoffe, welche für die Beheizung der Herdstahlöfen verwendet werden können, haben meistens nur eine örtliche, richtiger gesagt: keine allgemeine Bedeutung.

Nachdem der Moll-Brenner als eine Art Anwendung des Bunsenbrenner-Grundsatzes bzw. als eine Annäherung an diesen Grundsatz aufzufassen ist, sei hier erwähnt, daß Versuchsöfen des Siemens-Martin-Verfahrens bereits auch mit ausgesprochenen, regelmäßigen Bunsenbrennern mit Erfolg beheizt wurden. *G. Donner* berichtet über diese Versuche[1]), die das Erreichen höchster Flammentemperaturen zum Zweck hatten, wobei die Flamme so geführt werden muß, daß das Mauerwerk nach Möglichkeit geschont wird und die Flamme selbst hart auf das Bad schießt, ohne nur darüber hinwegzugleiten. Es kann gesagt werden, daß das Schmelzen im Siemens-Martin-Ofen mit kaltem Preßgas bei einem Druck von etwa 2000 (zweitausend) mm WS unter Vorwärmung der Luft zu besten Ergebnissen führt, wenn man ein Gas wählt, dessen Zusammensetzung einer theoretischen Temperatur von 1800° bis 2000° entspricht, und einen Brenner verwendet, der eine möglichst vollkommene Mischung von Gas und Heißluft gewährleistet.

3. Die Brennstoffe der Siemens-Martin-Öfen.

Die Brennstoffe des Herdstahlofens können — in der Reihenfolge der geschichtlichen Entwicklung — gasförmige, flüssige und feste Brennstoffe sein. In der ersten Zeit der Siemens-Martin-Öfen wurden diese nur mit Generatorgas geheizt. Später wurden zu diesem Zwecke Erdgas (Naturgas), nachher auch Gase des Hochofens und die der Koksöfen verwendet. Von den flüssigen Brennstoffen des Herdstahlofens sind die Erdölerzeugnisse bzw. Rückstände (Masut), das Teeröl und der flüssige Teer zu nennen. In der jüngsten Zeit drängt sich auch ein fester Brennstoff in den Vordergrund, und zwar die Staubkohle, welche — im allgemeinen — als Brennstoff von Tag zu Tag an Bedeutung gewinnt. Im Herdstahlofenbetrieb spielt die Kohlenstaubfeuerung allerdings noch eine ganz bescheidene Rolle.

---

[1]) *G. Donner:* Versuche mit Preßgasbeheizung von Siemens-Martin-Öfen, St. u. E. 558 (1923).

A. Generatorgas.

Die Siemens-Martin-Öfen werden in weit überwiegender Mehrzahl der Fälle mit Generatorgas betrieben. Das Gas ist meistens aus Kohle (Steinkohle, Braunkohle, Lignit, Torf), selten aus Koks oder aus Holz erzeugt. Zu diesem Zweck müssen die genannten Brennstoffe restlos vergast werden, um eine vollkommen gleichmäßige Gaszusammensetzung erreichen zu können. Die Entgasung der obgenannten Kohlensorten liefert nämlich eine fortwährend, und zwar zwischen weiten Grenzen schwankende Gaszusammensetzung, weshalb die durch Entgasung gewonnenen Gase für die Beheizung der Herdstahlöfen völlig ungeeignet sind. Verf. hatte Gelegenheit, einen 30-t-Ofen längere Zeit hindurch mit den Gasen einer sog. Tieftemperatur-Verkokung der besten Steinkohlensorten zu betreiben; das Ergebnis war ein sehr schwankender Betrieb und ein erhöhter Kohlenverbrauch[1]). Die Ursache dieses unangenehmen Ergebnisses ist die Tatsache, daß der Entgasungsvorgang schon an und für sich sehr empfindlich ist und von verschiedenen unbedeutenden Nebenumständen stark beeinflußt wird; daher die fortwährend schwankende Gasmenge und Gaszusammensetzung solcher Entgasungsvorgänge[2]).

Es sei hier bemerkt, daß die Generatorgase, welche im Herdstahlofenbetrieb zur Verbrennung gelangen, einigen besonderen Bedingungen zu entsprechen haben. Die Hauptbedingung ist die schon erwähnte gleichmäßige Zusammensetzung bzw. der möglichst gleichbleibende Heizwert, der womöglich hoch sein soll. Ist der Heizwert des Generatorgases verhältnismäßig niedrig, so wird der Unterschied zwischen den Temperaturen der Heizgase und des Stahlbades zu klein, so daß das Bad — am Ende der Schmelze — in der Zeiteinheit nur kleine Wärmemengen aufnehmen kann; infolgedessen zieht sich das Fertigmachen der Schmelze in die Länge. Eine allgemein gültige Höhe des Heizwertes läßt sich nicht bestimmen, doch ist es ratsam, den Heizwert des Generatorgases womöglich über 1200 bis 1250 WE für 1 cbm zu halten.

Ein weiteres Erfordernis eines guten Generatorgases ist, daß es möglichst schwefelfrei bzw. schwefelarm sein soll. Der Schwefel tritt im Gas zum weitaus größten Teil als H_2S auf und rührt von flüchtigem Schwefelgehalt der vergasten Kohle her. — *A. Jung* stellt diesbezüglich im Bericht Nr. 83 des Stahlwerksausschusses[3]) folgendes fest: „Steigt der Schwefelgehalt im Gas, so steigt auch der Schwefelgehalt im Stahl, allerdings nicht im gleichen Verhältnis, da er sich auf Stahl und Schlacke verteilt. Ein Schwefelgehalt bis 3 g im Kubikmeter Gas ist unbedenklich, ein höherer nur bei Zusatz von Flußspat zulässig, wenn man 0,06% S im Stahlblock nicht überschreiten will. Wird ein schwefelreines Erzeugnis verlangt, so ist ein Schwefelgehalt von etwa 1 g/cbm, der ja bei guter Steinkohle zutrifft, zu erstreben. Sicherwirkende Gegenmittel für die Führung der Schmelze gibt es nicht; erwünscht ist neben Schwefel im Einsatz genügender Mangangehalt in der Schlacke,

---

[1]) *E. Cotel:* Die Tieftemperaturverkokung in der Eisenindustrie, Ztschr. d. Ver. ungar. Ing., Budapest, III, 23, S. 37 (1924).

[2]) VDI. 1270 bis 1271 (1921).

[3]) 11. April 1924.

der sich zum Mangangehalt des Einsatzes richtig einstellt." *I. Bronn* gibt in seiner Arbeit über die „Verringerung des im Generatorgas enthaltenen Schwefels"[1]) an, daß durch Zusatz von 2 bis 3% gebrannten Kalkes zu der Steinkohle ein erheblicher Teil des flüchtigen Schwefels an die Gaserzeugerschlacke gebunden und so auch die Gefahr der Schwefelung des Stahlbades beträchtlich vermindert wird.

Die dritte Bedingung für die Güte des Stahlwerk-Generatorgases ist der möglichst mäßige Wassergehalt und der nicht zu hohe Wasserstoffgehalt desselben. Beide sind miteinander eng verknüpft, da ein Teil des in den Gaserzeuger eingeblasenen Wasserdampfes zersetzt wird:

$$H_2O + C = H_2 + CO$$

oder (seltener, bzw. bei niedrigeren Temperaturen):

$$2\ H_2O + C = 2\ H_2 + CO_2$$

und der andere Teil unzersetzt hindurchgeht. Dies ist, wie *Osann* feststellte[2]), auch für die Beschaffenheit des Flußeisens sehr nachteilig. Bei Anwendung eines solchen Gases blättern sich die Silikasteine des Ofens auf und der Stahl neigt zu Rotbruch. Die zulässige Menge des Wasserstoffes und des einzublasenden Wasserdampfes ist schwer zu bestimmen, da die thermischen Grundlagen unsicher sind. *Osann* hat eine Berechnung aufgestellt[3]), die davon ausgeht, daß 11,5 Proz. (Raumteile) H in trockenem Gas als normal gelten müssen. Es wurden von *Osann* rund 0,17 kg Wasserdampf für 1 kg Steinkohle und 0,23 kg Wasserdampf für 1 kg C als normale, künstlich einzuführende Menge ermittelt, sofern die Luftbeschaffenheit eine gewöhnliche ist.

Nach *A. Ziegler* wird auch der Wärmeübergang mit zunehmendem Wasserdampfgehalt geringer. Temperaturmessungen zeigten ein Abfallen der Flammentemperatur mit steigendem Wasserdampfgehalt[4]).

Was nun den Verbrauch des Herdstahlofens an Gaserzeugerkohle anbelangt, so steht die Größe dieses Kohlenverbrauches mit dem Fassungsvermögen und mit der Schmelzdauer in Zusammenhang. Je größer das erste und je kürzer die zweite, desto günstiger wird der Kohlenverbrauch ausfallen. Die untenstehenden, von *Osann* angegebenen allgemeinen Anhaltszahlen[5]) des Kohlenverbrauches der Siemens-Martin-Öfen sind für Überschlagsrechnungen sehr zu empfehlen, und zwar mit der Bemerkung, daß sie sich auf Steinkohle und auf guten Ofengang beziehen (s. Zahlentafel 1).

Bei Siemens-Martin-Öfen, die mit aus Kohle (und Holz) erzeugtem Generatorgas beheizt werden, sind alle diejenigen und ähnliche Brennerbauarten anwendbar, welche im Kapitel 2 besprochen wurden.

---

[1]) St. u. E. 78 (1926).
[2]) *B. Osann:* Eisenhüttenkunde 2, II. Aufl., 298.
[3]) *B. Osann:* Ebenda 299.
[4]) Bericht Nr. 96 des Stahlwerksausschusses des Vereins deutscher Eisenhüttenl., Verlag Stahleisen, Düsseldorf.
[5]) *B. Osann:* Eisenhüttenkunde 2, II. Aufl., 412.

Zahlentafel 1. Kohlenverbrauch der Siemens-Martin-Öfen.

Fassungsvermögen t	Schmelzdauer St.	Kohlenverbrauch vom Einsatz Proz.
unter 2,0	4	75
2,0 bis 5,0	4	50
5,0 „ 7,5	4	40
7,5 „ 20	4,5	30
20 „ 30	5	28
30 „ 40	5,5	26
40 „ 60	6	24
60 „ 80	8	22
80 „ 100	10	20
über 100	11	18

B. Koksofengas.

Die hochwertigen Gase der Koksofenanlagen gewinnen in der Wärmewirtschaft der Eisenwerke eine immer größer werdende Bedeutung. Es liegt daher auf der Hand, die überschüssigen Koksofengase auch im Herdstahlofenbetrieb nutzbar zu machen, um so mehr, als aus dem Standpunkte des Stahlwerkleiters ein hoher Heizwert der Gase immer vorteilhaft erscheinen muß. Es sind bereits mehrere große Eisen- und Stahlwerke, darunter z. B. Witkowitz (in Mähren), bekannt, die so weit gegangen sind, daß bei ihnen die Gaserzeugeranlage nunmehr nur eine Aushilfe bedeutet für den Fall, daß die Koksöfen vielleicht außer Betrieb sind. In diesen Eisen- und Stahlwerken werden die Koksöfen mit Hochofengas beheizt, um die hochwertigen Koksofengase in ihrer Gänze an wärmewirtschaftlich richtigsten Stellen verbrennen lassen zu können.

Nachdem Koksofengase einen 4- bis 4,5fachen Heizwert der Hochofengase bzw. einen rund 3,5fachen Heizwert guter Generatorgase besitzen und eine entsprechend höhere Verbrennungstemperatur ergeben, benötigen die mit Koksofengas betriebenen Siemens-Martin-Öfen keine Gaskammer, da bei einer Vorwärmung solcher Gase das Mauerwerk nicht standhalten könnte. Obwohl die Verwendung der reinen Koksofengase für die Beheizung der Siemens-Martin-Öfen mit gutem Erfolg mehrfach erprobt wurde, ist man sich doch bewußt, daß solche Betriebe aus verschiedenen Gründen sehr empfindlich und eben deshalb nicht sehr beliebt sind. Man löst daher die Frage meistens so, daß die Koksofengase nur zur Anreicherung des Hochofengases oder eines Generatorgases dienen, wobei die Möglichkeit gegeben ist, — durch Anwendung einer Mischvorrichtung bzw. eines selbstzeichnenden Calorimeters —, den Heizwert des gemischten Gases auf gewünschter Höhe zu halten und nötigenfalls den Heizwert entsprechend zu ändern.

Eine seit Jahren bestehende reine Koksofengasheizung beschreibt *O. Schweitzer*[1]) und stellt u. a. folgendes fest: Der Gasverbrauch betrug bei den 100-t-Öfen im Mittel zweier Jahre 321 cbm für die Tonne Stahl. Die

[1]) St. u. E. 649 bis 659 (1923).

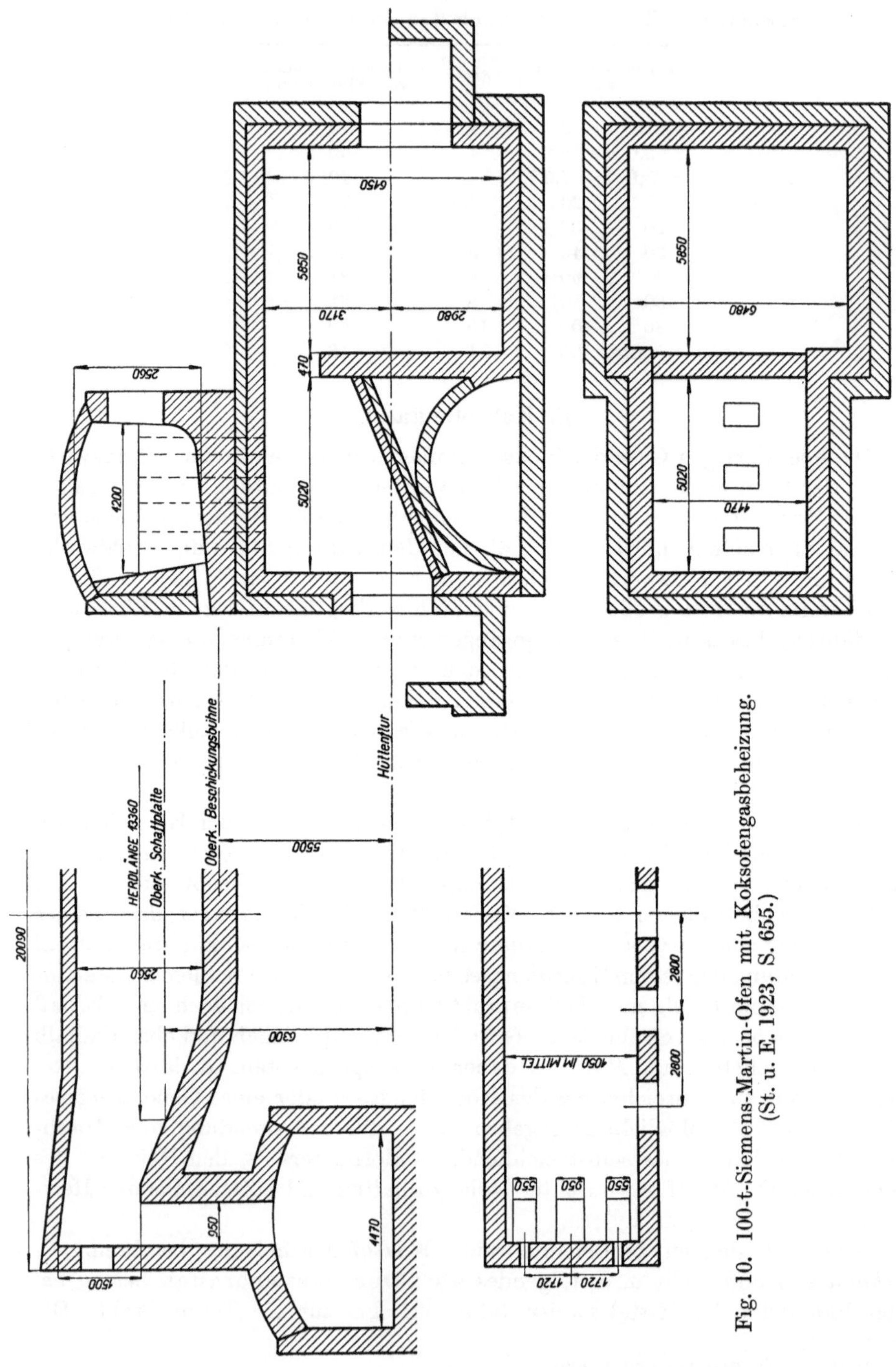

Fig. 10. 100-t-Siemens-Martin-Ofen mit Koksofengasbeheizung. (St. u. E. 1923, S. 655.)

Schmelzdauer betrug 7,5 bis 8 Stunden und die Ofenleistung in 24 Stunden 300 t. Zwischen Schlackenkammer und Gitterkammer ist eine aus Pfeilern und Wänden bestehende Zwischenkammer eingeschaltet. Bei dem mit diesen Vorkammern versehenen Ofen waren die Gitterkammern nach 426 Schmelzungen noch tadellos erhalten, so daß sie für die nächste Ofenreise stehen bleiben konnten. Die Schlackenmenge wurde von der Zwischenkammer aufgefangen, infolgedessen hat man gleichzeitig den Vorteil, daß der Ofen von Anfang bis Ende der Ofenreise gleichmäßig abzieht. Der Steinverbrauch betrug in den beiden letzten Jahren im Mittel 25 kg für die Tonne Stahl, gegenüber 35 kg bei den Generatorgas-Öfen. Zur Gaseinführung werden wassergekühlte schmiedeeiserne Düsen benutzt, und zwar bei den 100-t-Öfen zwei Düsen von je 120 mm Durchmesser. Der Querschnitt der drei Luftzüge beträgt bei den 100-t-Öfen 1,94 qm. Die Vorteile der Koksofengasbeheizung von Siemens-Martin-Öfen sind u. a. folgende:

1. Denkbar einfachste Ofenbauart,
2. gleichbleibende Schmelzleistung von der ersten bis zur letzten Schmelze,
3. die Haltbarkeit der Öfen ist wesentlich höher,
4. der Verbrauch an Wärmeeinheiten für die Tonne Stahl ist sehr günstig,
5. infolge Wegfalles der Gaserzeuger Platzgewinnung und Ausfall sämtlicher durch die Gaserzeuger bedingten Unterhaltungskosten und Löhne.

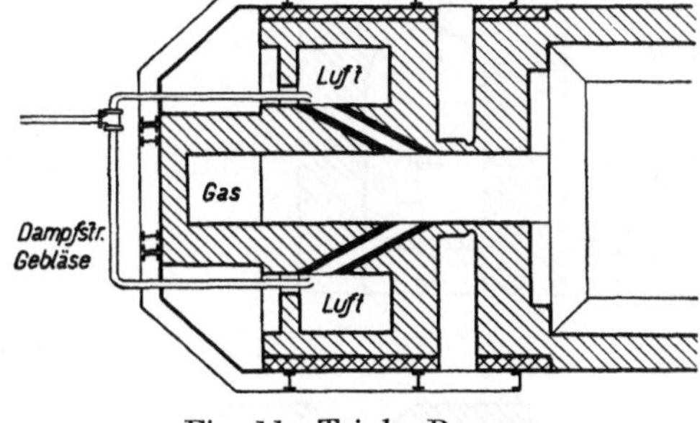

Fig. 11. Trinks-Brenner. (Stahlwerksbericht Nr. 90.)

Der von *O. Schweitzer* besprochene 100-t-Siemens-Martin-Ofen ist in Fig. 10 dargestellt.

Dr.-Ing. *G. Bulle* berichtet in seiner Arbeit über den amerikanischen Stahlwerksbetrieb[1]) auch über Sonderbauten der mit Koksofengas beheizten Siemens-Martin-Öfen. Nach seiner Ausführung macht sich dort in vielen Werken das Bestreben geltend, im Ofen bessere Verbrennungsverhältnisse dadurch zu schaffen, daß man eine gewisse Vorverbrennung herbeiführt. *Trinks* benutzt zu diesem Zwecke ein Dampf- oder Luftstrahlgebläse, das vorgewärmte Luft aus den Kammern in den Gasstrom des Brenners hineinsaugt (Fig. 11). *Loftus* und einige Werke, die mit Koksofengas arbeiten, führen Kaltluft in den Gasstrom ein (Fig. 12).

Die Bemühungen *Eglers* und *MacKunes*, die eine bessere Ausnutzung der Heizgase dadurch erreichen wollen, daß sie in den Brennern wassergekühlte Schieber einbauen, um die Strömungen drosseln zu können, führten bisher zu

[1]) Der Stahlwerksbetrieb in den Ver. Staaten von Nordamerika. Bericht Nr. 90 des Stahlwerksausschusses.

keinem nennenswerten Erfolg, da solche — dem Feuer stark ausgesetzte — Einrichtungen nie ganz verläßlich und nie genügend haltbar sind.

Was die übrigen Vorteile der Koksofengasbeheizung anbelangt, soll auf den Umstand hingewiesen werden, daß die Koksofengase schwefelarm sind und auch ihr Wasserdampfgehalt bedeutend niedriger ist als der Wasserdampfgehalt der Generatorgase. Beide sind nicht zu unterschätzende Vorteile.

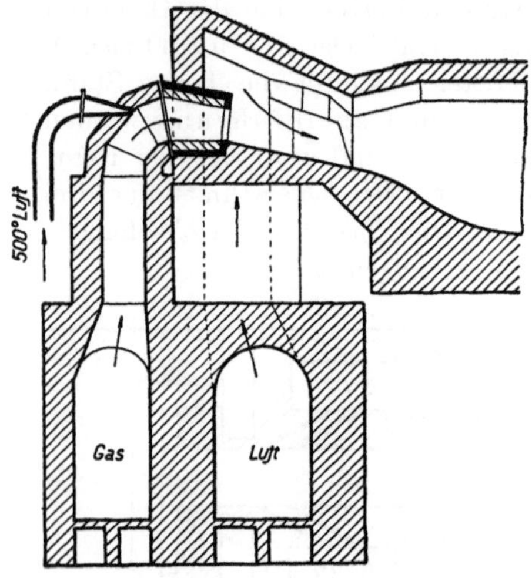

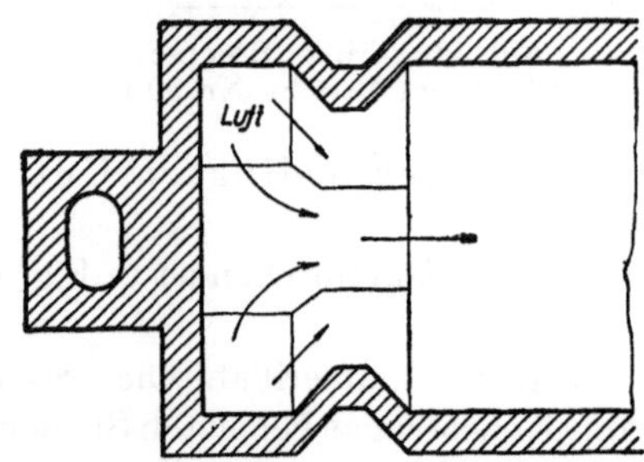

Fig. 12. Loftus-Ofen. (Stahlwerksbericht Nr. 90.)

Als Nachteile der Koksofen-Gasbeheizung müssen betrachtet werden: die unbedingte Notwendigkeit der Anwendung eines Druckreglers und eines größeren Gasbehälters, weiter die ziemlich tiefgreifende Zersetzung der Koksofengasgemische in den Kammern (falls solche Gemische vorgewärmt werden müssen).

Die Druckregelung soll möglichst selbsttätig sein, so daß bei jeder eingeführten Gasmenge die Verbrennungsluftmenge sich in demselben, einmal eingestellten, gewünschten Verhältnis ändert.

Die Zersetzung der Koksofengase bzw. deren Gemische während der Erwärmung in den Kammern erfolgt infolge Spaltung der Kohlenwasserstoffe, weiter infolge Luftzutritt an den Undichtigkeiten. Solche Zersetzungen, welche auch die Abnahme von Kohlenoxyd und Wasserstoff zur Folge haben, können den Heizwert des Gasgemisches nicht unbeträchtlich herabmindern. *W. Hülsbruch* führte in der Versuchsanstalt der Dortmunder Union zahlreiche einschlägige Versuche aus und meint, daß die Verluste — trotzdem der Heizwert infolge der Zersetzung immer abnimmt — keine nennenswerte sind, und daß die theoretische Flammentemperatur durch die Gasvorwärmung trotz der Heizwertverminderung beträchtlich erhöht wird[1]).

C. Flüssige Brennstoffe.

Als solche kommen Erdöl, Teeröl und flüssiger Teer in Betracht. Das Erdöl bzw. gewisse Erzeugnisse der Erdölverfeinerung können bei der Herd-

[1]) *W. Hülsbruch:* Die Gasumsetzungen in den Kammern der mit einem Gemisch aus Hochofen- und Koksofengas beheizten Siemens-Martin-Öfen, St. u. E. 1746 (1925).

stahlofenbeheizung nur dort verwendet werden, wo diese Stoffe billig zu erhalten sind, d. h. in der Nähe von Erdölvorkommen. Für Mitteleuropa ist dies — wenigstens für die größeren Eisenwerke — im allgemeinen nicht der Fall.

In den Vereinigten Staaten von Nordamerika werden mit Öl und mit Teer beheizte Siemens-Martin-Öfen vielfach angewendet, und Fig. 13 zeigt einen solchen Teer- oder Ölofen. Wird der flüssige Teer mit Koksofengasgemisch verwendet, so wird das Gemisch am meisten mit einem besonderen wassergekühlten Brenner dem Ofen zugeführt (s. Fig. 14). Der Teerölverbrauch beträgt gewöhnlich 120 bis 130 kg für die Tonne Stahl.

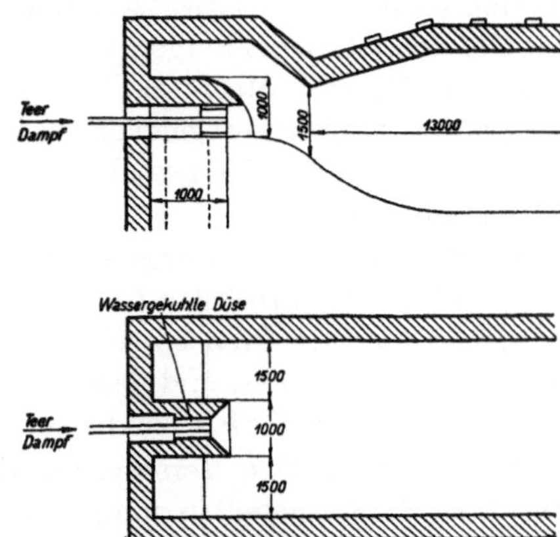

Fig. 13. Teer- oder Ölofen. (Stahlwerksbericht Nr. 90.)

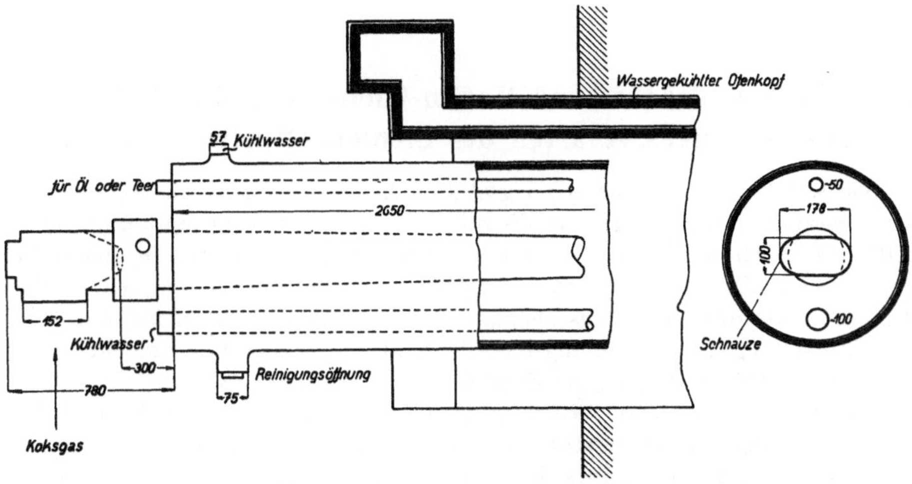

Fig. 14. Gas-Teer-Brenner. (Stahlwerksbericht Nr. 90.)

D. Fester Brennstoff.

Als fester Brennstoff kommt in der Herdstahlofen-Beheizung nur der Kohlenstaub zur Geltung. Die Kohlenstaubfeuerung hat erst in den letzten Jahren eine größere Bedeutung gewonnen und ist jetzt im Begriffe, auf den Gebieten der großgewerblichen Feuerungen fast unbegrenzte Möglichkeiten zu eröffnen. Die allerschwierigste Aufgabe der Kohlenstaubfeuerung ist jedoch die Beheizung der Siemens-Martin-Öfen. Die größten Schwierigkeiten sind die zerstörende Wirkung der Flugasche auf das Mauerwerk und die frühzeitige Verstopfung der Kammergitterungen. Dr.-Ing. *G. Bulle* führt in seiner Arbeit über die „Kohlenstaubfeuerung bei Siemens-Martin-Öfen“[1]) aus, daß die Verwendung der Kohlenstaubfeuerung für Siemens-Martin-Öfen in Amerika während der Kriegszeit eine große Ausdehnung erfahren hat, aber jetzt fast überall wieder aufgegeben worden ist. Die langjährigen Vergleichsversuche der Atlantic Steel Co. haben gezeigt, daß die Instandhaltungskosten der kohlenstaubgefeuerten Öfen höher waren als die der generatorgasgefeuerten, und dabei gestaltete sich auch die Schwefelung des Stahlbades ungünstig.

Die Kohlenstaubfeuerung besitzt jedoch auch unbestreitbare Vorteile, welche nachdrücklich für weitere Versuche über Kohlenstaubfeuerung der Siemens-Martin-Öfen sprechen. Solche Vorteile sind, daß man keinen Gaserzeuger braucht, und daß es möglich ist, den Siemens-Martin-Ofen mit minderwertiger Kohle zu betreiben.

Um die frühzeitige Verstopfung der Kammergitterungen zu verhindern bzw. diese Schwierigkeiten umgehen zu können, schlägt Fuller den rekuperativ geheizten Siemens-Martin-Ofen vor. Der Rekuperator — bestehend aus hochfeuerfesten Karborundsteinen — soll sich mit maschineller Einrichtung gut reinigen lassen und durch wassergekühlte Schieber vom Oberofen abschaltbar sein[2]).

4. Der Betrieb des Siemens-Martin-Ofens. Der chemische Verlauf des Vorganges, Abarten des Siemens-Martin-Verfahrens.

Wie sich der Betriebsgang zu gestalten hat, entscheidet im allgemeinen der Umstand, ob der Boden bzw. die mit dem Bade in Berührung kommenden Teile des Herdraumes aus saurem oder aus basischem Stoffe zugestellt worden sind. Die Stahlherstellung ist — im Grunde genommen — ein Oxydationsvorgang; da es als ganz selbstverständlich erscheint, daß eine saure Zustellung die Entstehung basenbildender Oxyde und — umgekehrt — eine basische Ofenzustellung die Entstehung säurebildender Oxyde begünstigt, so wird die einschneidende Wirkung der Ofenzustellung auf den Verlauf des Betriebsvorganges leicht verständlich. Ein z. B. basisch zugestellter Siemens-Martin-Ofen wird kurz basischer Ofen, das Verfahren basisches Verfahren, der in solchem Ofen hergestellte Stahl basischer Stahl genannt. Der eigentliche Stoff der sauren Zustellung ist die Kieselsäure (Quarz, SiO_2) und der der basischen Zustellung Magnesia (gebrannter Magnesit, MgO).

Es sei schon hier bemerkt, daß die Stähle saurer und basischer Herkunft — regelrecht abgelaufene Vorgänge vorausgesetzt — an Beschaffenheit praktisch vollkommen gleichwertig sind. Es wurden höchstens an Zähigkeit (bzw. Einschnürung) einige Prozente festgestellt zugunsten des basischen Stahles[3]). An

---

[1]) St. u. E. 1114 (1924).

[2]) Dr.-Ing. *G. Bulle:* Stahlwerksbericht Nr. 90 (1925).

[3]) Dr. *F. Schmitz:* Vergleichende Untersuchungen von basischem und saurem Stahl. St. u. E. 1536 (1923).

Wirtschaftlichkeit ist dieser Unterschied jedoch um so größer, so daß heute die basischen Siemens-Martin-Öfen den sauren gegenüber eine überwiegend größere Verbreitung gefunden haben. In erster Zeit des Siemens-Martin-Ofens waren die Öfen ausschließlich sauer zugestellt; das basische Ofenfutter kam erst dann zur Anwendung, als *Thomas* mit seiner basischen (gebrannter Magnesit) Zustellung im Windfrischverfahren guten Erfolg erreicht hatte (1878).

A. Das basische Verfahren.

Das basische Verfahren ist dem sauren in erster Reihe deshalb weit überlegen, weil es die Verbrennung — die Oxydation — solcher Eisenbegleiter begünstigt und beschleunigt, welche im Einsatze meistens in größerer Menge vorhanden und aus dem Stahlbade in der Regel möglichst restlos bzw. größtenteils zu entfernen sind. Die basische Zustellung und die ebenfalls basisch zusammengestellte Schlacke begünstigen und beschleunigen — aus den bereits erwähnten Gründen — die Verbrennung bzw. die Oxydation und die Verschlackung des Si-, C- und P-Gehaltes der Einsatzstoffe. Nachdem es sich in überwiegender Mehrzahl der Betriebsfälle um auch Roheisenmengen enthaltende Einsätze handelt, also um Einsätze, welche an den genannten Begleitern (Elementen) verhältnismäßig reich sind, ferner nachdem die weitaus größten Flußstahlmengen der Welterzeugung aus ganz weichen — also aus Si- und C-armen — Gattungen bestehen, ergibt sich ganz deutlich die wirtschaftliche Überlegenheit und damit die große Wichtigkeit des basischen Siemens-Martin-Verfahrens. Der Umstand, daß im basischen Ofen auch der P-Gehalt entfernt bzw. herabgemindert werden kann, bedeutet für das basische Verfahren einen beträchtlichen weiteren Vorteil, da dies ermöglicht, im basischen Ofen auch minderwertige Roheisengattungen bzw. minderwertiges Einsatzgut verarbeiten zu können. In der Entwicklung des Eisengewerbes ist daher das basische Siemens-Martin-Verfahren die erste Stahlherstellungsart, welche geeignet ist, fast alle Eisengattungen — beliebiger Herkunft — wirtschaftlich zu verarbeiten.

In den meisten Fällen besteht beim basischen Verfahren der Einsatz neben dem Roheisen auch aus Schrott, und zwar ist, wenn die Schrottpreise günstig liegen, der Schrottanteil sogar größer als der Roheisenanteil. Der Name dieser letzteren Betriebsart ist Schrottverfahren.

Die festgestellten Mengen der einzelnen festen Einsatzstoffe werden mittels Beschickungsmaschine in den Herdraum eingesetzt. Das flüssige Roheisen wird aus der Roheisenpfanne — unter Einschaltung einer verschiebbaren Rinne — in den Ofen eingegossen, und zwar womöglich in dem Zeitpunkt, in welchem sich die Schrottmenge bereits gesetzt hatte.

Bezüglich der Beschaffenheit der Einsatzstoffe sei folgendes erwähnt. Obwohl sich im basischen Siemens-Martin-Ofen — grundsätzlich — alle Eisengattungen verarbeiten lassen, bedingen die tadellose Beschaffenheit des fertigen Stahles und die entsprechende Wirtschaftlichkeit doch gewisse Grenzen der Eisenbegleiter sowohl im Roheisen wie auch im Schrott. Wichtig ist in allererster Reihe der Gehalt des Roheisens an Si, Mn und P. Der Si-Gehalt soll möglichst über 1 Proz. und unter 1,5 Proz. bleiben. Ist er kleiner als 1 Proz., so wird der Frischvorgang nicht rege genug, ist er höher als 1,5 Proz., so wird die kieselsäurereiche Schlacke auf die basische Zustellung stark zerstörend wirken. Die höheren Si-Mengen im Roheisen sind daher nur bei niedrigerem Roheisenanteil und bei Herstellung harter Stahlgattungen zulässig. Der Mangangehalt des Roheisens wirkt im Stahl- und Schlackenbade — wie wir es sehen werden — sehr günstig, und der Mn-Gehalt eines guten Stahleisens (Stahl-Roheisen, basisches Roheisen) soll möglichst immer über 2 Proz. sein! Womöglich noch mehr, und zwar so viel, daß der durchschnittliche Mn-Gehalt des metallischen Einsatzes (Roheisen + Schrott) mindestens 1 Proz. beträgt. Ein Mn-Gehalt im Roheisen über 3 bis 3,5 Proz. wäre vom Standpunkte des Stahlwerkers aus auch nicht unangenehm, er würde jedoch das Roheisen zu sehr verteuern. Obwohl im basischen Ofen die Verschlackung des P-Gehaltes möglich ist, sollte der P-Gehalt des Roheisens eigentlich immer sehr niedrig sein, besonders, wenn es sich um einen P-armen Fertigstahl handelt. Ist der P-Gehalt des Einsatzes zu hoch, so sind wir bei Herstellung P-armer Stahlgattungen gezwungen, einesteils zu viel Kalk zu verwenden bzw. größere Schlackenmengen zu schmelzen, andernteils die an P angereicherte Schlacke mit einer umständlichen und äußerst unangenehmen Arbeit aus dem Ofen herausfließen zu lassen. *Osann* gibt als obere Grenze für den P-Gehalt des basischen Roheisens 0,5 Proz. an[1]). Es ist ratsam, diese Grenze, wenn irgend möglich, einzuhalten, obwohl Verf.s Eisen- und Stahlwerk nach der Kriegszeit öfters in die Lage geriet, auch P-reichere Roheisengattungen verarbeiten zu müssen. Beim Schrott läßt sich nicht viel vorschreiben. Die Ausschließung verzinkter und emaillierter Gegenstände muß schon im Schlußbrief ausbedungen und die Kupfer- bzw. Messingstücke müssen bei der Ausladung und beim Füllen der Einsatzmulden möglichst sorgfältig herausgeklaubt werden. Es ist allerdings ratsam, das Einsetzen tiefverrosteter dünner Gegenstände möglichst zu vermeiden bzw. das Einsetzen von Schrott solcher Beschaffenheit auf ein Mindestmaß zu beschränken, da sonst eine bedeutende Erhöhung der Gefahr des Rotbruchs zu befürchten ist[2]).

In den basischen Öfen müssen mit dem metallischen Einsatze auch schlakkenbildende Stoffe eingegeben werden. Diese Stoffe müssen selbstredend ebenfalls basisch sein. Als solche werden Kalkstein oder gebrannter Kalk eingesetzt. Der letztere ist vorzuziehen, da in diesem Falle die zur Zersetzung des Kalksteines notwendige Wärmemenge erspart werden kann.

Zur Beschleunigung der Oxydationsvorgänge werden oft Sauerstoff abgebende Stoffe — Eisenerz, Walzsinter — eingesetzt, deren Sauerstoffgehalt sich im Bade von den Oxyden des Eisens abspaltet und zur Oxydation des Kohlenstoffgehaltes der metallischen Einsatzstoffe dient. Damit ist ein wirk-

---

[1]) *B. Osann:* Lehrb. d. Eisenhüttenkunde 2, II. Aufl., 463.

[2]) Dr. *H. Monden:* Beitrag zur Metallurgie des basischen Verfahrens, St. u. E. 745 (1923).

sames Mittel gegeben, die oxydierende Wirkung der Heizgase kräftig unterstützen zu können. Die Eisenerze sollen immer arm an P, aber reich an Fe sein, damit die sich bildende bzw. die zu schmelzende Schlackenmenge möglichst klein werde. Der Walzsinter besteht nur aus Eisenoxyden.

Kalkstein bzw. Kalk, Erz und Walzsinter werden nicht in ihrer ganzen Menge auf einmal — mit dem Einsatz — eingesetzt, sondern ein Teil wird erst im Laufe des Schmelzvorganges, während der Schmelze — nach Bedarf — nachgesetzt.

Ist das Roheisen und der Schrott sowie die entsprechenden Mengen der Zusätze (Erz, Sinter, Kalk) eingesetzt, läßt man die Türe nieder und trachtet möglichst schnell ein flüssiges Bad zu bekommen, d. h. den Einsatz so rasch wie möglich einzuschmelzen. Die Geschwindigkeit dieses Einschmelzens hängt von der Ofenbauart (besonders von der Brennerbauart), von der Zusammenstellung bzw. Beschaffenheit des Einsatzes und von der Arbeit der Ofenbelegschaft ab. Vom Einfluß der Ofenbauart war bereits die Rede; stichflammenartige Flammenbildung und straffe Flammenführung beschleunigen den Vorgang des Einschmelzens. — Ist der Einsatz derart zusammengestellt, daß sein C- und Si-Gehalt verhältnismäßig hoch ist, d. h. wenn man mit hohem Roheisenanteil arbeitet, so ist die Geschwindigkeit des Schmelzvorganges groß und bekommt man ein flüssiges Bad verhältnismäßig schnell. Das Bad wird aber in diesem Falle recht reich an Kohlenstoff sein, so daß der Oxydationsvorgang (oder wie man oft sagt: das „Herunterfrischen") des Stahlbades lange dauern wird. Hat man entsprechende Mengen Roheisen und Schrott zur Verfügung, so stellt man den Einsatz derart zusammen, daß diese Umstände am günstigsten ausgenützt werden. Kohlenstoffreicher Einsatz ist daher nur bei der Herstellung harter Stahlgattungen vorzuziehen. Hat man im Gegenteil nur wenig (oder gar kein) Roheisen, so erhöht sich die Schmelztemperatur des Einsatzes, das Einschmelzen verzögert sich — oft sehr beträchtlich. Ist jedoch das eingeschmolzene Bad heiß genug (was bei reinem Schrotteinsatz nur in den Öfen neuerer Bauart der Fall ist), dann geht der Frischvorgang, das Auskochen und Fertigmachen der Schmelze, um so rascher vor sich. Man darf nämlich nie vergessen, daß die C-, Si- und Mn-Gehalte des Einsatzes bei ihrer Oxydation beträchtliche Wärmemengen liefern, welche die wünschenswerte Überhitzung der Schmelze begünstigen, bzw. die Wirkung der Heizgase immer kräftig unterstützen.

Die zielbewußte, gewissenhafte und geschickte Arbeit der Ofenbelegschaft kann die Schmelzdauer ebenfalls sehr günstig, manchmal sogar entscheidend beeinflussen. Die Hauptaugenmerke der Belegschaft haben sich besonders auf das regelmäßige bzw. richtige Umschalten, auf das rechtzeitige Nachsetzen der Zusatzstoffe (Erz, Walzsinter, Kalk), auf die gewissenhafte Behandlung der Gas- und Luftventile, auf die stets sorgsame Überwachung des Ofeninnern (Gewölbe, Einströmungen) sowie der Gas- (bzw. Brennstoff-) Beschaffenheit zu erstrecken. Es ist dringend zu empfehlen, diese Aufgaben der Belegschaft mit der Anwendung selbstschreibender Gasdruckmesser zu erleichtern. Diese

Vorrichtungen (von der Hydro Apparatebau A.-G., von P. de Bruyn usw.) sind — trotz ihrer außerordentlichen Einfachheit an Ausführung und Handhabung — derart vielseitig und empfindlich, daß sie — z. B. an einer Gaskammer angebracht — nicht nur die Zeitpunkte des Umschaltens, sowie die Gas- und Abgasdrücke, sondern auch das Aufziehen der Ofentüre (kurze senkrechte Striche) anzeigen, bzw. aufzeichnen. Verf. hatte — als damaliger Stahlwerkschef — vor beinahe 20 Jahren Gelegenheit, die sehr großen Vorteile einer solchen Vorrichtung (Hydro) bei einer nicht ganz verläßlichen Belegschaft zu erfahren.

Der Frischvorgang entfaltet sich in seiner Gänze nur nach dem völligen Einschmelzen des Einsatzes, der Beginn dieses Vorganges tritt jedoch bereits während des Einschmelzens entschieden ein. Es ist gerade bezeichnend für das basische Verfahren, daß z. B. der Si-Gehalt des Einsatzes bereits während des Einschmelzens sozusagen bis auf Spuren oxydiert und in die Schlacke übergegangen ist. — Der Oxydationsvorgang setzt sich infolge der chemischen Wirkung der Heizgase, d. h. der Flamme, in Bewegung. Der Sauerstoff, welcher infolge Zersetzung des Wasserdampfes und des CO_2-Gehaltes der Heizgase frei wird, weiter der etwaige freie Sauerstoff der Heizgase wirken nicht unmittelbar auf die Eisenbegleiter (C, Si, Mn, P usw.), sondern durch Vermittlung des Fe-Gehaltes. Das metallische Eisen hat nämlich große Neigung, sich mit Sauerstoff zu verbinden, und diese Neigung wächst mit steigender Temperatur[1]). Bei den gegebenen Verhältnissen des Herdraumes bildet sich daher an der Oberfläche des Eisens stets eine aus Fe-Oxyden bestehende Schicht, welche den Namen „Glühspan" trägt, und deren chemische Zusammensetzung der Formel Fe_3O_4 nahesteht. Solange festes Eisen im Ofen mit der Flamme in Berührung kommt, bildet sich der Glühspan, dessen ganze Menge in der Schlacke aufgelöst wird, und zwar in beliebigem Mengenverhältnis zum SiO_2-Gehalt der Schlacke. Die sich so bildenden Eisensilikate sind daher keine regelrechten chemischen Verbindungen, sondern nur Lösungen des Eisenoxyduls und der Kieselsäure ineinander. Die zu dieser Lösung notwendigen Si- bzw. SiO_2-Mengen sind im eingesetzten Roheisen, im Eisenerz und schließlich in dem sich langsam abschmelzenden Gewölbe (aus Silikatsteinen) vorhanden. (Im sauren Ofen bringt die entsprechende Kieselsäuremenge die saure Zustellung mit sich.)

Die in der Schlacke aufgelösten Eisensauerstoffverbindungen, sowie die der nachgesetzten Erz- und Walzsintermengen, wirken auf die Oxydation der Eisenbegleiter sehr kräftig ein. Das Schlackenbad als flüssige Lösung hat nämlich die Neigung, beständigere Oxydbildungen (als die Eisensauerstoffverbindungen) zu begünstigen. Es spalten sich daher entsprechende O-Mengen von den Eisenoxyden ab und bilden mit den Eisenbegleitern beständige Oxyde. Sind diese neugebildeten Oxyde gasförmig, so scheiden sie aus dem Bade in Gestalt von Gasblasen aus. Die festen Oxyde der Oxydationsvorgänge werden im flüssigen Schlackenbade aufgelöst.

---

[1]) *C. Dichmann*, Der basiche Herdofenprozeß, 2. Aufl. S. 135.

Wie bereits erwähnt, wird im basischen Ofen als allererster der Si-Gehalt des Einsatzes (zu SiO_2) oxydiert. Die so entstandene Kieselsäure bildet mit FeO Eisenoxydulsilikat, d. h. eine leichtschmelzbare Schlacke als Übergangserzeugnis. Im sehr stark basischen Schlackenbad der basischen Öfen kann die schwache Base — FeO — mit der stärksten Säure des Bades — SiO_2 — keine beständige Verbindung bilden, weshalb das Eisenoxydul von den stärkeren Basen — CaO und MgO — sofort verdrängt wird:

$$FeO \cdot SiO_2 + CaO = CaO \cdot SiO_2 + FeO \text{ oder}$$
$$FeO \cdot SiO_2 + MgO = MgO \cdot SiO_2 + FeO .$$

Das freigewordene Eisenoxydul löst sich sodann in der Schlacke wieder auf. Eine ähnliche Rolle, jedoch in engerem Rahmen, spielt gegenüber der Kieselsäure auch der MnO-Gehalt des Schlackenbades.

Der Kohlenstoff verbrennt (zu CO) im basischen Ofen schnell. Die Geschwindigkeit dieser Verbrennung wird von den Sauerstoffmengen der eingesetzten bzw. nachgesetzten Eisenerze beträchtlich erhöht. Das entstandene CO-Gas entweicht aus dem Bade in Form zahlreicher Gasblasen, welche eine dem Kochen ähnliche Bewegung des Bades hervorrufen. Dieses Kochen des Bades wirkt auf den Frischvorgang sehr günstig ein, weil dadurch für die Teilvorgänge innigere Berührung und gleichmäßigere Verteilung gewährleistet wird. Das aus dem Bade heraustretende Kohlenmonoxyd wird von dem Luftüberschuß der Heizgase zu Kohlendioxyd (CO_2) oxydiert. Die Entkohlungsgrenze des basischen Verfahrens ist ein C-Gehalt von etwa 0,05 Proz. (Schmelzen für Geschirrbleche u. a.).

Mangan des Einsatzes wird zu MnO oxydiert und dieses an SiO_2 der Schlacke gebunden. Es wird jedoch von der stärkeren Base der Schlacke (CaO) verdrängt:

$$MnO \cdot SiO_2 + CaO = CaO \cdot SiO_2 + MnO .$$

Dieses freigewordene Manganoxydul der Schlacke spielt im basischen Verfahren eine äußerst wichtige Rolle; einesteils, da es die Schlacke dünnflüssig und daher wirkungsvoll macht, andernteils, da es mit den im Schlackenbade gelösten FeO-Mengen in stetigem Gleichgewicht bleiben muß und so die Auflösung überschüssiger FeO-Mengen in der Schlacke selbsttätig verhindert. Die in basischen Öfen praktisch ganz entkohlten Stähle enthalten stets noch einen nicht unbeträchtlichen Mn-Gehalt von 0,25 bis 0,35 Proz.

Die Oxydation des Phosphors ist zwar im basischen Ofen möglich, jedoch nur bei Erfüllung gewisser Bedingungen. Ist die Temperatur verhältnismäßig niedrig (wie es beim Siemens-Martin-Verfahren am Beginn der Schmelzung stets der Fall ist), enthält die Schlacke genug FeO, aber keinen Überschuß an SiO_2, so verbrennt der P-Gehalt des Einsatzes ziemlich rasch zu P_2O_5, was übergangsweise als Eisenphosphat und nachher als Kalkphosphat in die Schlacke übergeht. Wenn im Laufe des Frischvorganges die Temperatur höher wird und das Gleichgewicht zwischen FeO- und SiO_2-Gehalt des Schlackenbades sich ungünstiger gestaltet, so geht ein Teil des Phosphors aus der Schlacke wieder in das Eisen zurück. Die starke Basizität (hohe CaO- und

MnO-Gehalt) der Schlacke begünstigt die Lage für das Verbleiben des Phosphors in der Schlacke. Will man also unbedingt P-freie bzw. P-arme Stahlgattungen herstellen, so ist es am besten, wenn man zum Ablassen der P-reichen Schlacke greift, obwohl diese Arbeit bei feststehenden Öfen umständlich und unangenehm ist. Bei Einhaltung der obigen Vorsichtsmaßregeln ist es möglich, den P-Gehalt des basischen Siemens-Martin-Stahles auf die geringste Höhe (etwa 0,03 Proz.) herabzumindern, bei welcher der P-Gehalt praktisch vollkommen unschädlich ist.

Der Schwefelgehalt des basischen Einsatzes vermindert sich nur langsam und nur in geringem Maße. Der Schwefel wird nicht oxydiert, sondern geht als MnS in die Schlacke. Nachdem jedoch die großen Mn-Mengen, welche zu dieser Verschlackung eines größeren S-Gehaltes notwendig sind, das Verfahren zu teuer machen würden, so ist es immer zweckmäßiger, mit einem möglichst schwefelarmen Einsatz zu arbeiten, weil das beim Fertigmachen der Schmelze regelmäßig aufgewandte Mangan nur ganz kleine S-Mengen zu binden vermag. Der Schwefelgehalt der basischen Einsätze bleibt während des ganzen Vorganges annähernd gleich und vermindert sich nur beim Fertigmachen der Schmelze mit Eisenmangan.

Von den übrigen Eisenbegleitern sei noch der Cu-Gehalt erwähnt. Eisenerze enthalten nicht selten beträchtliche Mengen Cu, und dieses ist auch dem Schrott in Gestalt von Kupfer- und Messingstücken beigemengt. Es empfiehlt sich daher große Vorsicht in dieser Hinsicht, da ein Cu-Gehalt von über 0,5 Proz. den sonst reinen Stahl rotbrüchig macht, ähnlich wie der S- und O-Gehalt des Stahles. Diese Vorsicht ist um so mehr ratsam, da die Entfernung des Cu-Gehaltes aus dem Einsatze bzw. aus dem Stahlbade weder mittels Oxydation, noch durch Verschlackung möglich ist.

Die geschilderten Oxydations- bzw. Frischvorgänge rufen verschiedene Umwandlungen in der Beschaffenheit des Stahl- und Schlackenbades, weiter in der Temperatur und in der Bewegung desselben hervor. Diese Änderungen, richtiger gesagt: die Masse dieser Änderungen können als Grundlagen zur Beurteilung des Fortschreitens des Frischvorganges herangezogen werden.

Die im Einsatze vor sich gehenden chemischen Änderungen bzw. die chemische Wirkung des Stahl- und Schlackenbades aufeinander werden von den chemischen Zusammensetzungen der während der Schmelzung genommenen Stahl- und Schlackenproben ganz klar gezeigt. Folgende zwei Zahlentafeln zeigen den chemischen Verlauf einer basischen Siemens-Martin-Schmelze, deren Enderzeugnis ein ganz weicher — 0,05 Proz. C — Stahl (für Tiefstanzbleche) war. (S. Zahlentafeln 2 und 3.)

Zu den Zahlentafeln der Zusammensetzungen muß man bemerken, daß die Schmelze — wegen Erreichung eines möglichst niedrigen Mangan-Gehaltes im fertigen Stahl — ohne Eisenmanganzusatz fertiggemacht wurde. Der Einsatz war wie folgt zusammengestellt:

Flüssiges Roheisen	23 500 kg	Erz	800 kg
Schrott	7 000 „	Walzsinter	1 200 „

Zahlentafel 2.
Analysen der Stahlproben einer basischen Siemens-Martin-Schmelze.

Nummer der Proben	Zeitpunkt der Probenahme	P	Mn	C	Si	S
1.	1 Std. 15 Min. nach dem Einschmelzen	0,04	0,26	0,95	0,02	0,04
2.	1 „ 45 „ 150 kg Erz	0,04	0,34	0,81	0,02	0,05
3.	2 „ — 150 „ „	0,04	0,32	0,57	0,01	0,05
4.	2 „ 15 „ 100 „ „	0,04	0,32	0,33	0,005	0,06
5.	2 „ 30 „	0,04	0,33	0,15	0,01	0,04
6.	2 „ 45 „	0,03	0,33	0,10	0,006	0,05
7.	3 „	0,04	0,32	0,08	0,003	0,04
8.	3 „ 10 „	0,05	0,31	0,07	0,002	0,04
9.	3 „ 24 „	0,03	0,30	0,05	0,002	0,04
10.	Fertigprobe aus der Pfanne	0,02	0,28	0,05	0,002	0,04

Zahlentafel 3.
Analysen der Schlackenproben einer basischen Siemens-Martin-Schmelze.

Nummer der Proben	SiO_2	Al_2O_3	CaO	MgO	S	P_2O_5	Fe_2O_3	FeO	MnO
1	11,00	1,75	31,38	3,06	0,35	3,21	3,14	26,24	20,01
2	12,83	1,88	38,43	3,16	0,12	4,10	5,43	14,54	20,01
3	13,15	1,54	37,52	3,63	0,35	4,10	4,72	15,56	19,32
4	12,33	1,64	39,28	4,63	0,14	2,92	4,15	16,72	18,49
5	13,07	1,36	37,48	3,74	0,15	3,79	4,00	16,34	18,52
6	12,84	1,37	39,67	5,66	0,24	3,38	4,29	15,95	18,25
7	12,38	1,51	38,98	4,13	0,35	3,57	3,86	17,24	16,88
8	12,37	2,50	39,43	3,92	0,32	3,30	4,29	17,40	16,72
9	12,14	2,85	39,44	4,05	0,33	3,28	4,72	17,75	16,24

Dauer des Einsetzens eine Stunde, Dauer der Schmelze (vom Beginn des Einsetzens bis zum Abstich) 6 Stunden 30 Minuten. Zusammensetzung des Roheisens: 3,29 C, 0,41 Si, 1,90 Mn, 0,25 P, 0,04 S. Zusammensetzung des Erzes: 84,33 Fe_2O_3, 7,37 SiO_2, 0,57 Al_2O_3, 0,60 CaO, 0,59 MnO. Das „Abstehenlassen“ dauerte so lange, bis das Stahlbad von den Gasen fast vollkommen frei wurde und trotz der sehr hohen Endtemperatur ruhig im Herde lag. Der gasfreie Zustand des Stahles wurde von den tiefgesenkten Blockköpfen gezeigt.

B. Das saure Verfahren.

Da bei diesem Verfahren der Herdboden aus saurem Stoff (Quarz) zugestellt ist, muß — selbstredend — auch die Schlacke und der Einsatz von entsprechender Beschaffenheit sein. Basische Zusatzstoffe können nicht gegeben werden, und der Kalkzuschlag bleibt daher bei dem sauren Verfahren gänzlich weg. Wenn Eisenerze — trotz ihrer basischen Beschaffenheit — hier und da doch gegeben werden, so tut man es lediglich aus dem Grunde, damit die Überschüsse des Si-Gehaltes gebunden werden sollen. Man hüte sich jedoch, diesen Erzzuschlag reich zu bemessen, da sonst die Ofenzustellung rasch zerstört wird.

Das im sauren Ofen zu verarbeitende Roheisen muß ebenso schwefelarm wie beim basischen Ofen, es soll jedoch gleichzeitig auch phosphorarm sein, da bei dem sauren Verfahren die Phosphorsäure nicht gebunden werden kann, so daß bei diesem Verfahren der P-Gehalt des Einsatzes unverändert bleibt. Der Si-Gehalt des sauren Roheisens schwankt zwischen 1 bis 2 Proz. Ist die Schlacke bei einem niedrigen Si-Gehalt des Einsatzes nicht sauer genug, so gibt man entsprechende Menge Quarzsand zu.

Der Frischvorgang ist bei dem sauren Verfahren weniger lebhaft und nicht so tiefgreifend wie beim basischen, da bei diesem — außer den chemisch günstigeren Einwirkungen der basischen Schlacke — auch der Erzsauerstoff kräftig einwirken kann. Diese weniger lebhafte frischende Wirkung des sauren Siemens-Martin-Ofens ist der Grund dafür, daß die sauren Öfen — trotz ihrer nicht unbeträchtlich billigeren Zustellung — im allgemeinen nur eine sehr beschränkte Verwendung finden. Saure Siemens-Martin-Öfen werden in der Regel nur dort gebaut, wo der Hauptzweck die Herstellung harter Stahlabgüsse ist.

Die Oxydation der einzelnen Eisenbegleiter geschieht selbstverständlich unter gleichen Bedingungen wie bei dem basischen Verfahren. Da es sich jedoch im sauren Ofen um eine saure Zustellung und eine saure Schlacke handelt, wird der im basischen Ofen als allererster zur Verbrennung bzw. zur Verschlackung gelangende Si-Gehalt des Einsatzes im sauren Ofen nur mit beträchtlicher Verzögerung, auch dann nur zum Teil oxydiert. Der Eisenbegleiter, welcher im sauren Bade mit gleicher Geschwindigkeit und Vollkommenheit wie der Si-Gehalt des basischen Einsatzes als erster oxydiert wird, ist der Mn-Gehalt des sauren Ofeneinsatzes. Der Mn-Gehalt ist im sauren Ofen bereits am Ende des Eisenschmelzens — bis auf Spuren — vollständig oxydiert und von dem Schlackenbade aufgenommen.

Betriebsführung, Arbeitsweise und Fertigmachen der Schmelze sind denen bei den basischen Öfen gleich.

C. Die Betriebsführung und das Fertigmachen der Schmelze.

Außer dem bei dem basischen Verfahren Gesagten sei bezüglich des Betriebes der Siemens-Martin-Öfen noch folgendes erwähnt.

Die Inbetriebsetzung eines neugebauten oder ausgebesserten Siemens-Martin-Ofens wird mit der Arbeit des Trocknens bzw. des Anwärmens des Ofens begonnen. Das Trocknen hat den Zweck, die Feuchtigkeit der neugemauerten Ofenteile zu vertreiben. Der Zweck des Anwärmens ist die feuerungstechnische Vorbereitung des Ofens zum beständigen Betrieb, d. h. die Erhöhung der Herd- und Kammertemperatur auf die Höhe, welche den Ofen zur Aufnahme des Einsatzes geeignet macht. Das Trocknen und das Anwärmen geschehen unmittelbar nacheinander, oder vielmehr geht das Trocknen allmählich in das Anwärmen, Anheizen über.

Das Trocknen des Ofens, d. h. die Vertreibung der Feuchtigkeit, kann nur langsam und allmählich geschehen. Bei einer stärkeren Beschleunigung dieser Arbeit wäre die Unversehrtheit und dadurch die Haltbarkeit der Steine bzw.

des Mauerwerks des Ofens gefährdet. Zum Zwecke des Trocknens werden auf den Boden des Herdes Alteisenbleche gelegt, über welchen Holzfeuer gemacht wird. Das weitere Trocknen wird meistens mit Koksfeuer fortgesetzt, und zwar so lange, bis man in den Kammergitterungen eine beginnende Dunkelrotglut beobachten kann. Die Arbeitsweise und der Brennstoff des Trocknens kann jedoch keinesfalls mit allgemeiner Gültigkeit bestimmt werden. Verf. kann z. B. beweisen, daß viele Siemens-Martin-Öfen während des Weltkrieges und auch nachher vielfach mit Generatorgas getrocknet wurden, wobei auch die Ofenhaltbarkeit ganz gut ausfiel. Das Trocknen mit Generatorgas geschieht in der Weise, daß die unterhalb der Arbeitsbühne geführte Gasleitung mit einer Abzweigung versehen wird, deren einer Teil über der Arbeitsbühne nach Bedarf auf- oder abmontierbar ist. Dieser obere Teil besitzt drei Düsen, welche durch drei Türen des Ofens in denselben hineinragen. Die Gestaltung der Düsen ist ähnlich den Bunsenbrennern. Nach dem Einführen der Düsen und Anzünden des Gases bleiben während der ganzen Dauer des Trocknens die Türen mit trockenem Mauerwerk geschlossen.

Beim Trocknen des Ofenmauerwerks ist im allgemeinen weniger der Brennstoff und die Arbeitsweise, als vielmehr das wichtig, daß die Arbeit des Trocknens langsam und allmählich vor sich gehe. Ein derart vollzogenes Trocknen bringt zwar einen gewissen Zeitverlust mit sich, der aber durch bessere Ofenhaltbarkeit stets ausgeglichen wird.

Durch das allmähliche Anwärmen beginnen die Ofenmauerungen sich schon während des Trocknens auszudehnen, weshalb auch diese Bewegung der Mauerungen auf das gewissenhafteste zu beobachten und mit dieser unbedingt zu rechnen ist. Durch verläßliche und geübte Ofenarbeiter läßt man die Spannung in den die Verankerung zusammenhaltenden Schraubenbolzen ständig beobachten, mit deren Zunahme die Schraubenmuttern ständig entsprechend nachzulassen sind. Die Spannung der Schraubenbolzen soll auch während des Trocknens und Anwärmens womöglich stets von der Größe sein, wie sie während eines richtig geführten Betriebes in denselben besteht. Es darf also die Verankerung niemals so eng und so steif sein, daß die Mauerungen und besonders das Gewölbe ausbauchen, soll aber auch keinesfalls so locker sein, daß letzteres einsinken könnte. Indem aber — weil weniger gefährlich — meist eine eher zu steife Verankerung angewendet wird, pflegt man das Ofengewölbe gleich zu Beginn der Trocknung, je nach dessen Größe, mit 1 bis 2000 kg Roheisenmasseln zu belasten, um einem Ausbauchen oder einer Rißbildung vorzubeugen. Es beeinträchtigen nämlich etwa entstehende Risse die Haltbarkeit des Ofens bzw. Gewölbes in äußerst schädlicher Weise.

Das Trocknen dauert in der Regel 3 bis 4 Tage; während dieser Zeit erwärmt sich der Ofen derart, daß schließlich zur Gasfeuerung, d. h. also zur regelmäßigen Feuerung durch die Kammern, übergegangen werden kann. Das Gas wird selbstverständlich so in den Ofen eingeführt, daß vorher mit Hilfe des Gasdrucks die in der Leitung und in den Kammern befindliche Luft hinausgedrückt wird, damit an der Gaseinströmungsöffnung reines Generatorgas und kein explosives Gemisch in den Ofen eintrete.

Dieses Anwärmen des Ofens dauert ebenfalls 3 bis 4 Tage bzw. so lange, bis die Kammern dauernd eine Hitze von mindestens 1000° (helle Rotglut) und die inneren Herdteile eine solche der blendenden Weißglut erreicht haben. Wie hoch die Ofentemperaturen im regelmäßigen Betriebe sind, gibt *H. Wilhelm* in Bericht Nr. 106 des Stahlwerksausschusses an[1]). Auf Grund seiner Untersuchungen „kann man sagen, daß nach dem Abstechen die Herdtemperatur sich um 1550° bewegt. Der übrige Oberofen hat zu dieser Zeit meist eine Temperatur von 1650°. Während des Beschickens sinkt die mittlere Ofentemperatur auf 1500 bis 1550°, je nach Schnelligkeit des Einsetzens. Nach dem Beschicken bewegt sich der Temperaturanstieg des Oberofens um etwa 1°/Min. Etwa 1 Stunde vor dem Einlaufen wird meist die Höchsttemperatur des Gewölbes von etwa 1720° erreicht. Die Flammentemperatur bewegt sich in den Grenzen von 1700 bis 1880°. Die Höchsttemperaturen treten meist gegen Ende des Einschmelzens auf. Bis zum Abstich sinkt nämlich die Temperatur durch Gasdrosseln, Zugeben von Erz, Kalk und Eisenmangan auf etwa 1650°“.

In den auf diese Weise entsprechend angewärmten Ofen kann nun die erste Schmelze eingesetzt werden. Das Einsetzen geschieht in der Regel — von den Ausnahmen ganz kleiner und meist alleinstehender Siemens-Martin-Öfen abgesehen — auf mechanischem Wege, da diese Art des Einsetzens gegenüber der von Hand aus bedeutende Zeit- und Arbeitslohnersparnis mit sich führt. Es verhält sich die Zeitdauer des Einsetzens von Hand aus gegenüber der maschinellen etwa wie 4 : 1, fallweise wie 3 : 1. (Vor Beginn des Einsetzens ist das Abstichloch zuzumachen, und zwar durch Einstampfen mit einer Dolomitmasse, welche mit etlicher Kokslösche gemischt wurde.) Für die Reihenfolge des Einsetzens lassen sich keine allgemeinen Regeln aufstellen. Gewöhnlich gibt man zuerst Kalk, dann Schrott, Roheisen, Erz und schließlich den Sinter. Wird mit flüssigem Roheisen gearbeitet, so gießt man dieses selbstverständlich aus der Roheisenpfanne mittels einer aufhängbaren Einsatzrinne in den Ofen. Es ist nicht gleichgültig, in welchem Zeitpunkt das flüssige Roheisen eingegossen wird; man soll sich daher hiermit nicht zu sehr beeilen, es soll vielmehr mindestens so lange unterbleiben, als der Herd durch Einbringen der festen, kalten Bestandteile des Einsatzes noch stark abgekühlt ist. In der Wahl dieses günstigsten Zeitpunktes ist man natürlich nur in dem Falle gänzlich ungebunden, wenn man über einen Mischerofen verfügt. Dieser Umstand weist zugleich auf die große Bedeutung der Mischeröfen hin. Ist beim Einsetzen des flüssigen Roheisens der Herd des Ofens und der darin befindliche Einsatzstoff noch nicht auf die nötige Temperatur erhitzt, werden die noch festen Bestandteile des Einsatzes nur langsam einschmelzen, auch wird sich das möglichst früh erwünschte Kochen der Schmelze mit bedeutender Verzögerung einstellen. Anstatt dieses Kochens zeigt sich alsdann lange Zeit hindurch nur Schäumen des Bades, und dieser Umstand verlängert die Zeitdauer der Schmelze. Die Verzögerung des Kochens und noch mehr dessen Ausbleiben ist stets ein

[1]) Verlag Stahleisen, Düsseldorf.

wesentliches Übel, welches aber durchaus nicht allein vom Zeitpunkt der Roheisenzugabe abhängt, vielmehr und in der Hauptsache einer Reihe anderer wichtiger Faktoren — wie sehr wenig Roheisen oder schlechte Beschaffenheit desselben, nicht genügend hohe Temperatur, fehlerhafte Schmelzführung und anderen — zuzuschreiben ist.

Im Verlaufe des Siemens-Martin-Verfahrens geht die eingesetzte Schmelze durch drei Perioden. Die erste ist das Einschmelzen, die zweite der Frischvorgang und die dritte die des Fertigmachens. Als ein gänzlich selbständiger Teil des Verfahrens kann nur das Fertigmachen betrachtet werden, weil dieses mit dem Zugeben von Stoffen bestimmter Beschaffenheit verbunden ist. Dagegen läßt sich der Frischvorgang vom Einschmelzen durchaus nicht scharf und deutlich abgrenzen, weil ja der Verlauf des Frischvorganges — wie bereits erwähnt — schon während des Einschmelzens beginnt.

Eine möglichste Abkürzung der Zeitdauer des Einschmelzens ist jedenfalls von Vorteil, weil mit dieser einesteils die ganze Dauer der Schmelze kürzer wird, andernteils ein rasches Einschmelzen einen günstigen Schmelzgang und ein zur richtigen Zeit eintretendes, regelmäßiges Kochen sichert. Je reicher der Einsatz an Eisenbegleitern, namentlich an C, Mn und Si ist, in desto kürzerer Zeit wird selbstverständlich das Einschmelzen vor sich gehen. Dagegen kann und soll man — unter sonst gleichen Umständen — das Einschmelzen durch entsprechende Regelung und Steigerung der Temperatur beschleunigen. Die Mittel dazu sind in der Hauptsache ein gutes Generatorgas, ein entsprechend hoher und gleichmäßiger Gasdruck, sowie ein gewissenhaftes Umschalten der Ventile.

Ist der Einsatz vollkommen eingeschmolzen, so ist nun festzustellen, in welchem physikalischen und chemischen Zustande sich das Stahlbad befindet. Dies zu beurteilen, wird ein oftmaliges Beobachten des Bades durch Kobaltglas und häufige Probenahme angezeigt sein. Das Umschalten der Ventile geschieht am Anfang der Schmelzung in der Regel in größeren ($^3/_4$ bis $^1/_2$ Std.), später — nach Bedarf — in kürzeren Zeitabständen. Indem das Frischen schon während des Einschmelzens beginnt, wird das Bad an fremden Begleitern immer ärmer, und folglich steigt sein Schmelzpunkt mehr und mehr an; man muß daher durch entsprechende Regelung der Feuerung auch die Temperatur stets erhöhen. Höhe und Gleichmäßigkeit der Temperatur zeigt das Glühen bzw. die Farbe der Badoberfläche an, den Fortschritt des Frischvorganges die mehr oder minder starke Unruhe des Bades. Diese Unruhe, das Kochen, wird durch das allmählich fortschreitende Verbrennen des C-Gehaltes der Schmelze infolge von ausscheidenden Gasblasen hervorgerufen. Wenn dieses Kochen, das massenhafte Ausscheiden von Gasblasen, nachläßt, also im Rückgang ist, so ist das ein Zeichen dafür, daß der C-Gehalt des Einsatzes schon größtenteils verbrannt ist. Indem nun — teils gleichzeitig, teils hintereinander — auch die übrigen Eisenbegleiter oxydiert werden, wird sich Härte und Festigkeit des im Ofen befindlichen Stahles allmählich herabmindern. Über das Maß der Festigkeitsabnahme beim Fortschreiten des Vorganges überzeugt man sich nun von Zeit zu Zeit durch Probenahme, und zwar derart, daß der Schmelzer mit einem langstieligen Schöpflöffel aus dem Stahlbade eine 2 bis 3 kg wiegende Schöpfprobe heraushebt und diese in eine Gußform von quadratischem Querschnitt vergießt. Der erstarrte Probeblock wird nun zu einem quadratischen Stab von 14 bis 16 mm Seitenlänge gestreckt, welcher dann — in gehärtetem oder langsam abgekühltem Zustande — einem Biegeversuch unterworfen wird. Aus dem Ergebnis dieses Biegeversuchs kann nun mit ziemlicher Sicherheit auf Härte, Festigkeit und Dehnung des im Ofen befindlichen Stahles geschlossen werden. Sind Härte bzw. Festigkeit und auch C-Gehalt genau einzuhalten, so ist der Probestab außer dem Biegeversuch noch einer Kugeldruckprobe, ja selbst einer chemischen Untersuchung — einer Kohlenstoffbestimmung — zu unterwerfen. Mit dem Brinell-Apparat ist die genaue Härte in 1 bis 2 Minuten, mit Hilfe des von *G. Mars* herrührenden Kohlenstoffbestimmungsapparats der C-Gehalt in 6 bis 8 Minuten zu bestimmen, also in einer Zeit, während welcher die Entkohlung nur sehr wenig fortschreitet; es lehrt übrigens die Erfahrung den Betriebsmann äußerst schnell, die genaue Größe der während dieser Zeit eingetretenen Veränderungen sicher abzuschätzen. In neuester Zeit wendet man ein noch schnelleres Verfahren zur Bestimmung der Härte und des C-Gehaltes während des Fertigmachens der Schmelze an, und zwar auf Grund einer in wenigen Sekunden vollzogenen Untersuchung der magnetischen Eigenschaften des Probeblocks.

Das Verhalten des aus dem Probelöffel in die Gußform gegossenen flüssigen Stahles dient übrigens selbst schon als Fingerzeig hinsichtlich der Beurteilung des Zustandes des Stahlbades. Ist nämlich die Viscosität des flüssigen Stahles groß und bleibt nach dem Entleeren Stahl am Probelöffel nicht haften, so ist das Bad von entsprechend hoher Temperatur. Bleibt dagegen eine Kruste am Löffel zurück, so ist das Bad noch kalt. In diesem letzteren Falle kann man an das Abstechen bzw. Fertigmachen der Schmelze selbst dann nicht denken, wenn die Härteprobe den erwünschten Härtegrad bzw. C-Gehalt bereits ergeben hätte. In diesem Falle muß man daher schleunigst zur Erhöhung der Badtemperatur schreiten, was durch entsprechende Führung der Feuerung, durch Nachsetzen von Roheisen oder Mn-reichem Roheisen (z. B. Spiegeleisen) geschehen kann.

Neben der Beschaffenheit des Stahles ist auch das Verhalten der Schlackenschichte zu beobachten. Diese wird nämlich nur dann die gewünschte physikalische und chemische Wirkung ausüben, wenn ihre Viscosität genügend groß, sie selbst genügend dünnflüssig und auch von entsprechender chemischer Beschaffenheit ist. Beim basischen Verfahren sind allzu basische Schlacken (solche von großem CaO-Gehalt) meist teigartig, trägflüssig, sie können ihrer physikalischen Bestimmung daher nur ungenügend entsprechen. In solchem Falle wäre also die Schlacke durch Zugeben etlicher Schaufeln Quarzsand dünnflüssiger und gleichzeitig weniger basisch zu machen. Ist dagegen die Schlacke zu dünnflüssig und nicht basisch genug, so wäre durch Zugeben entsprechender Mengen von Kalkstein — oder besser gebranntem Kalk — Abhilfe zu leisten.

Zum Fertigmachen der Schmelze kann man daher nur dann übergehen, wenn einesteils der Stahl die entsprechende Härte bzw. den gewünschten C-Gehalt erreicht hat, andernteils die Schlacke von erwünschter Beschaffenheit und das ganze Bad entsprechend überhitzt ist. Das Fertigmachen besteht aus dem Zusetzen solcher Stoffe, welche einerseits eine entsprechende Menge gewisser Begleiter für das fertige Stahlerzeugnis liefern, anderseits vergütend auf die Stahlbeschaffenheit einwirken, indem sie die im Stahlbade gelösten Oxyde zersetzen. Nachdem das Stahlbad — besonders das von niedrigem C-Gehalt — stets Oxyde in mehr oder minder großen Mengen enthält, darf das Fertigmachen — abgesehen von einigen Ausnahmefällen, z. B. bei den Tiefziehstoffen[1]) — niemals ausbleiben, und nur in der Gattung und Menge der Zusätze hat man Wahl, gemäß Beschaffenheit des herzustellenden Stahles und der Menge der gelösten Oxyde.

Überschritt die Entkohlung die gewünschte Grenze, so gibt man zwecks Rückkohlung zuerst Koks- oder Holzkohlenstaub, oder auch Spiegeleisen und — nachher — nach Verlauf von etwa 15 bis 25 Minuten Eisenmangan. Eisenmangan verwendet man übrigens sozusagen beim Fertigmachen einer jeden einzelnen Stahlschmelze. Wenn der Rotbrüchigkeitsgrad der nach Verlauf von 5 bis 8 Minuten nach dem Zusetzen von Eisenmangan genommenen Probe es notwendig erscheinen läßt, gibt man wiederholt Eisenmangan zu.

Das Zersetzen der im Stahlbade gelösten Oxyde beruht auf der Tatsache, daß der Mn-Gehalt des Eisenmangans oder der Si-Gehalt des Eisensiliciums, metallisches Aluminium, die zum Fertigmachen ebenfalls vielfach angewendet werden, den Sauerstoffgehalt der im Bade gelösten Eisenoxyde (FeO) entziehen, und während das frei gewordene Eisen an das Bad übergeht, werden die entstandenen neuen Oxyde (MnO, SiO_2, Al_2O_3) von der Schlacke aufgenommen. Diese Vorgänge des Fertigmachens — allgemein Desoxydation genannt — spielen sich in den drei verschiedenen Fällen folgend ab:

$$Mn + FeO = MnO + Fe$$
$$Si + 2\,FeO = SiO_2 + 2\,Fe$$
$$2\,Al + 3\,FeO = Al_2O_3 + 3\,Fe.$$

Mit dem Fertigmachen soll nicht allein die Desoxydation, sondern auch die Befreiung von den Gaseinschlüssen nach Möglichkeit erreicht werden. Diese letztere Aufgabe ist aber schwieriger, besser gesagt unsicherer, denn während die Rotbrüchigkeit der Schöpfprobe den Oxydgehalt des Stahlbades, ja selbst dessen Menge anzeigt, kommt das Vorhandensein — viel weniger noch die Menge — der vom Stahlbade absorbierten Gase in keiner Weise zur Anzeige, solange der flüssige Stahl im Ofen ist. Der flüssige Stahl enthält doch stets absorbierte Gase [wie z. B. H und N, besonders von dem erstgenannten größere Mengen[2])], und obwohl diese beim Vergießen vor dem Erstarren entweichen, verbleiben im fertigen Stahlerzeugnis — besonders wenn der Gas-

[1]) Vgl. St. u. E. 1564 bis 1565 (1926).

[2]) Im Gegensatz zu der früheren Auffassung hat *Klinger* nachgewiesen, daß das Vorhandensein von Kohlenoxyd und Kohlendioxyd im Stahl unmöglich ist. Vgl. Ber. d. Chem. Aussch. V. d. Eisenhüttenleute Nr. 46 (1926).

gehalt des Stahles groß war und das Erstarren rasch vor sich ging — dennoch gewisse Gaseinschlüsse, welche schließlich die Beschaffenheit, die Gleichmäßigkeit des Gefüges in beträchtlichen Maße verschlechtern und den Stahl für sehr viele heikle Aufgaben unbrauchbar machen. (Die große Flamme, welche an der Oberfläche des in die Gießpfanne abgestochenen Stahles zu beobachten ist, ist eben nichts anderes als die Flamme solcher freigewordenen — hauptsächlich H — und entzündeten Gase.) Da wir aber über geeignete Stoffe, welche die absorbierten Gase des Stahles sicher trennen bzw. binden würden, nicht verfügen, bleibt eben nichts anders übrig, als daß man das Entweichen der Gase durch Überhitzen, Dünnflüssigermachen des Stahles erleichtert. Glücklicherweise sind alle erwähnten Desoxydationsmittel von dieser Wirkung, so daß mit der Anwendung derselben zugleich eine Verminderung des Gasgehaltes erreicht wird. Während aber zum Zwecke reiner Desoxydation meist Eisenmangan verwendet wird, erreicht man das Entweichen der Gase am besten mit Aluminium. Die nach Zusetzen von Aluminium eintretende Reaktion steigert nämlich in größtem Maße die Temperatur des flüssigen Stahles und verteilt sich in wenigen Augenblicken vollkommen gleichmäßig im Stahle. Diese Wirkung des Aluminiums ist derart lebhaft, daß man selbst dann noch Erfolg erzielt, wenn man erst beim Vergießen der Stahlblöcke wahrnimmt, daß der Stahl zu reich an Gasen ist. In diesem Falle wirft man in gleichen Zeiträumen kleine Aluminiumwürfel in die Gußformen oder, noch besser, man hält dünn ausgestreckte Aluminiumstangen in den in die Gußform fallenden Stahlstrahl.

Zahlentafel 4. Zusätze beim

Art der Erzeugnisse	Zerreißfestigkeit	Chemische Zusammensetzung		
		C	Mn	Si
	kg/qmm	%	%	%
1. Weiches Flußeisen	—	0,05 bis 0,09	0,3 bis 0,6	—
2. Mittelhartes	—	„ 0,14	„ 0,7	—
3. Hartes	—	0,2 „ 0,35	„ 1,3	—
4. Dynamocharge	—	—	—	0,4 bis 0,6
5. Transformatorencharge	—	0,04	0,1	3 bis 4
6. Radscheiben	—	—	—	—
7. Sehr weiches Flußeisen		0,07	0,41	—
8. Radreifen	50 bis 60	0,30	0,84	0,22
9. Sehr weiches Flußeisen	—	—	—	—
10. Schmiedeblöcke	60 bis 65	0,44	0,95	0,25
11. Feinbleche	—	0,10	0,48	—
12. Achsen	50 bis 60	0,28	0,72	0,23
13. Konservendosen	—	0,10	0,46	—
14. Ketten (gut schweißbar)	—	0,09	0,32	—

Es ist sowohl aus Wirtschaftsgründen, wie auch vom Gesichtspunkte der Beschaffenheit des Stahles von besonderer Wichtigkeit, wie große Mengen von den Desoxydationsmitteln bzw. Entgasungsmitteln dem Stahlbade zugesetzt werden. Diese Stoffe sind nämlich teuer, und gerade die an Mn bzw. Si reichsten (70 bis 80 Proz.), daher auch teuersten, sind von günstigster Wirkung. Zuviel Mn oder Si verändert dagegen wesentlich die Festigkeit wie auch die Zähigkeit des Stahles. Gibt man aber zuviel Aluminium, so ist außer einem Mehraufwand an Kosten mit einer bedeutenden Verminderung der Schmiedbarkeit des Stahles zu rechnen.

Da einesteils eine aus dem höchstmöglichen O-Gehalt des flüssigen Stahles ausgehende Berechnung eine viel zu große Mn- bzw. Si-Menge ergeben würde, anderseits beim Fertigmachen auch Verluste auftreten, würde eine rechnerische Bestimmung der Desoxydationsmittel keineswegs zum Ziele führen. Die Menge dieser Stoffe ist vielmehr auf Grund einer durch gute Beschaffenheit des Stahles bedingten Erfahrung zu bestimmen. Diese Erfahrung zeigt, daß man z. B. von 80proz. Eisenmangan beim Fertigmachen allgemein eine Menge von 0,4 bis 1 Proz. des Einsatzgewichtes dem Bade zusetzt, und zwar für weichere Stahlsorten weniger, für härtere mehr. Beim Fertigmachen solcher durchaus weichen Stahlsorten, bei welchen eine geringere Rotbrüchigkeit von nicht gar zu wesentlicher Bedeutung ist (wie z. B. bei Feinblechen), kann die Menge des Mn-Zusatzes sogar weniger als 0,4 Proz. ausmachen. (So war z. B. der Gesamtverbrauch an 80proz. Eisenmangan in Verf.s Stahlwerk im Jahres-

Siemens-Martin-Verfahren.

P	Fassungsvermögen des Ofens	Anmerkung. Abkürzungen: FeMn (80) = Ferromangan mit 80% Mn; Sp (12) = Spiegeleisen mit 12% Mn; FeSi (10) = Ferrosilicium mit 10% Si u. s. f.
%	t	
0,01 bis 0,03 höchstens 0,07	20 bis 23	80 bis 100 kg FeMn (80)
ebenso	20 „ 23	100 bis 200 kg FeMn (80) + 400 bis 600 kg Sp (12)
„	20 „ 23	30 bis 80 kg FeMn (80) + bis 1200 kg Sp (12), mitunter auch bis 500 kg Silikospiegel
—	20 „ 23	20 bis 60 kg FeMn (80) + 150 kg FeSi (75), letzteres zu Staub gemahlen
—	20 „ 23	hier sogar 700 bis 800 FeSi (75) in derselben Weise. Schlacke sorgfältig zurückgehalten. Man muß den Stahl kalt werden lassen, er erhitzt sich schnell wieder in der Pfanne beim Auftreffen auf Ferrosilicium
—	20 „ 23	auch hier 50 bis 100 kg FeSi (75)
0,02	39	150 kg FeMn (80)
0,02	21	170 kg FeMn (80) + 120 FeSi (75) + 1000 Sp (12)
—	24	70 kg FeMn (80) + 19 kg Koks
0,01	45	250 kg FeMn (80) + 240 FeSi (75) + 2000 Sp (12)
0,01	25	40 kg FeMn (80) + 500 Sp (12)
0,02	21	170 kg FeMn (80) + 120 FeSi (75) + 1000 Sp (12)
0,01	26	20 kg FeMn (80) + 400 Sp (12)
0,01	26	ungefähr ebenso

durchschnitt niemals über 0,4 Proz. gestiegen, wo doch außer den ungefähr ein Drittel der Gesamterzeugung ausmachenden Feinblechstoffen noch bedeutende Mengen harter Stahlgattungen — in der Hauptsache Eisenbahnschienen — hergestellt wurden.) Die Menge des Eisensiliciumzusatzes richtet sich nach dem Bedarf an Si-Gehalt im fertigen Stahl. Der Al-Zusatz ist mit großer Vorsicht anzuwenden; es sollen von diesem selbst in den äußersten Ausnahmefällen nicht mehr als 0,1 Proz. des Einsatzes gegeben werden, da widrigenfalls der Stahl beim Schmieden und Walzen für rotbrüchig, in der Gießerei für trägflüssig gefunden wird. Zur Orientierung über Zusatzmengen sei hier eine der Praxis entnommene Zahlentafel von *B. Osann* angeführt[1]). (Siehe Zahlentafel 4.)

Die Zusätze werden in der Regel kalt und in festem Zustande gegeben. Sie werden selten — in einfachen Flammöfen — vorgewärmt, wenn aber von einzelnen Zusätzen (z. B. von Spiegeleisen) sehr große Mengen anzuwenden sind, so müssen diese in flüssigem Zustande in das Bad gegossen werden, um ein übermäßiges Abkühlen desselben zu vermeiden. Die Verwendung der Zusätze in flüssigem Zustande muß aber in jedem Falle wärmewirtschaftlich begründet sein, da Bau und Betrieb der zum Umschmelzen nötigen Einrichtungen (Flammofen, Kupolofen, Elektroofen usw.) kostspielig ist; auch sind solche — nicht streng in das System des Stahlwerks gehörigen — Öfen meist im Wege. Eisensilicium und Aluminium pflegt man jedoch immer in festem Zustande zu geben.

Wenn schließlich die Fertigprobe — vielleicht erst nach wiederholtem Geben der Zusätze — sowohl in bezug auf Härtegrad wie C-Gehalt und Schmiedbarkeit einwandfreie Ergebnisse liefert, kann nach vollendetem Fertigmachen der Ofeninhalt in die entsprechend vorgewärmte Gießpfanne abgestochen werden. Letztere wird in das Lager eines vor den Abstichrinnen aufgebauten Bocks gesetzt.

Das Abstechen des Ofeninhaltes geschieht nun derart, daß nach der Fertigprobe das Abstichloch von außen soweit „vorgebohrt" wird, bis der in das Loch gestampfte Dolomit oder Magnesit ein lebhaftes Glühen zeigt. Dann wird der im Abstichloch verbliebene Stopfen durch die mittlere Ofentür mit Hilfe einer schweren schmiedeeisernen Stange durchgestoßen. War man mit dem Vorbohren zu weit gegangen und eröffnet der Flüssigkeitsdruck des Bades das Abstichloch selbst, ist man der Gefahr einer noch nicht vollzogenen Wirkung der Zusätze ausgesetzt; war man hingegen zu langsam, so wird die Dekarbonisation des Stahles das gewünschte Maß überschreiten.

D. Die neueren Arten des Siemens-Martin-Verfahrens.

In Anbetracht dessen, daß die Stahlwerke in den ersten Jahrzehnten der Siemens-Martin-Stahlerzeugung im Rahmen dieses Verfahrens den Schrott — dessen Sammel- und Handelsorgane zu jener Zeit noch nicht entsprechend entwickelt waren — in sehr großen Mengen verarbeiteten, mußte unvermeid-

[1]) *B. Osann:* Lehrb. d. Eisenhüttenkunde 2, 460, 2. Aufl.

lich ein Zeitpunkt kommen, zu dem Schrott von entsprechender Beschaffenheit einesteils in ausreichenden Mengen nicht immer zur Verfügung stand und andernteils — infolge der Handelsverhältnisse — sich zu sehr verteuerte. Dieser Umstand ist als erster Grund und erste Gelegenheit zur Entwicklung neuerer Abarten des Siemens-Martin-Verfahrens zu betrachten. Da nun auf diese Art die Stahlwerke mit sehr großen Roheisenanteilen oder gar mit reinen Roheiseneinsätzen zu arbeiten gezwungen waren, war die Einführung solcher Verfahren notwendig, welche einerseits die Oxydation der bedeutenden Mengen von Eisenbegleitern des großen Roheiseneinsatzes beschleunigen, anderseits auch die Herstellung von gutem Flußstahl aus minderwertigeren, P-reichen Roheisen ermöglichen. Diese Verfahren fallen daher im allgemeinen unter den Begriff der mit basischen Öfen arbeitenden Roheisenerzverfahren. Obgleich diese Abarten des Siemens-Martin-Verfahrens in technischer und metallurgischer Hinsicht allgemein als zufriedenstellend, meist sogar als einwandfrei zu bezeichnen sind, behaupten sie sich in wirtschaftlicher Hinsicht doch nicht immer, und weil sie der Einfachheit, der billigen und gut übersichtlichen Anlage der ursprünglichen Art des Siemens-Martin-Verfahrens gegenüber noch viel Umständlichkeiten mit sich führen, konnten sie neben der erwähnten ursprünglichen — mit „Schrottverfahren" bezeichneten — Art schließlich doch keine nennenswerte Verbreitung erlangen. Von den neueren Arten sind es das *Bertrand-Thiel*sche, das *Hoesch-*, *Talbot-*, *Monell-* bzw. *Surzycki-* und neuerdings das *Boßhardt*sche Verfahren, die größeres Aufsehen erregten, von welchen aber bedeutendere Verbreitung und in wirtschaftlicher Hinsicht größeren Erfolg nur das Hoesch- und das Talbot-Verfahren erzielten.

Das Verfahren von Bertrand-Thiel. Dieses Verfahren ist durch Verteilung des Frischvorganges auf zwei — in verschiedener Höhe gelegene — Ofeneinheiten gekennzeichnet. Im höher gelegenen Ofen wird der Roheiseneinsatz nur zum Teil gefrischt, da hier bei nicht zu hoher Temperatur in seiner Gänze nur der Si oxydiert wird; der P nur größtenteils, während der C-Gehalt des Einsatzes dagegen nur in kleinem Ausmaß verbrennt. Im oberen Ofen wird natürlich auch Erz und Kalk dem Roheiseneinsatz zugesetzt. Nach Eintritt dieses teilweisen Frischens wird mit Hilfe einer Verbindungsrinne der Inhalt des oberen Ofens in den unteren übergeführt, wobei man durch eine entsprechende Abzweigung der Rinne die P-reiche Schlacke vom Stahlbade abtrennt, um eine Rückphosphorung während des weiteren Frischvorganges im unteren Ofen zu vermeiden. Der untere Ofen erwartet hocherhitzt das noch C-reiche Stahlbad, welches schließlich mittels der ebenfalls hocherhitzten Zuschläge verhältnismäßig rasch das noch rückständige Frischen erfährt. Da der Unterofen stark überhitzt ist und so seine Zuschläge äußerst reaktionsfähig sind, kann man in diesen nebst den Zuschlägen auch Schrott und Roheisen (natürlich P-armes) einsetzen. Die Anzahl der Öfen kann auch drei betragen, wobei auf der oberen Flur zwei, auf der unteren einer untergebracht ist. Es arbeiten die oberen Öfen in diesem Falle abwechselnd. Die Anordnung der Öfen des Bertrand-Thiel-Verfahrens ist aus Fig. 15 zu ersehen.

Ein entschiedener Vorteil des Bertrand-Thiel-Verfahrens ist, daß es von der Beschaffenheit des Roheisens sozusagen unabhängig und auch bei wechselnden Roheisenanteilen anwendbar ist. Als Nachteil ist jedoch zu verzeichnen, daß jeder Ofen (obwohl jeder nur einen Teil der ganzen Arbeit leistet) für sich volle Belegschaft erfordert, und daß auch der Brennstoffverbrauch des Verfahrens nicht allzu günstig ist.

Dieses Verfahren kann auch derart ausgeführt werden, daß man an Stelle des oberen Ofens einen Bessemer-Konverter verwendet. Dieses ergibt das sog. Duplex- oder kombinierte Verfahren, welches in Witkowitz und

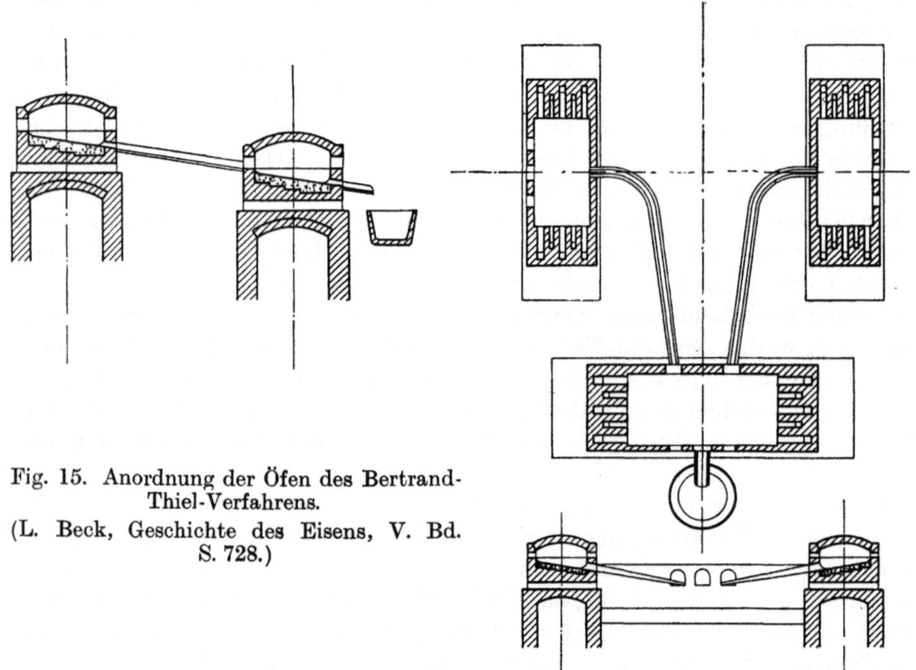

Fig. 15. Anordnung der Öfen des Bertrand-Thiel-Verfahrens.
(L. Beck, Geschichte des Eisens, V. Bd. S. 728.)

auch in Amerika in Anwendung stand. Sehr vorteilhaft läßt sich die obere Einheit durch einen auch als Mischer dienenden kippbaren Siemens-Martin-Ofen ersetzen. Dr. *G. Bulle* beschreibt ein amerikanisches Duplexverfahren wie folgt[1]: „Das Duplexverfahren wird in der Weise durchgeführt, daß eine 20-bis 25-t-Schmelze im Bessemer-Konverter auf 0,1 Proz. C und 0,12 Proz. Mn (manchmal auch weniger) heruntergeblasen und dann im großen kippbaren Siemens-Martin-Ofen mit mehreren anderen Schmelzen (meist sind es vier bis sechs) mit Erz und gebranntem Kalk (6 bis 7 Proz.) fertiggemacht wird. Man braucht für die 100-t-Schmelzung dabei $2^3/_4$ bis $3^1/_4$ Stunden und bedient sich manchmal des Talbot-Verfahrens, d. h. man verwendet einen 200- bis 300-t-Ofen, sticht aber jedesmal nur 100 t ab, so daß ein Rest von rund 150 t Stahl im Ofen zurückbleibt, der damit eine gewisse Gleichheit des Wärme-

[1]) Stahlwerksber. Nr. 90.

bedarfs des Ofens sichert. Die Qualitätsgebung kann man bei diesen Verfahren natürlich erst in der Pfanne vornehmen, weshalb man im Duplexverfahren meist nur gewöhnliches, weiches Material macht.“

Das Hoesch-Verfahren. Dieses Verfahren löst den *Bertrand-Thiel*schen Gedanken mit einem einzigen Ofen in der Weise, daß man den vorgefrischten Stahl und die P-reiche Schlacke vom Ofen in eine Pfanne absticht, von welcher dann lediglich die Stahlmenge in denselben Ofen zurückgeführt wird, wo schließlich das Fertigfrischen und Fertigmachen in gewohnter Weise vollzogen wird. Während der Zeit der Pfannenhandhabung bzw. der Schlackenabführung muß das Abstichloch des Ofens zugemacht und die noch erforderlichen Zuschläge in den Ofen eingesetzt werden.

Vorteil des Verfahrens ist, daß die Öfen von großem Fassungsvermögen (100-t-Öfen) haltbar und von gutem Gang sind; ihr Ausbringen ist um 5 bis 8 Proz. größer als das Einsatzgewicht, da aus den Erzzuschlägen gerade beim Hoesch-Verfahren die größte Menge Eisen reduziert wird. Als weiterer Vorteil ist zu verzeichnen, daß im Falle der Verarbeitung von entsprechendem Thomas-Roheisen die abgetrennte Schlacke von so hohem P-Gehalt ist, daß sie — statt Thomasmehl — als Kunstdünger verwertet werden kann. Das Hoesch-Verfahren bewährte sich besonders bei der Erzeugung weicher Eisengattungen gut, und diesbezüglich sagt *O. Schweitzer*[1]) folgendes: „Das Hoesch-Verfahren steht im Anfang seiner Entwicklung und wird in Zukunft, vor allen Dingen für die Herstellung ganz weicher Eisensorten, besonders gern angewandt werden.“

Das Talbot-Verfahren. Dieses Verfahren ist durch die Vereinfachung des Betriebes mittels Kippöfen und außerdem die Ununterbrochenheit des Betriebes gekennzeichnet. Beide sind wesentliche Vorteile, welche das Verfahren oft beliebt machten. Das Wesen des Verfahrens ist, daß aus dem Ofen stets nur ein Teil des Bades abgegossen und dieser Teil in der Gießpfanne fertiggemacht wird, in die auch die Zuschläge — entsprechend vorgewärmt — zugesetzt werden. Gegenüber den vorher erwähnten Vorteilen besitzt daher das Verfahren den nicht unbedeutenden Nachteil, daß im Talbot-Ofen vorteilhaft zumeist nur Schmelzungen gleicher Beschaffenheit gemacht werden können, ferner, daß die Zusammensetzung selbst dann noch nicht ganz genau und gleich ausfallen wird. Indem sich der Ofen hier nur jedesmal am Ende der Betriebsperiode entleert, treten im Talbot-Ofen keine so großen Temperaturschwankungen auf wie in anderen Öfen des Siemens-Martin-Verfahrens. Wenn man nun in Betracht zieht, daß zum Talbot-Verfahren in der Regel sehr große, 100- bis 200-t-Öfen verwendet werden, wird man einsehen müssen, daß Wärmewirtschaft und Brennstoffverbrauch der Talbot-Öfen äußerst günstig sind. Die Erzeugung ist selbstredend um so größer, je kleiner der P-Gehalt des zur Aufarbeitung gelangenden Roheisens ist.

Die Anwendung dieses Verfahrens ist also dort gerechtfertigt, wo flüssiges Roheisen von entsprechender Beschaffenheit zur Verfügung steht, ferner die

[1]) *O. Schweitzer:* Über die Arbeitsweise des Eisen- und Stahlwerks Hoesch usf. Stahleisen 652 (1923).

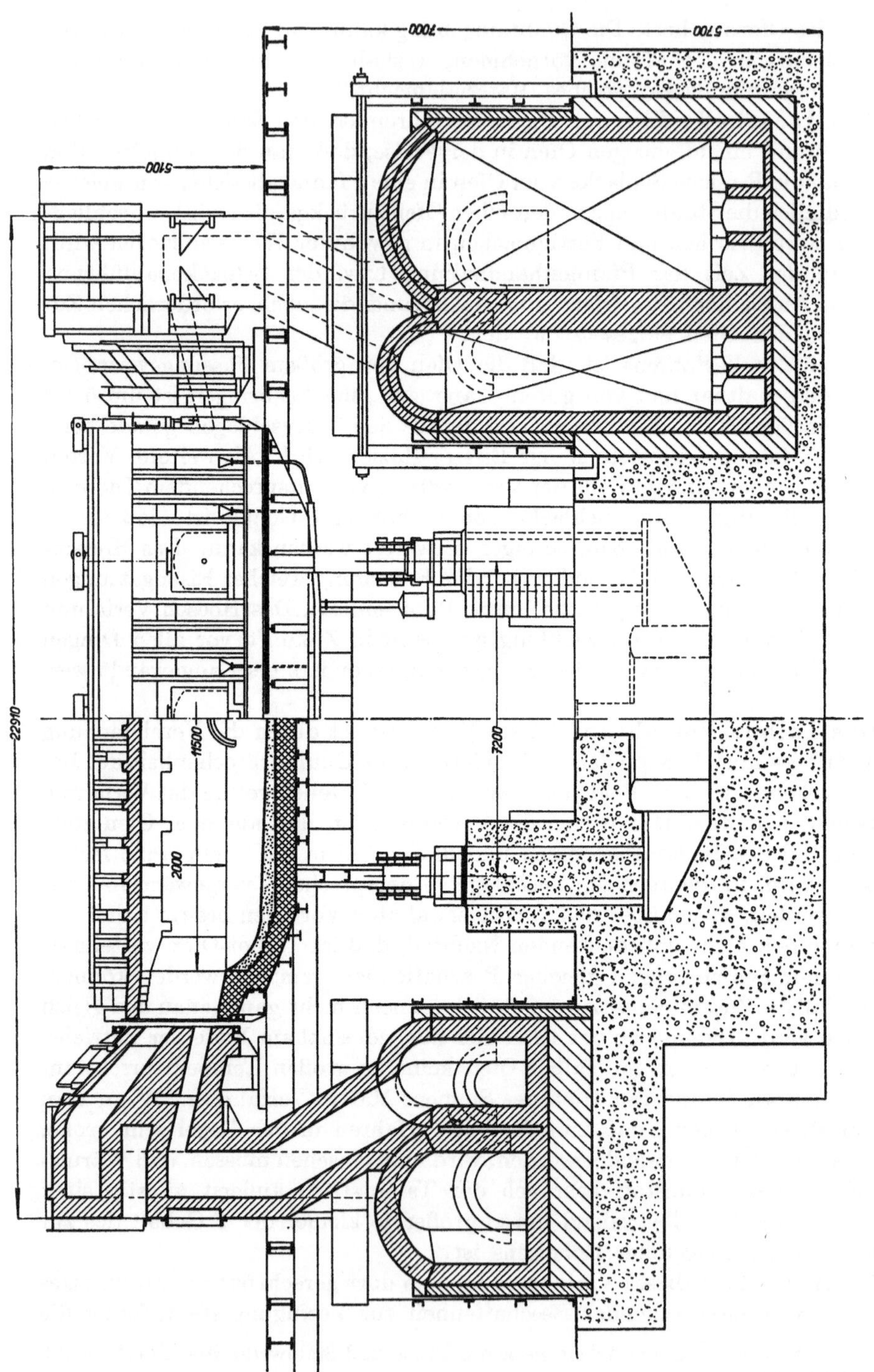

Fig. 16. 100-t-Kippofen. (St. u. E. 1926, S. 432—433.)

Möglichkeit gegeben ist, längere Zeit hindurch Eisengattungen für gleiche Zwecke zu erzeugen. In Witkowitz (Tschechoslowakei, Mähren) ist das Verfahren schon über ein Jahrzehnt lang in Anwendung und bewährte sich der Betrieb der 200-t-Kippöfen sehr gut.

Die Zeichnung eines neueren 100-t-Kippofens ist in Figg. 16 und 17 dargestellt.

Monell bzw. *Surzycki* haben die Abtrennung der reaktionsunfähigen bzw. P-gesättigten Schlacke in einem einzigen festen Ofen zu lösen versucht. *Monell* machte das in Amerika in der Weise, daß er die sich bildende und aufsteigende Schlacke einfach durch die Türschwelle abfließen ließ. Das ist eine primitive und keinesfalls einwandfreie Lösung der Aufgabe, anderseits floß die Schlacke auf eine Stelle (die Arbeitsbühne) aus, wo sie stets nur unangenehme Folgen zeitigen konnte und selbst die Sicherheit der Belegschaft gefährdete. Diese Lösung hatte daher nicht die Berechtigung, sich zu verbreiten, und zu ähnlicher Schlackenhandhabung greift man heute auch nur in dem Notfalle, wenn die Anwendung einer anderen Lösung gänzlich unmöglich erscheint. — Im Stahlwerk der Czenstochowa-Hütte löste dieselbe Aufgabe *Surzycki* einfach und geistreich in der Weise, daß er an seinem Ofen mehrere übereinander angeordnete Abstichlöcher verwendete, durch welche er je einen Teil des Bades abstechen konnte. Die Anordnung der Abstichlöcher bzw. Abstichrinnen nach *Surzycki* ist aus Fig. 18 ersichtlich. Der Ofen *Surzyckis* kam angeblich dadurch außer Mode, weil die Instandhaltung der Abstichlöcher sehr umständlich und unvollkommen war. Obzwar diese Erklärung ganz logisch erscheint, ist Tatsache, daß Verf. im Jahre 1904 solche unter persönlicher Führung *Surzyckis* stehende Siemens-Martin-Öfen in vollkommen störungsfreiem Betrieb zu sehen Gelegenheit hatte[1]).

Das Boßhardt-Verfahren. Dieses Verfahren, sowie der Boßhardt-Ofen gehören strenggenommen zwar nicht in die Gruppe der oben beschriebenen Verfahren und Öfen, weil aber bei *Boßhardt* der Leitgedanke ebenfalls der Roheiseneinsatz ist, seien sie dennoch an dieser Stelle erwähnt. Der Ofen von *Boßhardt* hat nur Luftkammern; das Gas gelangt mit der unveränderten fühlbaren Wärme in den Ofen, mit welcher es den Gaserzeuger verläßt, da *Boßhardt* die Gaserzeuger unmittelbar an die zwei Seiten des Herdraumes setzt und diese in Betrieb — den Umschaltungen entsprechend — abwechselnd gehen bzw. rasten läßt.

Der im Jahre 1915 patentierte Ofen von *Boßhardt* hat zwar im Jg. 1918 von St. u. E. seine Beschreibung erfahren, in der Fachliteratur bekamen wir von ihm seither nichts zu hören, bis in jüngster Zeit aus Heft 6 von 1926 der Gießerei-Zeitung bekannt wurde, daß es *Boßhardt* gelang, sein Verfahren in Amerika für einen bedeutenden Betrag zu verwerten.

---

[1]) Vgl. *Bány.* és Koh. Lapok (Ung. Ztschr. f. Berg- u. Hüttenwesen), Budapest, Jahrg. 1904. — Verf. erachtet es übrigens als seine Pflicht, an dieser Stelle noch festzustellen, daß ein ungarischer Hütteningenieur, *G. Ferjentsik*, den Gedanken der übereinander angeordneten Abstichlöcher schon einige Jahre vor *Surzycki* im größten ungarischen Stahlwerk (*ózd*, Rimamurányer A. G.) erprobte.

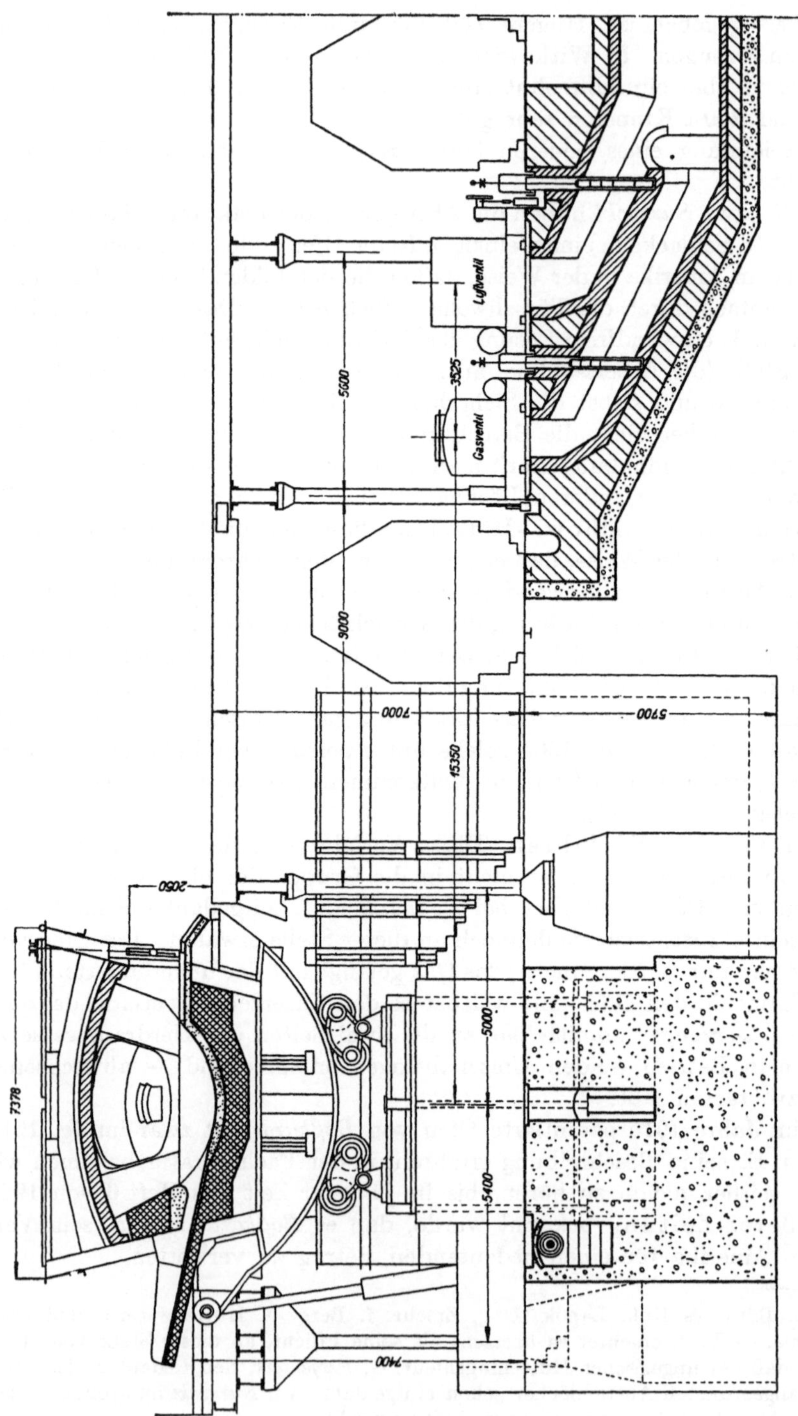

Fig. 17. 100-t-Kippofen. (St. u. E. 1926, S. 432—433.)

Der Gedanke *Boßhardts* in bezug auf Fortfall der Vorwärmung des Gases ist nicht neu; in dieser Hinsicht kann also der Ofen und das Verfahren kaum besser sein als frühere Versuche zur Verwirklichung des Gedankens, obzwar man in dieser Frage keiner bestimmten Meinung sein kann, weil ja bisher über den Ofen, wie auch über das Verfahren verläßliche Angaben in die Fachliteratur nicht gelangten. Daß es *Boßhardt* gelang, aus seinen — angeblich in bedeutenden Prozenten aus Spiegeleisen bestehenden — Einsätzen mittelharten Stahl von sehr guter Beschaffenheit und besonders aber Stahlgattungen mit 1 Proz. Si-Gehalt und hoher Streckgrenze zu erzeugen, ist einesteils an und für sich ganz selbstverständlich, anderntei1s vielmehr nur eine Hinlenkung der Aufmerksamkeit auf den Si-haltigen Baustahl als Tatsache des Erfolges eines neuen Verfahrens oder einer neuen Forschung. Übrigens wurde mittlerweile festgestellt, daß die mit dem Boßhardt-Ofen und -Verfahren hergestellten Stähle mit 1 Proz. Si-Gehalt auch in den gewöhnlichen Siemens-Martin-Öfen und in der bisher bekannten Weise in vollkommen gleicher Beschaffenheit und mit den gleichen Elastizitätsgrenzen hergestellt werden können[1]).

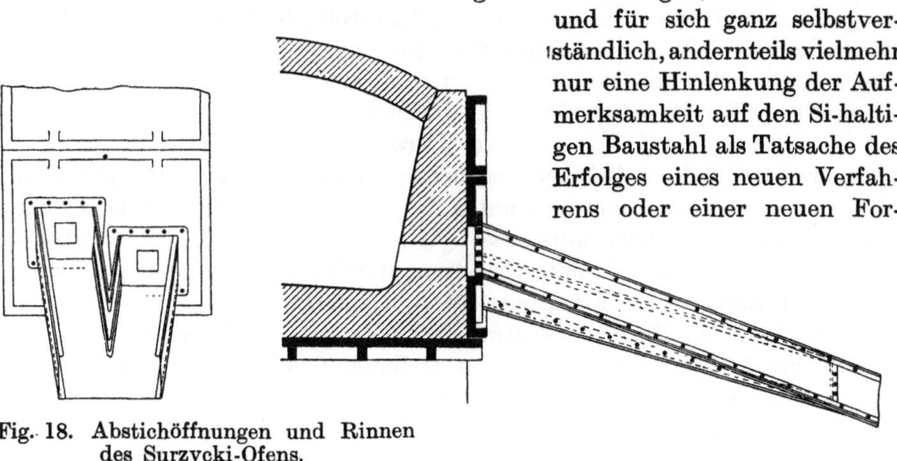

Fig. 18. Abstichöffnungen und Rinnen des Surzycki-Ofens. (St. u. E. 1904, S. 163.)

Es bleibt aber weiterhin die Frage offen, ob der Ofen und das Verfahren von *Boßhardt* nicht wirtschaftlicher wären als die bisherigen Öfen und Verfahren. In dieser Hinsicht müssen noch die weiteren Entwicklungen des Boßhardt-Verfahrens und die wissenschaftliche Darlegung desselben abgewartet werden. Bisher weiß man nämlich nur von der äußerst schätzbaren Tatsache der Verwertung (100 000 Dollars) des *Boßhardt*schen Patentes, über die *Boßhardt* folgendes sagt: „Die Amerikaner haben alles vorher genau geprüft und die guten Ergebnisse bestätigt. Durch zwei Fachleute, die den Bericht für eine amerikanische Bank angefertigt haben, ist festgestellt worden,

[1]) Vgl. St. u. E. Heft 15 (1926).

daß im Boßhardt-Ofen je Tonne Stahl 10 Dollar[1]) gespart werden können"[2]). In Deutschland ist jedoch das Boßhardt-Verfahren derzeit nur bei der Freund-A.-G. eingeführt.

E. Die Schlacke des Siemens-Martin-Verfahrens.

Zusammensetzung und Menge des während des Siemens-Martin-Verfahrens sich bildenden Schlackenbades stehen im engen Zusammenhange einesteils mit der Zusammensetzung der Einsatz- und Zusatzstoffe, andernteils mit der des fertigen Stahles. Von den in gasförmigem Zustand entweichenden Oxydationserzeugnissen (CO bzw. CO_2 aus dem Kohlenstoffgehalt des Einsatzes) abgesehen, müssen alle Begleiter des Einsatzes und der Zuschläge, welche im fertigen Stahl nicht enthalten sind, in der Schlacke vorhanden sein. Infolge des ständigen Verschleißes gelangt in die Schlacke außerdem auch eine gewisse Menge von feuerfestem Stoff des Herdraumes. Diese Oxyde und Oxydationsprodukte bilden bei der gegebenen Temperatur ein flüssiges Bad, welches als eine Lösung der genannten Oxyde, Oxydations- und Verschlakkungsprodukte ineinander aufzufassen ist, deren allgemeine physikalische Beschaffenheit, richtiger Lösungscharakter, durch eine etwaige Veränderung des Verhältnisses ihrer Bestandteile nicht geändert wird.

Die Schlacke des Siemens-Martin-Ofens hat dreierlei Aufgaben:

1. Sie hat das Metallbad vor der unmittelbaren und zu starken Oxydationswirkung der Heizgase zu schützen,
2. die Übertragung der Wärme des Arbeitsraumes an das Stahlbad zu vermitteln und
3. auf das Stahlbad die notwendige chemische Wirkung auszuüben bzw. das chemische Gleichgewicht des Vorganges zu sichern.

Die ersten zwei Aufgaben sind sowohl beim basischen als beim sauren Verfahren gleich. Da aber die chemischen Aufgaben der Schlacke bei diesen zwei Verfahren voneinander wesentlich abweichend sind, muß notwendigerweise auch die Zusammensetzung der Schlacke beider Verfahren voneinander abweichen. Die Verschiedenheiten müssen in Prozentzahlen jener Oxyde zum Ausdruck kommen, welche auf den Verlauf des betreffenden Verfahrens einen entscheidenden und für das Verfahren kennzeichnenden Einfluß ausüben. Nachdem das basische Verfahren mit Kalkzuschlag arbeitet, muß für die Schlacke dieses Verfahrens in erster Reihe ein beträchtlicher CaO-Gehalt kennzeichnend sein. Folge der Natur des basischen Verfahrens ist ebenfalls, daß in seiner Schlacke der Anteil des basischen FeO — gegenüber der des sauren Verfahrens — bedeutend kleiner ist. Demgegenüber muß in der Schlacke des sauren Verfahrens stets eine größere Menge an SiO_2-, MnO- und FeO-Gehalt vorzufinden sein. Da schließlich Oxydation und Verschlackung vom P-Gehalt des Einsatzes ausschließlich mit dem basischen Verfahren möglich ist, kann ein P_2O_5-Gehalt (gewöhnlich in wenigen Prozenten) nur in der Schlacke des basischen Ofens vorhanden sein.

[1]) Eine sehr hohe Summe, deren Richtigkeit allerdings zu bezweifeln ist. (Verf.)
[2]) Gieß.-Ztg. 157 (1926).

Die Grenzen, in welchen sich die Prozentzahlen der Bestandteile der Schlacke in der Regel bewegen, sind etwa folgende:

Oxyde	Basisches Verfahren proz.	Saures Verfahren proz.
CaO	30 bis 40	1 bis 2
FeO	8 „ 12	20 „ 25
MnO	6 „ 15	10 „ 20
P_2O_5	„ 5	—
SiO_2	8 „ 25	45 „ 55

Dichmann gibt an[1]), daß die Zusammensetzung der basischen Siemens-Martin-Schlacke bei einer vollständigen Entkohlung die folgende sein muß:

SiO_2	21 Proz.
Metalloxyde	26 „
Verunreinigungen	4 „
Folglich CaO + MgO	49 „
Zusammen	100 Proz.

Dichmann ist nämlich der Ansicht, daß „man den Gleichgewichtszustand in bezug auf Eisenoxydul in der Schlacke und Reduktionsstoffe in Eisen im basischen Herdofen für praktische Zwecke als erreicht ansehen kann, wenn der Gehalt der Schlacke auf 10 Proz. Fe (entsprechend 13 Proz. FeO) heruntergegangen ist. Es erscheint zur Erzeugung eines tadellosen Endproduktes wünschenswert, den Mangangehalt der Schlacke mindestens gleich groß zu haben, so daß also auch 10 Proz. Mn bzw. 13 Proz. MnO in der Schlacke vorhanden sein sollten. Damit sind die Mengen an Metalloxyden in guten Endschlacken mit rund 26 Proz. des Gewichtes derselben festgelegt“. Die Erfahrung bestätigt, daß bei den gewöhnlichen Siemens-Martin-Verfahren, d. h. also bei den gemischten Einsätzen, diese Festsetzung *Dichmanns* vollkommen zutreffend ist.

Bezüglich der Menge der beim Siemens-Martin-Verfahren entstehenden Schlacke stellt *Dichmann* auf S. 166 seines obgenannten Werkes fest, daß aus jedem 1 Proz. Si-Gehalt des Einsatzes 10,23 Proz. Endschlacke, aus je 1 Proz. P-Gehalt 5,9 Proz. Endschlacke und aus jedem Gewichtsteil SiO_2, welches sonst noch in den Ofen gelangt, 4,78 Proz. Endschlacke entstehen.

Die Schlacke des sauren Siemens-Martin-Ofens ist wegen ihres hohen SiO_2-Gehaltes überhaupt nicht verwertbar. Die des basischen Verfahrens jedoch — wenn ihr Metalloxyd-Gehalt die obenerwähnten 26 Proz. erreicht — pflegt man im Hochofen zu verarbeiten, weil neben dem Mn- und Fe-Gehalt auch der hohe CaO-Gehalt der basischen Schlacke auf die Wirtschaftlichkeit des Hochofenvorganges günstig einwirkt. Die Schlacke des Talbot-Verfahrens kann — wenn ihr P_2O_5-Gehalt entsprechend hoch ist — als Kunstdünger verwertet werden.

[1]) *C. Dichmann:* Der basische Herdofenprozeß, 2. Aufl., 164 (1920).

5. Die Abmessungen der Siemens-Martin-Öfen.

Die Bestimmung der Abmessungen der Siemens-Martin-Öfen beruht auf der Kenntnis der Zusammensetzung bzw. des Heizwertes des zur Verfügung stehenden Brennstoffes und dem Wärmebedarf, welchen die im vorhergehenden Kapitel besprochenen physikalischen und chemischen Veränderungen des Einsatzes, das heißt der vollkommene metallurgische Gang einer Schmelze, erfordern. Der erste, der die Bestimmung der Abmessungen von Siemens-Martin-Öfen auf wissenschaftlicher Grundlage fußender Berechnung aufbaute, war *F. Toldt*, welcher in seinem bahnbrechenden Buche: „Regenerativ-Gasöfen“[1]) auf S. 303—329 ausführlich ausgearbeitete Beispiele zur Berechnung einzelner Teile der Öfen anführt. Obwohl eine einwandfreie Bestimmung der Arten von Wärmeleitung, Wärmeübertragung, sowie die Messung der Verluste für die wissenschaftliche Untersuchung und die Berechnung nicht ganz zugänglich sind, ist die *Toldt*sche Berechnung dennoch äußerst lehrreich und deren Anwendung zur Nachprüfung selbst dann angezeigt, wenn wir unsere aus Erfahrung hervorgehenden Zahlenwerte und sonstige Angaben auch als unbedingt zuverlässig erachten. Es sei aber wiederholt, daß gerade die Frage des Wärmeüberganges es ist, welche beim Betrieb der Siemens-Martin-Öfen noch sehr viel Forschungsarbeit erheischt.

Der Wärmefluß des Ofens vollzieht sich im allgemeinen wie folgt: Die in den Herdraum des Ofens eintretenden und bereits brennenden Heizgase strahlen Wärme nach jeder Richtung des Herdraumes aus. Es nimmt daher sowohl das Mauerwerk wie das Bad zum größten Teil durch unmittelbare, primäre Strahlung des brennenden Brennstoffes die Wärme auf. Das Mauerwerk — aus einem Stoff mit schlechter Wärmeleitfähigkeit — strahlt nur einen kleinen Anteil der aufgenommenen Wärme nach der äußeren Umgebung, den größeren Anteil speichert es an seinem Inneren auf. Diese im Mauerwerk aufgespeicherte Wärme geht nun jedesmal in Form einer sekundären Strahlung an die Oberfläche des Bades (Einsatzes) über, so oft deren Temperatur niedriger ist als die des Mauerwerks, insbesondere die des Gewölbes. Da aber das Eisenbad nach dem Eisenschmelzen mit Schlacke bedeckt ist, ist es klar, daß die auf die Oberfläche des Bades gestrahlte Wärme desto schneller zum Eisen gelangt, je dünner die daraufliegende Schicht der Schlacke ist. Dieser Umstand macht also eine möglichst große Bad- bzw. Herdraumoberfläche und eine möglichst kleine Badtiefe erforderlich oder zumindest empfehlenswert. Große Herdraumoberfläche und kleine Badtiefe sind übrigens miteinander auf das engste zusammenhängende bzw. durcheinander bedingte Größen.

Die Bestimmung der Ofenabmessungen wäre daher damit zu beginnen, daß wir auf Grund obiger Betrachtungen und irgendwelcher neuesten und möglichst umfangreichen Sammlung von Abmessungen entsprechend dem geplanten Fassungsvermögen die Größe der Herdfläche und damit die Herdbreite, Herdlänge sowie die Tiefe des Bades bzw. des Herdraumes festlegen.

---

[1]) *Toldt:* Regenerativ-Gasöfen, 3. Aufl., Leipzig 1907.

Vor mehr als anderthalb Jahrzehnten haben Dr. *O. Petersen* und *M. A. Pawloff* derartige Erfahrungswerte gesammelt und veröffentlicht, welche auch heute noch vom größten Werte sind[1]). In jüngster Zeit hat Dr.-Ing. *H. Bansen* im Auftrage des Stahlwerksausschusses des „Vereins deutscher Eisenhüttenleute" Angaben von Leistungen und Abmessungen deutscher Siemens-Martin-Öfen gesammelt und aufgearbeitet. Diese hervorragende Arbeit war Ende 1924 als 81. Bericht des Stahlwerksausschusses erschienen, welcher mit seinen zahlreichen Schaubildern und besonders mit den zusammenfassenden Zahlentafeln eine außerordentlich wertvolle Sammlung wichtiger Angaben von Siemens-Martin-Öfen darstellt. Obwohl *Bansen* es absichtlich unterließ, von seinen Angaben Durchschnittswerte zu bestimmen, weil er hierzu die auf 55 Ofeneinheiten sich beziehende Statistik nicht umfassend genug hielt, hat Verf. — wie wir weiter unten sehen werden — einige sehr wesentliche Regelmäßigkeiten zwischen den auf die Umfrage des Stahlwerksausschusses eingegangenen Angaben über 55 Siemens-Martin-Öfen gefunden. Diese Regelmäßigkeiten hat Verf. seinerzeit auch veröffentlicht[2]).

A. Herdfläche und Badtiefe.

In anbetracht dessen, daß der Herdraum aus Zweckmäßigkeitsgründen — welche teils mit der Wärmewirtschaft, teils mit der Frage der Zugänglichkeit zusammenhängen — stets muldenförmig ist, ist auch der Grundriß des Herdraumes stets ein längliches, an seinen Ecken abgerundetes Viereck, dessen Längs- und Querschnitte längliche Trapeze, deren untere Ecken ebenfalls abgerundet sind. Wenn wir daher zu irgendwelchem gewünschten Fassungsvermögen bzw. Einsatzgewicht den entsprechenden Herdraum zu bestimmen haben, so ist in erster Linie die Größe der Herdfläche zu berechnen, dann die Grundrißform dieser Fläche festzulegen. Auf jede Gewichtseinheit (t) des Einsatzes ist eine so große Herdfläche zu rechnen, daß der Frischvorgang möglichst schnell, also die Badtiefe nicht allzu groß ist. Wir dürfen jedoch auch nicht mit einer zu kleinen Badtiefe rechnen, weil wir in diesem Falle zu große Ofenabmessungen bzw. allzu große Ofenlängen erhalten würden. Die Erfahrung zeigt, daß man bei großen Einsatzgewichten mit größeren Badtiefen, d. h. also mit kleinerer spezifischer Herdfläche auskommt, und umgekehrt bei kleinen Einsatzgewichten mit kleinerer Badtiefe, also größerer spezifischer Herdfläche zu rechnen pflegt. Es ist aber der Unterschied bzw. die Abstufung durchaus nicht erheblich. Der Standpunkt *Osanns*, nach welchem bei 15 bis 25-t-Öfen 1 qm, aber selbst noch bei 75-t-Öfen 0,8 qm Herdfläche auf 1 t des Einsatzes entfalle[3]), würde entschieden zu große Abmessungen ergeben. In dieser Hinsicht genügt es, wenn wir auf die oben bereits erwähnte Arbeit *Bansens* hinweisen, auf deren S. 3 die Angaben von Einsatz-

[1]) Dr. *O. Petersen:* Zum heutigen Stande des Herdfrischverfahrens. St. u. E. 1 (1910). — *M. A. Pawloff:* Die Abmessungen von Martin-Öfen nach Erfahrungswerten. St. u. E. 1183 (1911).

[2]) Siehe St. u. E. 1357 (1925).

[3]) *Osann:* Lehrb. d. Eisenhüttenkunde 2. Aufl. 2, 361.

gewichten und Herdfläche der untersuchten 55 Öfen folgende Zusammenhänge aufweisen:

Einsatzgewicht t	Herdfläche qm
10 bis 20	10 bis 20
20 „ 30	15 „ 30
30 „ 40	20 „ 34
40 „ 50	25 „ 42
50 „ 60	27 „ 45
60 „ 70	27 „ 50
70 „ 80	40 „ 65

Wie aus diesen Zahlenwerten der Herdflächengrößen zu ersehen ist, erreichen nur deren Spitzwerte hier und da die von *Osann* erwähnten Angaben. Jedenfalls aber — wenn wir auch an die Entwicklungsmöglichkeiten denken — ist es richtig, eher etwas größere als kleinere Herdflächengrößen in Rechnung zu stellen. Man darf jedoch hierbei auch nicht außer acht lassen, daß der Betriebsmann gerade die stündliche spezifische Herdleistung (t/Std./qm) zu verbessern bestrebt sein muß, da ja diese der zuverlässigste Beweis für die Wirtschaftlichkeit des Herdstahlbetriebes ist. Ohne zwingenden Grund soll man daher niemals eine größere Herdfläche als notwendig in Anschlag bringen. Schon während der seit dem Erscheinen der Wertesammlung von *Petersen* und *Pawloff* vergangenen anderthalb Jahrzehnte ist eine Verbesserung der stündlichen spezifischen Herdleistung bzw. das Zurückgehen des spezifischen Herdflächenbedarfs klar zu beobachten. Diese Tatsache erfährt in Schaubild 2 der *Bansen*schen Arbeit, in welchem auch die Angaben von *Petersen* und *Pawloff* dargestellt sind, seine volle Bestätigung.

Wenn man aus den Durchschnittswerten der *Bansen*schen Angaben die auf 1 t des Einsatzes entfallende Herdflächengröße berechnet, erhält man folgende Zahlenreihe[1]):

Einsatzgewicht t	Herdfläche qm/t
10	0,75
20	0,75
25	0,74
30	0,75
35	0,74
40	0,72
50	0,70
60	0,68

D. h. die durchschnittliche Herdfläche in Quadratmeter/Tonne ändert sich kaum; bei den meistüblichen Ofeneinheiten beträgt sie 0,75 qm/t und sinkt nur bei den über 50-t-Öfen unter 0,7 qm/t. Es mag sein, daß es im allgemeinen nicht ganz gerechtfertigt ist, aus den Angaben von nur 55 Öfen Durchschnittswerte zu berechnen, es ist jedoch unleugbar, daß von den in der *Bansen*schen vergleichenden Zusammenstellung angeführten Öfen gerade die am günstigsten arbeiten, deren spezifische Herdflächen den 0,70 bis 0,75 qm entsprechen, ja selbst noch kleiner als diese sind. Auch *H. Moll* entwirft seine Öfen mit

[1]) *E. Cotel:* Abmessungen der Siemens-Martin-Öfen. St. u. E. 1357 (1925).

verhältnismäßig sehr kleinen spezifischen Herdflächen, und bei seinen im Betriebe befindlichen Öfen von sehr gutem Gang finden wir folgende Herdflächen:

Einsatzgewicht t	Herdfläche qm	Spezifische Herdfläche qm/t
10	9,7	0,97
20	15	0,75
30	20,3	0,67
35	22,95	0,65
50	31	0,52
60	36,4	0,607

Der auf Grund des gewünschten Einsatzgewichtes nach solchen Gesichtspunkten bestimmten Herdfläche wird natürlich eine bestimmte Bad- bzw. Herdraumtiefe entsprechen. Zur Berechnung der Badtiefe ist das spez. Gewicht des flüssigen Eisens mit 7,0 und das der flüssigen Schlacke mit ungefähr 3,0 in Anschlag zu bringen. Die Herdtiefe muß natürlich größer sein als die Badtiefe, einesteils um — entweder aus zwingenden Gründen oder zu bestimmtem Zwecke — bedeutend größere Einsatzgewichte als normal einsetzen zu können, andernteils, damit bei einem zufällig übermäßigen Aufschäumen des eingeschmolzenen Einsatzes kleine oder größere Massen von flüssigen Teilen des Bades nicht in die Einströmungsöffnungen des Gases (oder der Luft) gelangen können. Aus letzterem Grunde muß die Herdtiefe um mindestens 60 Proz. größer als die Höhe der ins Auge gefaßten ruhigen Badtiefe sein.

Wenn wir nun in Hinsicht der so gewonnenen Bad- bzw. Herdtiefe berechtigte Bedenken hätten und diese zu verringern oder vergrößern wünschten, so steht uns immer noch frei, die Herdfläche entsprechend zu ändern. Die große Bedeutung der Badtiefe haben wir bereits erwähnt und wollen hier nur feststellen, daß die Badtiefe, gemessen an der tiefsten Stelle des Ofens, also vor dem Stichloch, selten über 500 bis 550 mm beträgt. Größere Badtiefen (bei feststehenden Öfen) verringern entschieden die Oxydationswirkung der Flamme. Da aber viele Öfen auch mit größeren Badtiefen sehr günstige Betriebsergebnisse liefern, wäre es nicht begründet, den Nachteilen größerer Badtiefen übermäßige Bedeutung beizulegen. Eine entsprechende Art der Betriebsführung macht in dieser Hinsicht sehr leicht die scharfen Grenzen verschwinden.

Haben wir die Werte von Herdfläche und Herdtiefe endgültig festgelegt, so ist nun die Grundrißform der Herdfläche bzw. die Seitenlänge und Breite des entsprechenden rechtwinkeligen Vierecks zu bestimmen. Behufs möglichst weitgehender Ausnutzung der physikalischen und chemischen Wirkungen der Flamme soll die Herdlänge niemals klein, dagegen die Herdbreite stets derart bemessen sein, daß jede Stelle des Bades mit den Ofengeräten zu erreichen und auch die Rückwand des Ofens auszubessern ist. Wenngleich mit dem Wachsen des Fassungsvermögens sowohl die Länge wie auch die Breite wachsen, kann man mit der Breite ein gewisses Höchstmaß doch nicht überschreiten. Bei den 10-t-Öfen beträgt die kleinste Herdbreite ungefähr 2 m, bei den größten Öfen die größte Herdbreite in der Regel ungefähr 4,5 m, welch letztere Abmessung im allgemeinen schon als Höchstmaß der Herdbreite zu betrachten ist. Die Werte der Herdlängen schwanken dementsprechend ungefähr zwischen 4 und 14 m. Das Verhältnis von Herdbreite zur Herdlänge ist kaum von besonderer Bedeutung, doch ist es selten kleiner als 1 : 2,2 und selten größer als 1 : 5.

Die Herdfläche ist die wichtigste und bezeichnendste Abmessung der Siemens-Martin-Öfen, und die auf diese bzw. auf 1 qm derselben berechnete Leistungsfähigkeit (letztere ist die spezifische Herdflächenleistung) bringt die wahre Leistung des Ofens am klarsten zum Ausdruck. Bei richtig gewählten Ofenabmessungen und gutem Betriebsgang muß diese spezifische Herdleistung der Siemens-Martin-Öfen 180 kg für Quadratmeter und Stunde überschreiten. Im günstigsten Falle kann diese spezifische Leistung selbst 230 kg/qm-St. erreichen; es soll daher die Betriebsführung des Ofens stets die spezifische Herdleistung zu vergrößern bestrebt sein. Die spezifische Herdleistung muß daher sozusagen unabhängig von dem Fassungsvermögen des Ofens sein, was beweist, daß man sowohl mit kleinen, wie auch mit großen Einheiten einen günstigen Wirtschaftlichkeitsgrad erreichen kann; letzterer Umstand bedeutet natürlich durchaus nicht, daß die Anwendung der Öfen von großen Fassungsvermögen — an geeigneter Stelle — nicht begründet sein könnte. Dies ist aber schon eine Frage der Unternehmungswirtschaftlichkeit.

Das Maß der Leistungsfähigkeit eines Ofens bringt auch die stündlich erzeugte Stahlmenge richtig und unmittelbar zum Ausdruck, doch bei weitem nicht so tiefgreifend bezeichnend wie die spezifische Herdleistung in kg/qm-St.

Die stündliche Leistung von Siemens-Martin-Öfen mit zufriedenstellendem Gang ist durchschnittlich folgende:

Einsatzgewicht t	Ofenleistung t/St.
10	1,4
20	2,7
25	3,3
30	4,0
35	4,5
40	5,3
50	6,5
60	7,7

Natürlich ist die Ofenleistung solcher Öfen, deren spezifische Herdleistung den Wert von 180 kg/qm-St. überschreiten, größer als die oben angeführten. So erreichen z. B. die Ofenleistungen von im Betrieb stehenden Moll-Öfen im Jahresdurchschnitt folgende Werte[1]):

Einsatzgewicht t	Ofenleistung t/St.
10	2,9
20	4,3
30	5,7
35	6,4
50	8,4
60	9,8

---

[1]) Mitteilung von Stahlwerkschef *H. Moll*, Rasselstein.

B. Die Wände des Ofenraumes.

Über den das Bad aufnehmenden Herdraum ist mittels des Ofengewölbes, der Vorder- und Rückwand ein Ofenraum zu bilden, dessen Gestalt zwar durch die Form der Herdfläche gegeben ist, dessen Größe bzw. Rauminhalt aber sich nach der Ofenleistung, besser gesagt: dem Kohlenverbrauch des Ofens, zu richten hat. Je mehr Kohle nämlich der Ofen in der Zeiteinheit verbraucht, d. h. eine je größere Heizgasmenge in der Sekunde über das Bad hinziehen soll, desto größer muß der Rauminhalt des Ofenraumes sein. Obwohl die Geschwindigkeit der durchziehenden Heizgase dem zur Verfügung stehenden Raum bzw. Querschnitt sich selbsttätig anpaßt und desto größer wird, je kleiner der Ofenraum ist, erfordert die Bestimmung des Ofenrauminhalts dennoch eine sehr gründliche Überlegung, weil mit der Geschwindigkeit der Gase auch der Grad ihrer Ausnützung im engsten Zusammenhange steht. — Bei zu großer Geschwindigkeit wird die Wirkung der Gase im Herdraum nicht entsprechend ausgenützt, und bei zu kleiner Geschwindigkeit gelangen die Heizgase stark abgekühlt in die Kammern. In beiden Fällen wird die Wärmebilanz des Ofens durch die nicht entsprechende Geschwindigkeit ungünstig beeinflußt. Im Falle einer geringen Geschwindigkeit, d. h. eines unnötig großen Ofenraumes, wächst auch die äußere Strahlungsoberfläche des Ofens, und dieser Umstand trägt zur Erhöhung der Wärmeverluste unmittelbar bei.

Die Größe des Ofenraumes ist mit der Festlegung der Höhenlage des Ofengewölbes (d. h. des höchsten Punktes am inneren Bogen) bestimmt. Dieses Festlegen muß wieder auf Grund der günstigsten Geschwindigkeit geschehen bzw. auf Grund der Überlegung, wie groß jene kürzeste Zeitdauer sein soll, in welcher der Gasstrom sich im Ofenraum aufhalten bzw. diesen durchstreichen muß.

Toldt empfiehlt für die Berechnung der Ofenabmessungen in den einzelnen Ofenteilen folgende Werte der Mindestaufenthaltszeit[1]):

Gas im Gasregenerator wenigstens . .	4	Sekunden
„ „ Gitterwerk wenigstens	3	„
Luft im Luftgenerator wenigstens . .	5	„
„ „ Gitterwerk wenigstens . . .	3	„
Heizgas im Ofenraum wenigstens . . .	2	„

Zieht man obige auf die Geschwindigkeit der Heizgase sich beziehende Angaben von *Toldt* — welche für mittlere und kleinere Öfen gedacht waren — in Betracht, so ergibt sich für die Höhe des Gewölbes von Oberkante Türschwelle gemessen ein Wert von 1300 bis 1800 mm. Die kleineren Werte gelten für kleinere, die größeren für größere Öfen. Die Werte über 1800 mm werden nur selten und nur bei einem Fassungsvermögen über 50—55 t (bis zu 2000 bis 2100 mm) angewendet.

Die Stärke der den Ofenraum umfassenden Wände muß man mit Rücksicht auf die Sicherheit und eine entsprechende Haltbarkeit bestimmen. Dementsprechend werden die Teile der Wandungen, welche mit dem Bade in Berührung kommen, sowie das Gewicht und die verzehrende Wirkung desselben auszuhalten haben, am stärksten sein müssen, während das hauptsäch-

[1]) *Toldt-Wilcke:* Regenerativ-Gasöfen. Leipzig, A. Felix. 3. Aufl., 302.

lich nur der Strahlungswärme ausgesetzte Gewölbe entsprechend schwächer sein kann. In der Stärke der Vorder- und Rückwand muß ebenfalls ein Unterschied zugunsten der letzteren bestehen, welche nicht allein aus dem Grunde mehr leidet, weil sie weniger gekühlt ist als die durch die Einsatztüröffnungen ständig gekühlte Vorderwand, sondern auch darum, weil ihre Haltbarkeit durch das häufige Öffnen und Zumachen des Abstichloches, sowie durch die in der Mitte der Rückwand entstehende größte Badtiefe stark in Anspruch genommen ist. Außerdem kann die Rückwand zumeist nur durch Anwerfen instand gehalten werden, während die Vorderwandflächen auch unmittelbar ausgebessert werden können.

Die Stärke des Gewölbes ist fast immer gleich und beträgt gewöhnlich 300 mm. Nur bei kleinen Öfen beträgt sie ausnahmsweise weniger. Indem der Abstand der inneren Linien von Vorder- und Rückwand in der Höhe des Gewölbes größer, in der Höhe der Türschwelle kleiner ist, muß die Stärke dieser Wände in beiden Höhen angegeben werden. Die Vorderwand ist unten 500 bis 800 mm, oben 400 bis 500 mm stark, die Stärke der Rückwand unten 600 bis 900 mm, oben 400 bis 500 mm. Die Wand des Herdbodens, die auf die gußeisernen oder Stahlgußplatten der Verankerung aufgemauert wird, beträgt in der Regel 500 bis 700 mm.

Ist nach obigen Gesichtspunkten das den Ofenraum einschließende Mauerwerk — häufig Oberofen genannt — in seiner Form und seinen Abmessungen festgelegt, kann zur Bestimmung der Abmessungen anderer wichtiger und umfangreicher Teile des Siemens-Martin-Ofens, d. h. der beiden Kammerpaare, übergegangen werden.

C. Die Kammern.

Die Kammern sind die Wärmespeicher des Siemens-Martin-Ofens, die zur Aufnahme, zur Aufspeicherung und Abgabe der Wärme dienen. Ihre Aufgabe ist die Übernahme der Wärme der Heizgase, um diese an das vorzuwärmende Gas und an die zur Verbrennung des Gases erforderliche Luft abgeben zu können. Je größer die verhältnismäßige Menge dieser kreislaufenden Wärme ist, bzw. je kleiner die Wärmemenge ist, welche zur Temperaturerhöhung der Essengase verfügbar bleibt, desto wirtschaftlicher wird die Feuerung des Siemens-Martin-Ofens, desto günstiger gestaltet sich dessen Wärmebilanz. Es liegt also auf der Hand, daß neben den Abmessungen der Herdfläche und Badtiefe die Wärmespeicher der Siemens-Martin-Öfen diejenigen Teile sind, deren gut durchdachte Bemessung auf die Wirtschaftlichkeit des Ofenbetriebes von unmittelbarem und äußerst großem Einfluß ist.

Der Rauminhalt der Kammern und die Größe der in den Kammern aufgespeicherten Wärmemenge, sowie die Temperaturabnahme während des Zeitraumes der Umschaltungen wird an den angeführten Stellen des wiederholt erwähnten Werkes von *Toldt*[1]) durch eine sehr einfache und übersichtliche Berechnungsweise bestimmt. Nachdem aber derartige Berechnungen sich auf mehrere solcher Bedingungen stützen, gegen welche berechtigte Bedenken

[1]) *Toldt-Wilcke:* Regenerativ-Gasöfen. 3. Aufl., 308 bis 311.

bestehen, sind die Ergebnisse der Toldtschen Berechnungen bloß zu Kontroll- und Vergleichszwecken zu empfehlen. Zu diesem Zwecke ist aber die Anwendung der Toldtschen Berechnung in jedem einzelnen Falle wünschenswert.

Es sei hier diesbezüglich auch auf die Worte Dr. *Bansens*[1]) verwiesen: „Trotz bester Kenntnis der Wärmeübergangsbedingungen, die für die richtige Wahl der Steinabmessungen und Durchgangsquerschnitte richtige Ergebnisse zeitigen wird, werden wir doch für den praktischen Speicherbau mehr oder weniger auf summarische Erfahrungswerte angewiesen bleiben, die vielleicht für 1 cbm Einbauraum oder 1 t Speichergewicht den Wärmeertrag für vorhandene Arbeitsbedingungen ergeben".

Die Abmessungen bzw. der Rauminhalt der Kammern unserer Siemens-Martin-Öfen von gutem Gang liefern uns entsprechende Grundlagen zur Bestimmung der Kammerabmessungen neuer Öfen. Hinsichtlich der Kammerabmessungen, des Rauminhaltes, muß als allerwichtigster Gesichtspunkt gelten, daß die Kammern ständig über einen genügend großen Wärmevorrat verfügen. In dieser Hinsicht sind alle übrigen Gesichtspunkte viel weniger wichtig, und wenn auch im allgemeinen die Anwendung allzu großer Kammern ein Fehler ist (schon wegen der überflüssig großen äußeren Strahlungsflächen), so ist das doch immer noch das kleinere Übel gegenüber dem Bau von zu kleinen Kammern. Der an und für sich übrigens vollkommen richtige Standpunkt, daß der Gas- und Luftstrom in kleineren Kammern mit größerer Geschwindigkeit durchzieht und so die Wärmeübertragung günstiger wird, darf niemals zum Bau kleiner Kammern verleiten, da auch eine günstige Wärmeübertragung zwecklos ist, wenn die verhältnismäßig kleine Fläche keine entsprechend große Wärmemenge aufzuspeichern imstande ist. Auch bringt die Anwendung kleiner Kammern — in der Regel — in kürzeren Zeiträumen erforderliche Umsteuerungen (daher größere Gasverluste), ferner eine Überlastung und damit eine raschere Verschlackung des Gitterwerks mit sich. Diese unangenehmen Erfahrungen führen auch die amerikanischen Siemens-Martin-Stahlwerke zur Anwendung größerer Kammern an Stelle von kleineren[2]), da man den Grund der kleineren spezifischen Herdleistung von amerikanischen Siemens-Martin-Öfen sicherlich in der Anwendung zu kleiner Kammern zu suchen hat.

In der Wertesammlung des Stahlwerksausschusses ergeben die Rauminhaltszahlen folgende Durchschnittswerte:

Einsatzgewicht t	Rauminhalt beider Kammerpaare cbm
10	75
20	140
25	175
30	215
35	240
40	275
50	340

[1]) Stahlwerksbericht Nr. 82, 16 (1924).

[2]) Dr. *G. Bulle:* Der Stahlwerksbetrieb in den Ver. Staaten von Nordamerika, Stahlwerksbericht Nr. 90, 10 u. 11 (1925).

Indem die Erhitzung der ganzen Badmenge durch die Herdfläche erfolgt, ergibt sich als offenbare Notwendigkeit die Gegenüberstellung der Kammerrauminhalte und Durchschnittswerte der entsprechenden Herdflächen. Da ferner zwischen spezifischer Herdfläche und Einheitsgewicht des Einsatzes — wie wir gesehen haben — ein ungefähr gleichbleibendes Verhältnis (0,7 bis 0,75) besteht, kann schließlich auch der auf 1 qm der Herdfläche bezogene spezifische Rauminhalt in einfacher Weise auch mit 1 t des Einsatzes ins Verhältnis gebracht werden.

Einsatzgewicht t	Verhältnis des Rauminhalts zur Herdfläche cbm: qm	Spezifischer Rauminhalt beider Kammerpaare cbm/qm
10	75: 7,5	10,0
20	140:15,0	9,3
25	175:18,5	9,5
30	215:22,5	9,5
35	240:26,0	9,2
40	275:29,0	9,5
50	340:35,0	9,7

Auf Grund des Zusammenhanges obiger Durchschnittswerte kann festgestellt werden, daß der Gesamtrauminhalt (in Kubikmetern) der Kammern von Siemens-Martin-Öfen mit gutem Gang im Durchschnitt 9,5 bis 10mal so groß ist wie die Herdfläche in Quadratmetern. Mit anderen Worten: man muß auf jedes Quadratmeter Herdfläche 9,5 bis 10 cbm Gesamtrauminhalt für die Kammern rechnen[1]). Die Gleichmäßigkeit obiger Zahlen und die ganz engen Grenzen ihrer Streuung sind recht auffallend und von entschiedener Bedeutung, um so mehr, als inzwischen vom Verf. die Beobachtung gemacht wurde, daß die bestgehenden Siemens-Martin-Öfen mit Kammern von genau solchen oder diesen sehr nahekommenden Abmessungen gebaut wurden. Auch der Bericht von Dr. *G. Bulle* über die Stahlwerksbetriebe der Vereinigten Staaten von Nordamerika liefert ebenfalls den Beweis der Richtigkeit obiger durchschnittlichen spezifischen Kammerrauminhalte. In diesem Bericht macht nämlich *Bulle* folgende Feststellung[2]): „Die beobachteten Werke hatten meistens keine großen Kammern. Neuerdings wird von einem großen Werkskonzern gefordert, daß die Kammern für einen 100-t-Ofen folgende Abmessungen haben sollen:

Luftkammer	9,15 × 3,66 × 6,1 (hoch)	= 204 cbm
Gaskammer	9,15 × 2,44 × 6,1 (hoch)	= 136 „
	zusammen	= 340 cbm.

Das würde 6,8 cbm Gesamtkammerraum je Tonne Ofenfassung ergeben, also sehr viel mehr, als bei den besichtigten Anlagen festgestellt wurde." Nachdem sich aus den vom Stahlwerksausschuß gesammelten Angaben ermittelter Durchschnittswerte für die spezifische Herdfläche bei den größten Öfen genau eine Verhältniszahl von 0,68 ergab, so zeigt die 10fache Kubikmeterzahl des Gesamtkammerraumes eine genaue Übereinstimmung und

[1]) Vgl. Verf. Bemerkungen zu *Bansens* Bericht. St. u. E. Heft 32 (1925).
[2]) Stahlwerksbericht Nr. 90, 11 (1925).

liefert sonst den Beweis für die Richtigkeit der Durchschnittswerte des Stahlwerksausschusses. Auch *H. Moll* wendet bei seinen Siemens-Martin-Öfen ähnlich große Kammern an und nur bei den größten Ofeneinheiten verhältnismäßig etwas kleinere.

Das Verhältnis von Gitterraum zum Kammerraum liegt meist zwischen 0,6 bis 0,8. Der Mittelwert der Angaben des Stahlwerksausschusses ist 0,75. — Das Gesamtgewicht der Gitterung ändert sich natürlich mit den Abmessungen der angewandten Gittersteine und mit der Art der Gitterung, im Durchschnitt fallen aber in der Regel 4 bis 5 t Gitterung auf jedes Quadratmeter der Herdfläche. Für kleinere Öfen findet man allgemein bei den deutschen Siemens-Martin-Öfen die kleineren, für größere die größeren Verhältniszahlen angewendet. Ist die Verhältniszahl bedeutend größer als 5, so ist das meist in Verbindung mit zu großem Kammerrauminhalt der Fall, wobei bemerkt werden muß, daß die Verhältniszahlen sich auf die allgemein üblichen Gittersteine beziehen.

Zwischen den Abmessungen der Gas- und Luftkammern besteht gewöhnlich nur in der Breite ein Unterschied, ihre Längen und Höhen sind meist gleich. (Bei den Öfen allerneuester Ausführung von *Moll* stimmen die einzelnen Abmessungen der Gas- und Luftkammern nicht überein, wie auch bei diesen Öfen von einem ausgesprochenen Kammerblock — einheitlicher Aufbau je einer Gas- und Luftkammer — kaum mehr die Rede sein kann.) Die Breiten der Gas- und Luftkammer stehen miteinander in gleichem Verhältnis wie die Gas- und Luftmengen; d. h. die Luftkammern sind — in der Regel — um 25 bis 35 Proz. breiter als die Gaskammern. Aber in der Praxis ist gerade im Verhältnis der Kammerbreiten eine sehr große — und zwar kaum begründete — Mannigfaltigkeit vorzufinden.

Nachdem ein Teil der Steine in den Zügen mit der Zeit abschmelzt, abtropft und die Menge dieser so entstandenen Schlacke noch mit den Flugstaub des Einsatzes ständig vermehrt wird, muß für ein entsprechendes Auffangen dieser Schlackenmenge in der Weise gesorgt werden, daß hierdurch die freie Strömung der Gase und der Luft sowie der Abgase nicht erschwert werde. Zu diesem Zwecke baut man entweder in die Kammern Schlackentaschen, Schlackensäcke ein, oder man baut vor die Kammern abgesonderte Schlackenkammern auf. Ist die Schlackenkammer klein und die sich darin ansammelnde Schlacke genügend flüssig, so kann diese von Zeit zu Zeit abgestochen werden. Da aber diese Schlacke nicht immer flüssig genug ist, ist es vielmehr angezeigt, diese eingeschalteten Schlackenräume so groß zu bemessen, daß sie die Schlakkenmenge einer ganzen Ofenreise aufnehmen können.

Übermäßig große Schlackenkammern haben keinen Zweck und können die Wärmewirtschaft des Ofens nur nachteilig beeinflussen. — Als Gesamtrauminhalt der Schlackenräume werden sich bei 20-t-Öfen 12 cbm, bei 30-t-Öfen 18 cbm, bei 40-t-Öfen 25 cbm gewiß als ausreichend erweisen. Bei größeren Öfen können die Rauminhalte der Schlackenräume in demselben Verhältnis vergrößert werden.

Schlackenkammern können nur bei vorgezogenen Wärmespeichern angewendet werden. Wenn es sich um in die Wärmespeicher eingebaute Schlackensäcke und Schlackentaschen handelt, muß deren Rauminhalt bei der Wärmespeicherkammer entsprechend berücksichtigt werden, damit die gewünschte Heizfläche bzw. der Gitterrauminhalt der Kammern keine Verringerung erfahre.

Die außerhalb der Wärmespeicher aufgebauten Schlackenkammern gehören schon zu den Verbindungsteilen zwischen den bedeutendsten Teilen des Ofens, d. h. dem Ofenraum und den Wärmespeichern.

D. Die Verbindungsteile zwischen dem Ofenraum und den Wärmespeichern.

Diese Verbindungsteile — zu denen die Züge und die Brenner gehören — müssen einen solchen lichten Querschnitt erhalten, daß Luft und Gas bzw. Abgas mit der günstigsten Geschwindigkeit und möglichst kleinem Widerstand strömen können. Die Wandstärken der Verbindungsteile müssen mit Rücksicht auf eine entsprechende Haltbarkeit bzw. Beständigkeit der richtigen Flammenführung bemessen werden. — Am wichtigsten ist die richtige Bemessung der Durchflußquerschnitte der Gas- und Luftzüge, da nicht entsprechende Durchflußquerschnitte zu ungünstigen Geschwindigkeiten und zu großen Widerständen führen, wodurch Arbeit und Wirtschaftlichkeit der Siemens-Martin-Öfen sehr nachteilig beeinflußt werden.

In erster Reihe sind die Abmessungen der in den Brennern befindlichen Einströmungs- bzw. Austrittsöffnungen des Gases und der Luft von Wichtigkeit. Hinsichtlich der Größe und des Verhältnisses dieser zueinander muß man selbstverständlich in der Hauptsache die Druckverhältnisse von Gas und Luft sich vor Augen halten. Das Gas gelangt vom Gaserzeuger in der Regel mit einem gewissen Überdruck zu dem Ofen, während sich die Luft nur infolge des Schornsteinzuges und der auftreibenden Wirkung der glühenden Kammer bewegt. Unter gewöhnlichen Verhältnissen wird also die Lebhaftigkeit des Zusammentreffens beider Ströme, die Fortpflanzungsgeschwindigkeit des Feuers und die Anfangsrichtung der Flamme durch das Gas bzw. den Gasdruck bestimmt. (Der neuere Versuch von *Moll*, nach welchem er den eben genannten beiden Faktoren anstatt des unter verhältnismäßig geringem Druck stehenden Gases durch die mit größeren Druck eingeführte Luft Richtung zu geben versucht, gehört bisher jedenfalls zu den Ausnahmen, obgleich der Standpunkt *Molls* in dieser Hinsicht sowohl wissenschaftlich wie praktisch vollkommen einwandfrei ist.) Dieser beträchtliche Druckunterschied zwischen Gas und Luft muß also jedenfalls zu einer großen Verschiedenheit der Einströmungsquerschnitte von Gas und Luft führen. Das Verhältnis der Gas- und Lufteinströmungsquerschnitte schwankt in der Regel zwischen 1 : 2 bis 1 : 4 und entspricht gewöhnlich dem Verhältnis von 1 : 3. — Ist das Verhältnis noch größer, so hat es zur Folge, daß an der Abzugsseite ein überwiegend großer Anteil der Verbrennungsprodukte — den kleineren Widerstand suchend — durch die Luftkammer strömen wird. In kleinerem Maß ist zwar dieser Umstand wünschenswert, da die Luftkammer zur entsprechenden Erhitzung der kalten Luft einen gewissen Mehrbetrag an Wärmemenge bedarf, im Falle eines zu großen Unterschiedes hört jedoch das Gleichgewicht auf, in dem Gange des Ofens treten Störungen ein und die Gitterung der Luftkammern wird zufolge der Überlastung frühzeitig zugrunde gehen.

Abgesehen von der Gasbeschaffenheit und der in der Zeiteinheit durchströmenden Gasmenge muß die Flächeninhaltsbestimmung der Einströmungsquerschnitte hauptsächlich von dem Gesichtspunkt aus geschehen, daß der innere Widerstand des Siemens-Martin-Ofens möglichst klein sein soll. Diese inneren Widerstände werden in der Hauptsache durch scharfe Richtungsänderungen und plötzliche Querschnittsverengungen stark vergrößert, weshalb solche beim Entwerfen von Siemens-Martin-Öfen womöglich vermieden werden sollen. Dies gilt ganz besonders für solche Öfen bzw. Züge, in denen die Strömungsgeschwindigkeiten groß sind. Die neuerdings in Verbindung mit den Abhitzekesseln immer mehr angewandten Luftventilatoren und Abgasexhaustoren leisten wesentliche Hilfe hinsichtlich Verminderung bzw. Überwindung der inneren Widerstände, welche besonders am Ende der Ofenreise bei verstopften Kammern gefährlich groß zu werden pflegen.

Bei der meist üblichen Ausführung des Brenners sind die Eintrittsöffnungen derart angeordnet, daß durch die zwei unteren Öffnungen das Gas und durch die einzige obere Öffnung hindurch die Luft in den Ofenraum einströmt. Nach der „Hütte" ist der übliche Querschnitt je eines Gaszuges für Öfen mittlerer Größe 320 · 380 mm. Der Endquerschnitt des Luftzuges ist nun mit Hilfe der angeführten Verhältniszahlen (bzw. auf Grund des Luftbedarfes und der Luftgeschwindigkeit) zu bestimmen. Bei Öfen mittlerer Größe pflegt man bei Gaseintrittsöffnung von rund 2400 qcm eine Lufteintrittsöffnung von etwa 7000 bis 8000 qcm anzuwenden.

Bei den Gasaustrittsöffnungen großer Öfen geht man ebenfalls selten höher als 3000 bis 3200 qcm Gesamtquerschnitt, wobei man schließlich für die Bemessung der Luftaustrittsöffnungen in der Regel die größte Verhältniszahl (1 : 3,5 bis 1 : 4) anwendet.

Die Neigung des Gas- bzw. Luftzuges im Brenner sowie die wagerechte Länge des Brenners ändert sich selbstverständlich nach der Bauart des Brenners. Die Neigung des Gaszuges beträgt bei den älteren Bauarten gewöhnlich 10 bis 15°, die des Luftzuges 25 bis 40°. Je größer der Unterschied der Neigungen des Gas- und Luftzuges ist, desto günstiger arbeitet der Brenner. Je größer die Länge des Kopfes ist, desto teurer ist sein Bau, desto längere Zeit hindurch ist jedoch die mehr oder minder gute Flammenführung gesichert.

Obwohl die Brennerbauarten in einem früheren Kapitel bereits besprochen wurden, sei an dieser Stelle dennoch die besondere Wichtigkeit ihrer Aufgaben nochmals hervorgehoben, die stets eine gründlich durchdachte Bemessung der Austrittsöffnungen und Bestimmung ihrer Höhenlage erfordern. Zwischen den Brennerbauarten bestehen sehr wesentliche Verschiedenheiten; der Bau der einen ist einfach und billig, der Bau anderer wieder umständlich und teuer, die einen sichern dauernd die richtige Flammenführung, andere nur vorübergehend, die einen haben derart hoch liegende Öffnungen, daß diese die anfänglich straff auf das Bad gerichtete Flamme bei der Ausströmung vom Bade ablenken, von dem ein Teil dadurch kalt bleibt, während andere

Brennerbauarten auch hierauf Rücksicht nehmen. Alle diese sind wichtige Faktoren, auf die man stets mit Rücksicht nehmen muß. Durch die Betriebserfahrungen ist bestätigt, daß bei den Brennern älterer Bauart Baustoff und Arbeit überflüssigerweise verschwendet wurden, nicht nur beim erstmaligen Bau, sondern bei jeder größeren Ausbesserung der schwierig und umständlich gebauten „Brennerblocks". Eine Schwäche der Brenner älterer Bauart ist ferner, daß sie einen sehr großen Teil der Heizgase in zu großer Höhe abführen und somit diese vom Bad ablenken, anderseits sichern sie eine entsprechende Richtung der ursprünglichen Flammenführung auch nur solange, als die Zunge nicht in größerer Länge abgebrannt ist. Dieser Umstand bedeutet einen nicht unbeträchtlichen Nachteil, weil er zur Folge hat, daß nach Abschmelzen des Brenners in beträchtlicher Länge die Flamme das Bad nicht unmittelbar genug trifft, so daß sich im letzten Drittel der Ofenreise eine immer niedrigere Badtemperatur und immer längere Schmelzdauer ergeben wird. Demgegenüber kann die Kühlung der freistehenden oder fast freistehenden Züge bei den Brennern neuerer Bauart auch ohne Anwendung besonderer Mittel erfolgen. Die Zugänglichkeit an jeder Stelle ist ferner ein weiterer Vorteil der neueren Brennerbauarten. Ihre einfache Ausführung, die rasche und billige Bauart, führt schließlich zu bedeutender Abkürzung der Stillstände des Ofens und einer Ersparnis an feuerfestem Baustoff, was in bezug auf die Jahresleistung der Siemens-Martin-Öfen sowie auf deren Gestehungskosten von außergewöhnlich großer Bedeutung ist.

E. Die Kanäle und der Schornstein.

Die Kanäle zwischen Ofen und Schornstein werden durch die Umsteuerungsventile (für Gas und Luft) in zwei Teile geteilt, so daß bei jedem Siemens-Martin-Ofen von einem Paar Gaskanälen — zwischen Gaskammer und Gasventil —, dann von einem Paar Luftkanälen — zwischen Luftkammer und Luftventil — und einem Rauchgaskanal gesprochen werden muß, welch letzterer zur Verbindung der Ventile und des Schornsteins dient.

Die Gas- und Luftkanäle liegen unmittelbar unter der Hüttenflur in einer Höhe, daß ihre Gewölbe in der Höhe der Kammersohlen zu liegen kommen. Die aus feuerfesten Steinen gebauten Gas- und Luftkanäle reichen nämlich nicht nur bis zu den Kammern, sondern laufen deren ganze Länge entlang, um das Gas und die Luft durch die Schlitze des Kanalgewölbes der Kammersohle möglichst gleichmäßig im ganzen wagrechten Querschnitt der Kammer zu verteilen.

Die Querschnittsfläche der Luftkanäle ist gewöhnlich um 15 bis 25 Proz. größer als die der Gaskanäle. Die Querschnittsfläche letzterer beträgt bei kleineren Öfen 0,6 bis 0,7 qm, bei mittleren 0,7 bis 1,2 qm und bei den größten 1,2 bis 1,8 qm. Die wagrechte Abmessung der Kanalquerschnitte ist kleiner, die senkrechte größer. Das Verhältnis beider Abmessungen liegt meist zwischen 1 : 1,2 und 1 : 1,6.

Die Umsteuerventile selbst, in welchen diese Kanäle zusammenlaufen, werden im Kapitel 6 (Bau der Siemens-Martin-Öfen) besprochen. An dieser

Stelle soll darüber nur soviel bemerkt werden, daß sie niemals zu spärlich, sondern eher etwas reichlich bemessen sein sollten. Ein kleinerer Durchflußquerschnitt als erforderlich verursacht nämlich einen plötzlichen Druckabfall bzw. bedeutenden Widerstand, wodurch dann dem Ofen nicht genug Gas bzw. Luft zugeführt werden kann. Diesem Umstand ist um so ernstere Beachtung zu schenken, als die Ventile schon infolge ihrer scharfen Richtungsänderungen der Gas- und Luftströmung ohnedem einen beträchtlichen Widerstand entgegensetzen. Es muß dem Betriebsmann besonders empfohlen werden, den Gasdruck vor und nach dem Ventil öfters zu untersuchen, um auf diese Weise über die Größe der Widerstände bzw. des Druckverlustes klar zu werden. Ist dieser Druckverlust groß, soll man niemals zögern, das kleine Ventil mit einem von größerem Durchflußquerschnitt zu vertauschen.

Der Rauchgaskanal muß einen entsprechend großen Querschnitt haben, um die durch die Gas- und Luftkanäle kommenden Rauchgase in den Schornstein führen zu können. Die Querschnittfläche des Rauchgaskanals beträgt ungefähr das 1,5- bis 1,8fache des Gaskanalquerschnittes. Das Verhältnis von Breite und Höhe seines Querschnittes ist in der Regel dasselbe wie bei den Gas- und Luftkanälen.

Mit der Höhe des Schornsteines darf man nicht allzu sehr sparen, weil einesteils nur ein hoher Schornstein die durch Witterung und Änderung der äußeren Temperatur verursachten Schwankungen überwinden kann, andernteils die Möglichkeit einer etwaigen Vergrößerung des Ofens ebenfalls einen höheren Schornstein notwendig macht. Heute baut man nur bei ganz kleinen Öfen 35 m hohe Schornsteine, zu mittleren Öfen 35 bis 55 m hohe, während die größten Öfen solche von 55 bis 65 m Höhe erhalten. Die untere lichte Weite des Schornsteins beträgt je nach Größe der Öfen 1,5 bis 2 m.

F. Zusammenfassung der mittleren Anhaltzahlen für Abmessungen, Strömungsgeschwindigkeiten und Leistungen.

Zum Zwecke einer besseren Übersicht seien nachstehend (Zahlentafelel 5, Seite 60) die durchschnittlichen Größen wiedergegeben, die Dr. *H. Bansen* als Anhaltzahlen für Abmessungen und Leistungen der Siemens-Martin-Öfen in St. u. E. zusammengestellt hat[1]).

6. Die Baustoffe und der Bau der Siemens-Martin-Öfen.

A. Die Baustoffe.

Baustoffe der Siemens-Martin-Öfen können nur solche feuerfeste Stoffe sein, welche nicht nur die an den betreffenden Stellen des Ofens herrschende Temperatur aushalten, sondern auch den an denselben Stellen auftretenden chemischen und mechanischen Einwirkungen — mit einer wirtschaftlich zufriedenstellenden Dauerhaftigkeit — standhalten können. Aus dem Gesichtspunkte des Ofenbaues wird also von den zur Anwendung kommenden Bau-

[1]) Siehe St. u. E. 502 (1925).

Zahlentafel 5. Mittlere Anhaltzahlen.

Nr.		Bezeichnung	Mindestwert	Normalwert	Höchstwert	Spitzenwert
1	Herdflächenleistung	kg/qm/st	170	200	250	300
2	Mittl. rechn. Badtiefe . . .	cm	17	22	30	40
3	Herdfläche/t geschmolzenen Einsatz	qm/t	0,82	0,63	0,47	0,35
4	Brennstoffverbrauch	kg/t	220	250	300	400
5	Chargenzahl je Woche . . .	. . . . . .	14	17	20	25
6	Gesamt-Gittergewicht/t Stundenleistung	t/t	22	28	35	70
7	Gittergewicht/cbm Gitterraum	kg/cbm	500	800	1100	1500
8	Gittergewicht für stündlichen Wärmeverbrauch	$t/10^6$ WE st	15 bis 20	25	35	40
9	Verhältnis von Gitterraum zu Kammerraum	. . . . . .	0,5	0,75	0,8	0,9
10	Gittersteinstärke	cm	6,5	8	10	12
11	Steinlagenabstand	cm	8	10	12	18
12	Austrittsgeschwindigkeit im Gaszug (bei 0°, 760 mm Q.-S)	m/sek	4	6	9	12
13	Austrittsgeschwindigkeit im Luftzug	m/sek	1,5	2,5	3,5	5
14	Neigung des Gaszuges . . .	Grad	10	15	20	30
15	Neigung des Luftzuges . . .	Grad	25	30	35	45
16	Eintrittsgeschw. vom Luft- und Gasventil in den Kanal . .	m/sek	1,5	2	2,5	3,5
17	Querschnitt am Kaminfuß, bebezogen auf Wärmezufuhr .	$qm/10^6$ WE st	0,15	0,3	0,6	1
18	Kaminhöhe	m	45	55	65	80
19	Abkühlungsflächen des Herdraumes	qm/t/st	18	25	32	45
20	Abkühlungsflächen der Köpfe	qm/t/st	15	28	35	45
21	Abkühlungsfl. d. Kammern .	qm/t/st	30 bis 50	80	120	200
22	Herdlänge : Herdbreite		3	4	5	7
23	Herdfläche : Badfläche		1	1,15	1,4	
24	Haltbarkeit der Köpfe und Gewölbe	Schmelzungen	180	250	300	400
25	Haltbarkeit der Kammer . .	Schmelzungen	600	800	1100	2500
26	Verbrauch von Silikasteinen .	kg/t	12	20	30	40
27	Einsetzdauer	min/t	2,0	2,5	3,5	6
28	Einschmelzdauer	min/t	4,0	5	6	
29	Gesamtschmelzdauer	min/t	5,5	7	9	
30	Roheiseneinsatz	kg/t	175	230	300	900
31	Kernschrottanteil	Proz.	20	60	80	100
32	Blockausbringen, bezogen auf den Eiseneinsatz	kg/t	870	930	950	1028

stoffen eigentlich nicht eine bloße Feuerfestigkeit gefordert, sondern vielmehr ein nach obigem Satz bestimmtes Mehr verlangt. Die reine Feuerfestigkeit kann bei Siemens-Martin-Öfen nur dort zur Geltung kommen, wo eine mehr oder minder lange Berührung mit dem Stahl- und Schlackenbade gänzlich ausgeschlossen ist. Daraus geht also klar hervor, daß alle Teile der basischen und sauren Siemens-Martin-Öfen, bei welchen allein die Bedingung der reinen Feuerfestigkeit maßgebend ist, aus gleichen Stoffen gebaut werden können. Die mit dem Bade in Berührung kommenden Teile der Öfen müssen natürlich aus Stoffen solcher Beschaffenheit hergestellt werden, welche nicht allein der chemischen Wirkung des Bades standhalten, sondern zugleich den chemischen Vorgängen der Schmelze Vorschub leisten.

Die Baustoffe der Siemens-Martin-Öfen kommen als Ziegel bzw. Steine, ferner als Masse und als Mörtel zur Anwendung. Zu den Steinen kann man selbstverständlich nur Mörtel von entsprechender chemischer Beschaffenheit verwenden.

Die Baustoffe der Siemens-Martin-Öfen bilden drei Hauptgruppen:

1. Feuerfeste Stoffe mit SiO_2 (Kieselsäure) als Wesensbestandteil
2. „ „ „ Al_2O_3 (Tonerde) „ „
3. „ „ „ MgO (Magnesia) „ „

Die Stoffe der ersten Gruppe sind von saurer, die der zweiten und dritten Gruppe von basischer Natur. Allerdings muß zu dieser Einteilung bemerkt werden, daß zum Al_2O_3-Gehalt in kleinem Maße auch CaO hinzukommt, ferner kann statt MgO sogar in bedeutendem Ausmaß CaO die Rolle des Wesenbestandteiles übernehmen. Die Steine der ersten Gruppe führen allgemein den Namen Silika, die der zweiten Gruppe Schamotte und die der dritten Gruppe den Namen Magnesit bzw. Dolomit, falls ihr CaO-Gehalt größer (ungefähr gleich dem MgO) ist.

An Wesensbestandteilen sind am reichsten die Silikasteine, nach ihnen kommen die Magnesitsteine und schließlich die an Wesensbestandteilen am wenigsten reichen Schamottesteine. Daraus folgt, daß die Zusammensetzung der Schamottesteine der neutralen chemischen Beschaffenheit nahekommt und oft tatsächlich neutral ist.

Die hauptsächlichsten Eigenschaften der feuerfesten Steine, die bei der Wahl der Baustoffe von Siemens-Martin-Öfen berücksichtigt werden müssen, sind nach *Litinsky*[1]) folgende:

1. Schwerschmelzbarkeit.
2. Chemische Zusammensetzung.
3. Festigkeit.
4. Verhalten unter Belastung in der Hitze.
5. Raumbeständigkeit.
6. Verhalten gegen Temperaturwechsel.
7. Widerstand gegen chemische Angriffe (flüssiges Eisen, Schlacke, Flugstaub usf.).
8. Dichte und spezifisches Gewicht.
9. Farbe.
10. Struktur.

Die Schwerschmelzbarkeit der Steine ist die Folge des hohen Gehaltes an den Wesensbestandteilen Al_2O_3, SiO_2 bzw. MgO und wird in Segerkegel-

[1]) *L. Litinsky:* Schamotte und Silika. Leipzig 1925, S. 19.

zahlen angegeben. Es ist unbedingt notwendig, einen solchen feuerfesten Stoff zu wählen, dessen Schwerschmelzbarkeit um einige Segerkegel höher liegt als die höchste Temperatur des Ofens, da die Steine oft bereits unterhalb des Kegelschmelzpunktes weich zu werden beginnen.

Die chemische Zusammensetzung allein sichert jedoch keine gute Beschaffenheit der feuerfesten Steine, weshalb die chemische Untersuchung hier mehr zur Prüfung von Gleichmäßigkeit und Beständigkeit der Beschaffenheit sowie zum Vergleich der Steine verschiedener Herkunft dient.

Die chemische Zusammensetzung der bei Siemens-Martin-Öfen verwendeten feuerfesten Steine ist übrigens allgemein folgende:

Silikasteine

	SiO_2	95 bis 98 Proz.
	Al_2O_3	0,5 „ 3,0 „
	CaO	0,2 „ 2,0 „
und als Verunreinigung	Fe_2O_3	bis zu 1,0 „

Diese Zusammensetzung entspricht den Segerkegeln 34 bis 36, d. h. einem Schmelzpunkt von 1750 bis 1800° C.

Schamottesteine

	SiO_2	50 bis 65 Proz.
	Al_2O_3	35 „ 47 „
	CaO, MgO	1 „ 2 „
und als Verunreinigung	Fe_2O_3 . .	bis rund 1,0 „

entsprechend einer Schmelztemperatur von 1700 bis 1800° C.

Magnesitsteine.

MgO	80 bis 85 Proz.
SiO_2	2 „ 5 „
CaO	3 „ 5 „
Fe_2O_3	4 „ 8 „
Al_2O_3	0,5 „ 1,5 „

Die Schmelztemperatur der Magnesitsteine beträgt 2100 bis 2200° C. (Kegelschmelzpunkt über 42); die Steine erweichen jedoch bereits bei den Temperaturen 1400 bis 1600° C.

Die Wertezahl der auf den kalten Zustand sich beziehenden Druckfestigkeit der Steine allein besitzt ebenfalls keine besondere Bedeutung, einesteils, weil selbst die kleinste Druckfestigkeit der feuerfesten Steine ein Vielfaches der in den Mauerwerken der Siemens-Martin-Öfen tatsächlich auftretenden Druckbeanspruchung beträgt, andernteils, weil zwischen den Druckfestigkeiten bei kaltem Zustand und bei hoher Temperatur nicht viel Zusammenhang besteht. So kann z. B. die Druckfestigkeit der Magnesitsteine bei gewöhnlicher Temperatur auch etwa 1000 kg/qcm betragen, während die in Siemens-Martin-Öfen auftretende Druckbeanspruchung höchstens 2 bis 3 kg/qcm beträgt. Eine hohe Druckfestigkeit ist aber jedenfalls ein Beweis der sorgfältigen Herstellung, der Dichte und des gründlichen Brennens.

Die allmähliche Abnahme der Druckfestigkeit von Silika-, Schamotte- und Magnesitsteinen bei steigenden Temperaturen ist aus nachstehender Zusammenstellung ersichtlich[1]):

Zahlentafel 6.
Druckfestigkeit der feuerfesten Steine bei steigender Temperatur.

Feuerfester Stoff	15	500	1000	1300	1400	1500	1600° C
Silikastein. . .	170	150	120	75	60	48	30
Schamottestein	190	180	210	90	(12)	(6)	(0,5)
Magnesitstein	145	130	85	66	(5)	(3)	(1)

Die Zahlen in Klammern beziehen sich auf den Zustand der beginnenden Erweichung.

Das Verhalten unter Belastung in der Hitze ist ein wichtiges und maßgebendes Kennzeichen der Güte der Baustoffe von Siemens-Martin-Öfen. Die Untersuchung besteht aus Druck- und Biegeversuchen, ausgeführt bei hoher Temperatur, wobei im ersten Falle die Verkürzung und Stauchung des Probestabes, im zweiten Falle die Größe der Durchbiegung und etwaiger Risse ein Maß der Widerstandsfähigkeit liefern. Der Durchschnitt der Versuchsergebnisse ergibt zugleich einen sehr geeigneten Grund zum Vergleich der Beschaffenheit verschiedener feuerfester Steine.

Die Raumbeständigkeit ist eine heikle Frage der feuerfesten Steine, da von eigentlicher Raumbeständigkeit gerade bei den feuerfesten Stoffen kaum die Rede sein kann. Ja selbst die Art der Raumänderung ist bei den verschiedenen Baustoffen der Siemens-Martin-Öfen nicht gleich, denn während z. B. die Schamotte bei hohen Temperaturen schwinden, wachsen die Silikasteine. Sowohl die eine wie die andere Erscheinung hat selbstredend ihre Nachteile, und keine der beiden begünstigt die Dauerhaftigkeit des feuerfesten Mauerwerks. In dieser Hinsicht sind Silikasteine die empfindlichsten; daher sind auch Mauerungen aus solchen Steinen stets behutsam und langsam anzuwärmen bzw. abzukühlen, da anderenfalls in den aus diesen Steinen gebauten Ofenteilen gefährliche Risse entstehen. Magnesitsteine sind ebenfalls sehr empfindlich schroffen Temperaturwechseln gegenüber.

Gegen chemische Einwirkungen muß man sich durch geeignet gewählte chemische Zusammensetzung und hinreichende Dichte der Steine schützen. Ein feuerfester Stein kann selbst bei vollkommen entsprechender Zusammensetzung nur dann der zerstörenden Wirkung der Schlacke widerstehen, wenn er genügend dicht ist, da die in die Poren eindringende Schlacke in äußerst kurzer Zeit die Widerstandsfähigkeit der Steine zerstört.

Die Kenntnis der Dichte bzw. des spez. Gewichtes von feuerfesten Steinen ist nicht nur aus dem Grunde wichtig, weil deren Zahlenwerte das Anteilverhältnis des Wesensbestandteiles bzw. den Umwandlungsgrad desselben anzeigen, sondern auch darum, weil mit deren Hilfe das Maß der Um-

[1]) Angaben von *Le Chatelier* und *Bogitsch* in *Litinskys* Werk „Schamotte und Silika" 41 (1925).

wandlung von längere Zeit hindurch gebrauchten Steinen bestimmt werden kann. Die Umwandlung der feuerfesten Stoffe während des Gebrauchs kommt nämlich in erster Linie in der Änderung des spez. Gewichtes zum Ausdruck.

Das ursprüngliche spez. Gewicht der Schamottesteine ist meist 2,0 bis 2,2, das der Silikasteine 2,2 bis 2,4, während das spez. Gewicht der Magnesitsteine in der Regel 3,5 bis 3,7 beträgt.

Die Struktur soll dicht und gleichmäßig sein, worüber man sich mit freiem Auge, mittels eines vergrößerten Lichtbildes oder einer Mikrostrukturaufnahme überzeugen kann. Steine von entsprechender Struktur zeigen eine glatte Oberfläche und geben beim Schlag mit einem festen Gegenstand einen klingenden Ton.

Was man über die Baustoffe der Siemens-Martin-Öfen außerdem noch unbedingt wissen muß, bezieht sich hauptsächlich auf die Behandlung der feuerfesten Steine und auf den feuerfesten Mörtel.

Die richtige Behandlung der feuerfesten Steine ist eigentlich mit der richtigen Art der Lagerung gleich. Alle drei Gattungen der feuerfesten Steine (Silika, Schamotte, Magnesit) sollen stets unter Dach gelagert werden, und zwar in einem Raum, in dem der Stein nicht einmal vom Boden Feuchtigkeit oder Salzlösungen aufsaugen kann. Die in die Poren eingedrungene Feuchtigkeit und der Regen verringern nämlich nach längerer Zeit die Druckfestigkeit der feuerfesten Steine ganz erheblich; angesaugte und auskrystallisierte Salzlösungen können die feuerfesten Steine gänzlich zerstören. Frei gelagerte Steine verlieren in einem Jahr ungefähr 10 bis 40 Proz. ihrer ursprünglichen Druckfestigkeit. Feucht gewordene feuerfeste Steine empfiehlt es sich, vor Gebrauch durch Anwärmen auszutrocknen und nachher unmittelbar einzubauen. In Hinsicht auf die während der Lieferung, der Ausladung, der Einlagerung und des Baues vorkommenden Brüche ist es zweckmäßig, von den feuerfesten Steinen je nach deren Form stets um 2 bis 5 Proz. mehr zu bestellen, als zum Bau gerade erforderlich wären.

Zweck des feuerfesten Mörtels ist, die im Mauerwerk neben- und aufeinander gelegten Steine miteinander fest zu verbinden und die Ungleichmäßigkeiten der Steinoberfläche gegeneinander auszugleichen. Zu diesem Zwecke muß der feuerfeste Mörtel dünnteigartig und von solcher Zusammensetzung sein, daß er der chemischen Wirkung der Steine entspricht und bei hoher Temperatur sicher bindet. Deshalb verwendet man den feuerfesten Mörtel in rohem Zustande, damit das Hartbrennen desselben bei höheren Temperaturen erfolgen kann. Die gute Bindung ist durch den Umstand sehr begünstigt, daß der Schmelzpunkt des Mörtels stets niedriger liegt als jener der zu verbindenden Stoffe.

Die feuerfesten Mörtel bestehen aus einem Gemisch derselben Stoffe, aus denen die mit ihm zu verbindenden Steine hergestellt sind, sind aber fein gemahlen. Der Schamottemörtel ist z. B. ein Gemisch von feuerfester Tonerde mit gemahlener Schamotte; für besonders hohe Beanspruchungen nimmt man gebrannten Schieferton mit Kaolinzusatz. Für Silikamörtel verwendet man feingemahlenen Quarz mit einer geringen Menge feuerfesten Tons. Was die Magnesitmörtel betrifft, so werden diese in verschiedener Zusammensetzung verwendet, wenn zur Vermauerung der Magnesitsteine überhaupt Mörtel verwendet, d. h. wenn die Steine nicht trocken vermauert werden. Die trockene Vermauerung der Magnesitsteine hat sich sehr gut bewährt, erfordert jedoch eine sehr genaue Ausführung. Bei dieser Art der Vermauerung müssen die Fugen besonders dünn sein. Die unvermeidlichen Fugen werden mit feinstgemahlenem Magnesitmehl ausgefüllt. Werden die Mauerwerke aus Magnesitsteinen mit Mörtel verbunden, so kann man Teer- oder Magnesit-Kalkmörtel anwenden. Der erste besteht aus 90 bis 92 Proz. Magnesitmehl und aus 8 bis 10 Proz. wasserfreiem Steinkohlenteer; er hat den Nachteil, daß das Arbeiten damit sehr unbequem ist und daß man bei der Vermauerung die Steine sowie auch den Mörtel im warmen Zustande verwenden muß. Eben darum verwendet man zum Vermauern der Magnesitsteine meistens den Magnesit-Kalkmörtel. Man wendet dazu einen Zusatz von 6 bis 10 Proz. gut gelöschten Kalk an, den man durch ein engmaschiges Sieb gehen läßt und mit Magnesitmehl gut durchrührt.

B. Der Bau der Siemens-Martin-Öfen.

Der Siemens-Martin-Ofen wird seinem Zwecke nur in dem Falle dauernd und wirtschaftlich entsprechen können, wenn er nicht nur aus feuerfesten Steinen geeigneter Beschaffenheit und Abmessungen gebaut, sondern auch in jedem seiner Teile in bestimmter Art und Gestalt hergestellt, sowie mit genügend fester Verankerung versehen und mit den nötigen Hilfseinrichtungen ausgerüstet ist. Von größter Wichtigkeit ist die sorgfältigste und sachgemäße Maurerarbeit bzw. die genaueste Ausführung dieser Arbeit auf Grund der Zeichnungen. Es ist ganz selbstverständlich, daß die Ofenmauerwerke — infolge der äußerst starken und ganz besonders mannigfaltigen Inanspruchnahme derselben — mit viel größerer Sorgfalt ausgeführt werden müssen als die Maurerarbeiten anderer Bauten. Besonders vor drei Fehlern hat man sich zu hüten: vor großen Fugen, starkem Behauen der Steine und Verwendung zu großer Formsteine[1]).

Die Fugen sind möglichst dünn zu halten, teils weil diese den Zusammenhang und die Einheit des Mauerwerks sowieso unterbrechen, teils weil mit der Zunahme der Fugenstärke — da die Schmelztemperatur des Mörtels immer niedriger ist als die der Steine — die Feuerfestigkeit des Mauerwerks abnimmt. Machen die Ungleichmäßigkeiten der Steinoberflächen es nötig, so müssen die Steine — vor der Vermauerung — gründlich aufeinander gerieben werden. Auch das starke Behauen ist eben darum nachteilig, weil es zu dicken und ungleichen Fugen führt. Das Behauen der Steine im Gewölbe sowie in den Brennern ist daher möglichst gänzlich zu vermeiden. Diese Teile sind womöglich aus Formsteinen herzustellen. Doch soll man nicht glauben, daß man durch übertriebene Vergrößerung der Steinabmessungen, also durch starke Verringerung der Anzahl der Fugen, die Festigkeit und Feuerfestigkeit des Mauerwerks verbessert. Im Gegenteil haben die ungleichmäßigen Ober-

---

[1]) *Litinsky:* Schamotte und Silika 241 (1925).

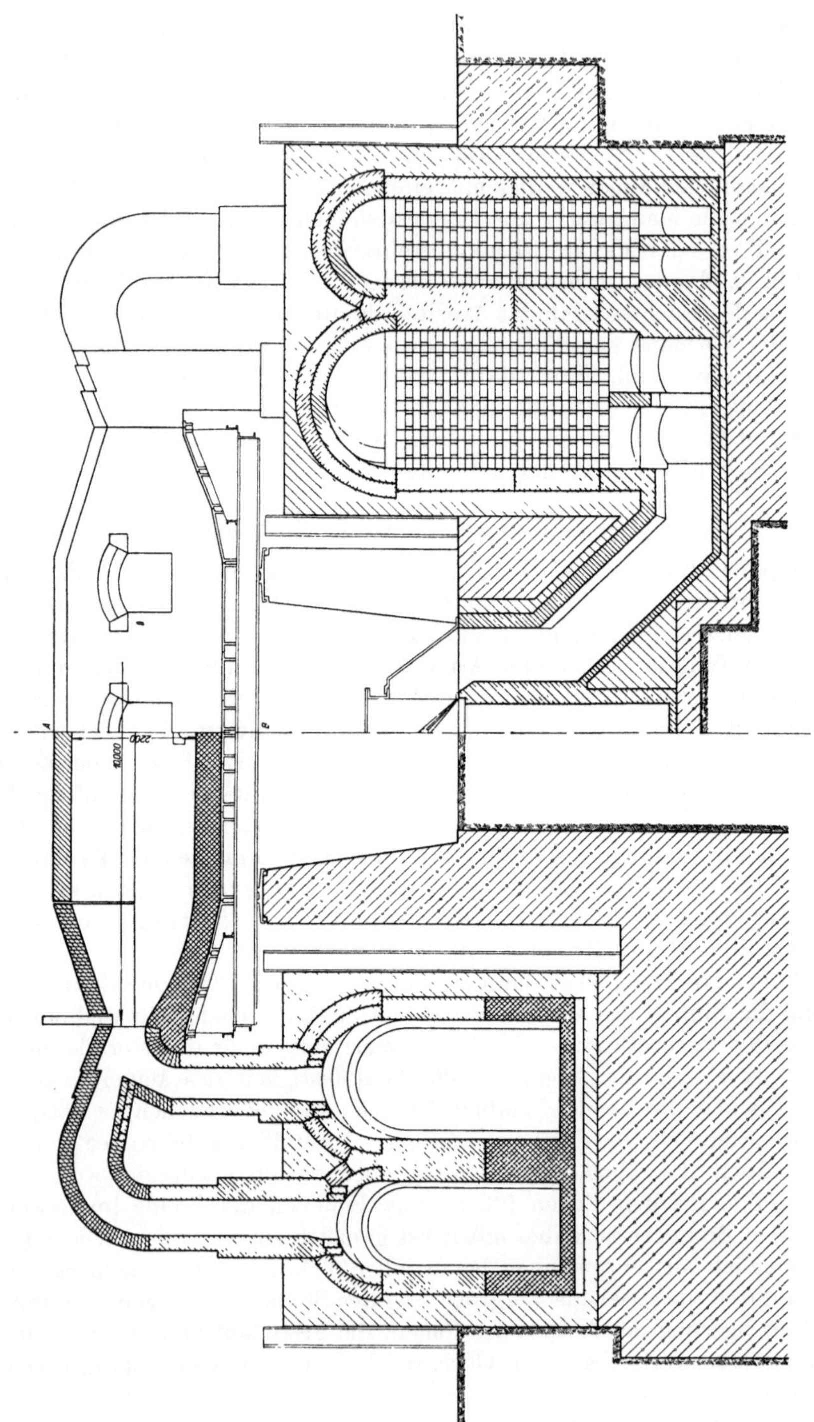

Fig. 19. Ausmauerung eines Siemens-Martin-Ofens. (System Moll.)

flächen der zu großen Steine breite und ungleichmäßige Fugen zur Folge, welcher Umstand die Festigkeit des Mauerwerks schon an und für sich bedeutend vermindert. Außerdem können große Steine nie so gut gestampft und gebrannt werden wie die kleineren. Man muß es für selbstverständlich halten, daß zwischen den bei Siemens-Martin-Öfen angewendeten Steinsorten die Silikasteine es sind, die man infolge ihres Wachsens bei hoher Temperatur mit etwas stärkeren Fugen vermauern kann als die übrigen.

Herstellung des Oberbaues.

Hinsichtlich der Ausführung des Oberbaues ist von größter Bedeutung die Ausführungsart der den Ofenraum umfassenden Mauerungen, wie Herdboden, Gewölbe und Seitenwände. Die Fig. 19 und 20 zeigen die Werkzeichnung der Mauerung eines Moll-Ofens mit Anführung der verwendeten Steingattungen. Aus diesen Figuren ist die Art der Mauerung und Stoffbeschaffenheit nicht nur für den Oberbau, sondern auch für die übrigen Ofenteile ersichtlich.

Die Herstellung der Wände des Ofenraumes erfordert die besten Baustoffe und sorgfältigste fachgemäße Arbeit, da diese Wände nicht nur hohen Temperaturen und der zerstörenden Wirkung des Bades, sondern auch mechanischen Beanspruchungen standhalten müssen. Der Boden des Ofenraumes wird — je nachdem ein saurer oder basischer Ofen gebaut wird — aus einer Masse von gebrannten Quarzkörnern und Tonmehl oder aus Teermagnesitmasse bzw. aus Magnesitsteinen hergestellt. Die bereits erwähnten Fig. 19 und 20 zeigen die Zeichnung eines basischen Siemens-Martin-Ofens. Die Mauerung des Bodens erfolgt auf gußeisernen oder Stahlgußplatten, den sog. Bodenplatten, welche auf Längs- und Querträgern aufliegen. Unter dem Ofenboden kann also Luft durchziehen, wodurch die Kühlung des Bodens gesichert wird. Die Last der Mauerwerke des Oberofens darf nicht vom Gewölbe der vielleicht unter diesen angeordneten Kammern getragen werden, weil dadurch die Festigkeit, ja selbst die Sicherheit der Kammergewölbe gefährdet wäre. Die die Bodenplatten tragenden Träger sollen also entweder auf das senkrecht aufgemauerte Außenmauerwerk der Kammern oder noch besser auf freistehende Pfeiler bzw. Säulen aufgelegt werden. Damit wird zugleich erreicht, daß die Bewegungen der in verschiedenem Maße sich ausdehnenden Unter- und Oberbaue ungestört erfolgen können.

Bei den basischen Öfen wird der Boden entweder rein aus Magnesitsteinen — mitunter unten eine Flachschicht Schamottesteine — gemauert, oder aber folgt nach etlichen Reihen von Magnesitsteinen Aufstampfung mit Magnesit- oder auch Dolomitmasse. Falls eine derartige Masse überhaupt angewendet wird, ist die Magnesitmasse der Dolomitmasse stets vorzuziehen. Die Unterlage, auf welche die unterste Schicht der Magnesitsteine verlegt werden soll, ist nach sorgfältiger Reinigung mit heißem Teer zu überstreichen. Auf diesen Teeranstrich ist eine 2 bis 3 mm starke Schicht trockenen Magnesitmehls zu streuen und auf dieser der Aufbau mit den bereits besprochenen Mörteln auszuführen. Wird der Herd nicht ganz aus Magnesitsteinen hergestellt, so ist die mit Teer vermengte Magnesitmasse in mehreren Lagen auf die Magnesitsteine

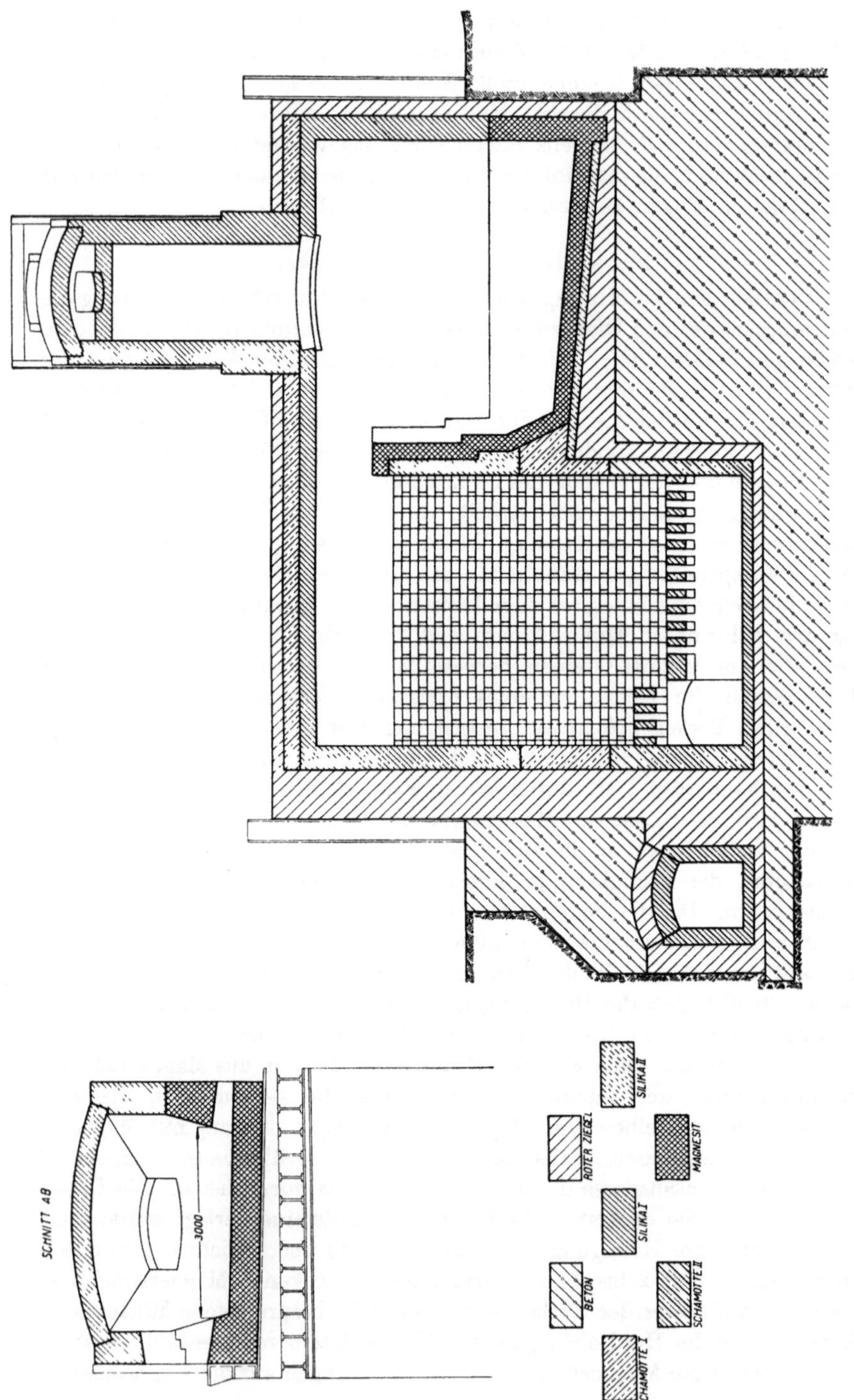

Fig. 20. Ausmauerung eines Siemens-Martin-Ofens. (System Moll.)

aufzustampfen und nachher im angeheizten Ofen aufzuschmelzen. Als Stampfmasse wählt man zweckmäßig Sintermagnesit (Korngröße von 1 bis 25 mm), der mit etwa 5 bis 8 Gewichtsteilen kochend heißen Teers gut durchgemischt wird, so daß die Masse knetbar und bildsam wird. Die Masse wird heiß in Schichten von 20 bis 40 mm aufgetragen und mit rotwarmen eisernen Stampfern solange niedergeschlagen, als sich noch eine Spur von federndem Rückschlag unter den Stampfern zeigt. Nach dem Feststampfen einer Schicht ist dieselbe vor Auftragen der nächsten mit einer Stahlnadel aufzurauhen, um eine gute Bindung der einzelnen Schichten zu gewährleisten. Die Gesamtstärke des Stampfbodens beträgt — je nach der Größe des Ofens — 100 bis 180 mm.

Die Vorderwand wird bis zu einer Höhe etwas über die Oberfläche des Schlackenbades aus Magnesitsteinen, darüber hinaus aus Silikasteinen, hergestellt, doch wird sie des öfteren ganz aus Magnesitsteinen ausgeführt. Die Rückwand wird in der Regel auch in dieser Weise gemauert oder mit einer mit Teer vermengten Dolomitmasse aufgestampft. Beide Wände werden in der Regel schutzmauerartig ausgeführt, wodurch eine große Standhaftigkeit erreicht wird. Diese Ausführung besitzt auch den Vorteil, daß die zwecks Flicken auf die Wände geworfene Magnesitmasse bzw. angefeuchtetes Magnesitmehl viel sicherer an den ausbesserungsbedürftigen Wandteilen anhaften. Bei dieser Mauerung der Vorder- und Rückwand kommen die Steine nicht wagrecht zu liegen, sondern erhalten eine Neigung nach dem Ofenäußeren. Eine derartige Ausführung der Vorder- und Rückwand sichert zugleich eine gute Standfestigkeit, Dauerhaftigkeit und eine bessere Ausbesserungsmöglichkeit dieser Wände.

Das Gewölbe des Herdraumes wird aus Silikasteinen gebaut. Wegen der sowohl aus metallurgischem Gesichtspunkt wie auch aus dem der Dauerhaftigkeit äußerst wichtigen Rolle des Ofengewölbes muß dieses aus den besten Silikasteinen hergestellt werden. Das Gewölbe selbst und auch die Anschlüsse zu den Gewölben der Brenner sind ausschließlich aus Formsteinen zu bauen; die Verwendung von behauenen Steinen im Gewölbe ist gefährlich bzw. geht auf Kosten der Dauerhaftigkeit. Die Bogenhöhe des Gewölbes beträgt über der Ofenbreite 250 bis 300 mm, während das Gewölbe in der Längsrichtung des Ofens geradlinig verläuft. Falls die Abmessungen des Herdraumes sehr groß sind, so wird das Gewölbe auch in der Längsrichtung bogenförmig ausgebildet; doch ist die Höhe des letzteren Bogens kleiner als die des erstgenannten Bogens. Hinsichtlich der Beschaffenheit der Steine sowie der Maurerarbeit selbst ist die größte Aufmerksamkeit und Sorgfalt beim Bau der Anschlußstellen von Brenner und Ofengewölben erforderlich. Diese Anschlußstellen sind nämlich nicht allein in bezug auf die Ausführung und Herstellung empfindliche Stellen, sondern auch hinsichtlich des Betriebes, da sie der Zerstörungswirkung sowohl der in den Ofenraum eintretenden, wie der aus ihm austretenden Feuergasen besonders ausgesetzt sind.

Bau der Kammern.

Die Bauart der Kammern muß dem Zwecke derselben sowie dem Gesichtspunkte ihrer zweckmäßigen Anordnung und guten Haltbarkeit entsprechen. Wenn man nur die größtmögliche Einfachheit des Baues im Auge hat, würde man die Kammern stets unmittelbar unter dem Oberbau anordnen, obwohl diese Art der Ausführung immer seltener zur Anwendung kommt. Es ist nämlich zweifellos unrichtig, wenn sich Oberbau und Kammern in einem großen Querschnitt decken, da die Ausbesserung oder der Umbau des einen ohne Störung des anderen geradezu unmöglich ist. Übrigens bestätigt auch die Betriebserfahrung, daß unter dem Ofenraum ein freier Raum zwecks einer leichten Zugänglichkeit stets erwünscht ist. Infolgedessen verbreitet sich heute die Bauart der vorgezogenen Kammern immer mehr, bei welcher auch die Schlackenräume zweckmäßiger, selbständiger und in größeren Abmessungen ausgebildet werden können. Eine grundsätzlich richtige Anordnung der Kammern ist die, die man in Amerika auf Anregung *F. B. Quigleys* einzuführen sucht, und bei der die Längsachsen der Kammern nicht parallel sind, sondern dem Schornstein zu zusammenlaufen[1]). Diese Lösung der Frage

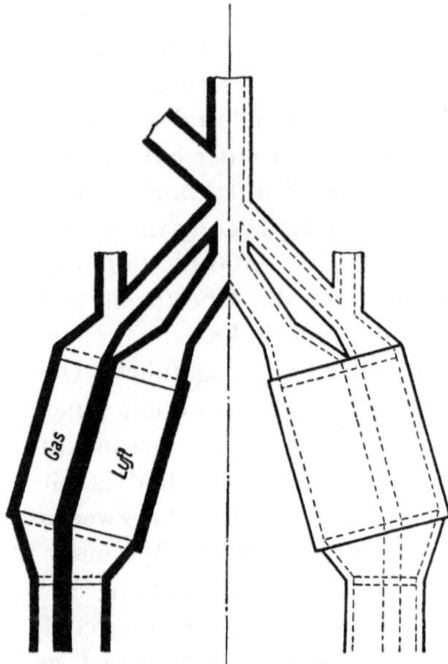

Fig. 21. Amerikanische Kammeranordnung nach *Quigley*. (St. u. E. 667 1924)

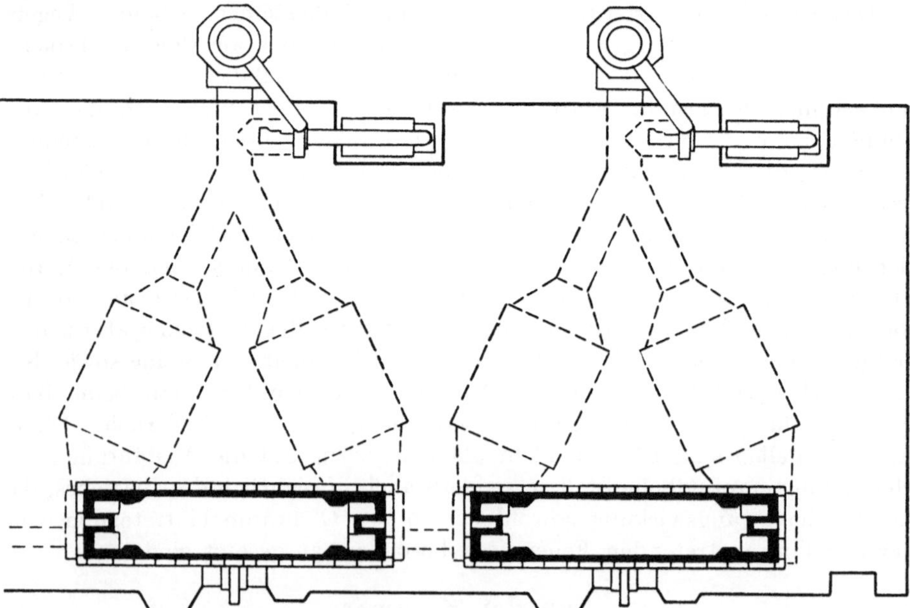

Fig. 22. Amerikanisches Siemens-Martin-Stahlwerk mit Quigley-Kammern (The Iron Age).

[1]) Vgl. St. u. E. 666 bis 667 (1924).

der Anordnung bringt den nicht unbeträchtlichen Vorteil mit sich, daß die Strömungen weniger scharfe Richtungsänderungen haben, wodurch der innere Widerstand des ganzen Ofens beträchtlich abnimmt. Fig. 21 zeigt eine solche Lage der Kammern, während Fig. 22 einen Teil eines mit Kammern dieser Anordnung gebauten amerikanischen Siemens-Martin-Stahlwerkes darstellt.

Bezüglich der Frage, ob bei den oben erwähnten Anordnungen die Gaskammern außen und die Luftkammern innen (wie dies auch in Fig. 21 der Fall ist) oder umgekehrt anzuordnen wären, muß bemerkt werden, daß, obwohl erstere Anordnung — d. h. Gaskammern außen — zur Zeit als allgemein verbreitet und angenommen zu betrachten ist, dennoch unleugbar ist, daß die umgekehrte Anordnung, d. h. Luftkammern außen, sehr bedeutende Vorteile besitzt, so daß letztere Anordnung in der Zukunft sicher größere Verbreitung erfahren wird. Ein weiterer erheblicher Vorteil dieser Anordnung ergibt sich dadurch, daß nur je ein aufsteigender Zug nötig ist und so die Gesamtbreite des Ofenkopfes sehr verringert

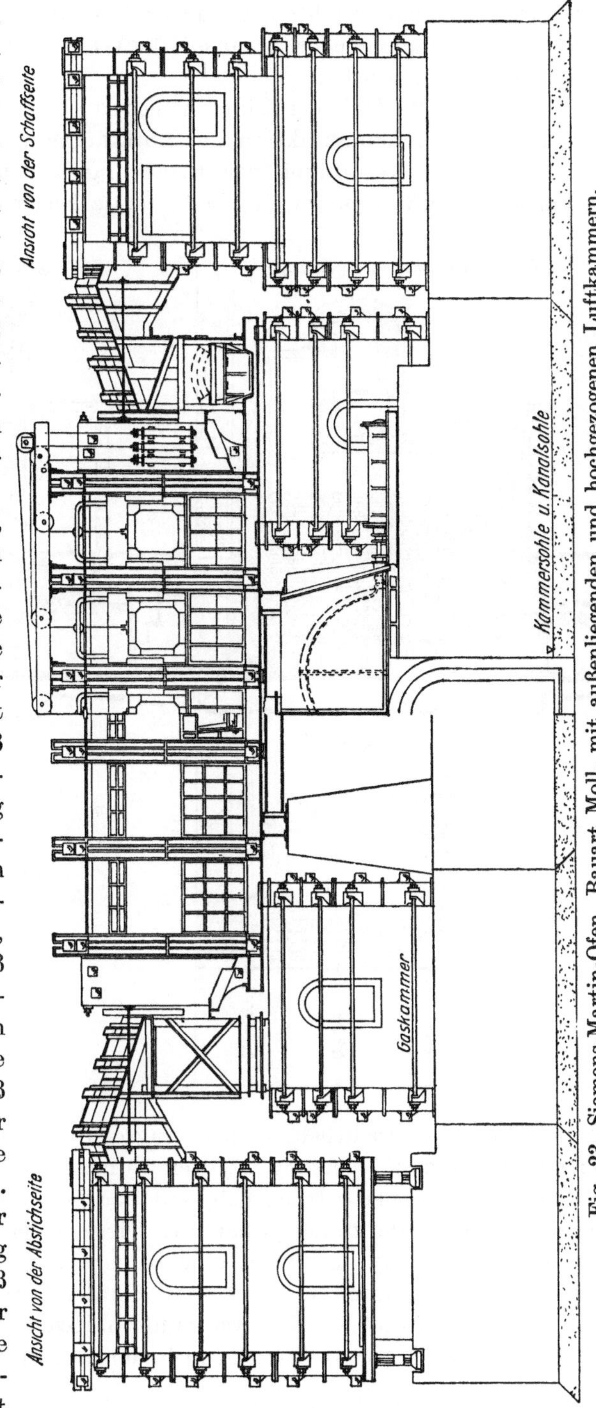

Fig. 23. Siemens-Martin-Ofen, Bauart Moll, mit außenliegenden und hochgezogenen Luftkammern.

wird[1]). Der scheinbare Nachteil, daß durch diese Anordnung der Gaszug während des Betriebes unzugänglich ist, kann mit der Wahl einer entsprechenden Brennerbauart vermieden werden.

So ordnet z. B. *Moll* bei seiner neuesten — in den Figg. 23, 24 und 25 gebrachten — Ofenkonstruktion die Luftkammern ebenfalls außen an und machte mit dieser Anordnung gute Erfahrungen. Auch führte *Moll* bezüglich der Form der Luftkammern eine bedeutende Neuerung ein, indem er — wie

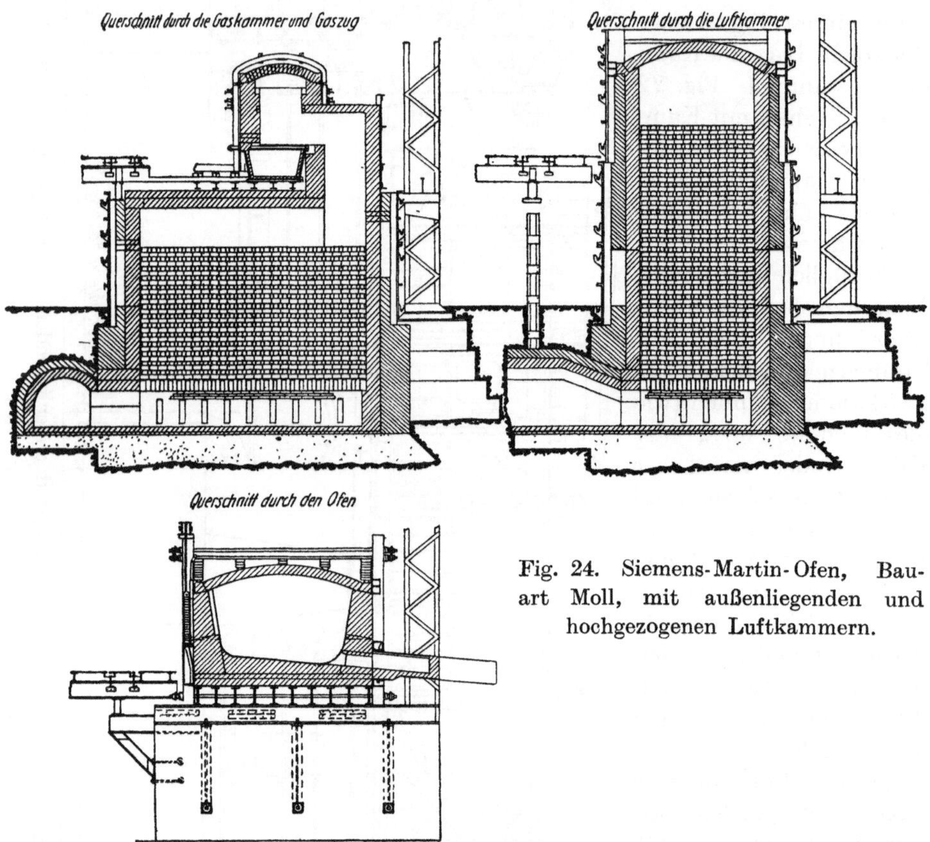

Fig. 24. Siemens-Martin-Ofen, Bauart Moll, mit außenliegenden und hochgezogenen Luftkammern.

aus den Figuren ersichtlich — den wagrechten Querschnitt derselben verringerte, die Höhenabmessung dagegen vergrößerte. Diese Vergrößerung der Luftkammerhöhe ist so beträchtlich, daß die Oberkante der Luftkammer selbst über das Ofengewölbe zu liegen kommt. Dieses Hochziehen der Luftkammern über die Arbeitsbühne gestattet eine bessere Luftvorwärmung und bessere Verankerung der Kammern. Es kommt bei der Luftkammerausbildung nach *Moll* besonders darauf an, daß die Aufenthaltszeit der Luft in der Kammer nicht zu klein wird. Weiterhin ist von Bedeutung, daß die Wärmeübertragung

[1]) Vgl. St. u. E. 85 (1923).

Fig. 25. Siemens-Martin-Ofen mit hochgezogenen Luftkammern.

in der Gaskammer für das kommende Gas, wie für das Abgas durch Strahlung erfolgt, so daß hinsichtlich ihrer Querschnitte die Heizflächenleistung viel leichter erreicht wird, als dies für Luftkammern zutrifft, wo die Abgase ihre Wärme durch Strahlung abgeben, während die Luft keine Strahlungskörper besitzt. Aus diesen Gründen ergibt sich für die Luftkammer die Forderung großer Geschwindigkeiten, d. h. enge Querschnitte, aber große Durchstreichhöhen zur Verlängerung der Aufenthaltzeit. Die Bauart ermöglicht, in den Luftstrom, der eine höhere Geschwindigkeit hat, Gas von unten mit geringerer Geschwindigkeit einströmen zu lassen, anstatt einen senkrecht von unten aufsteigenden Luftstrom von einem Gasstrom mit höherer Geschwindigkeit durchschlagen zu lassen.

Die Kammern müssen unter allen Umständen auf sicherem und trockenem Boden bzw. auf betoniertem Grundbau aufgebaut werden. Auf diesen Grundbau kommt nun eine Schicht Klinkerziegel und eine Schicht Schamottesteine. Auf den letzteren ruhen die ungefähr 250 mm dicken und etwa 800 mm hohen Pfeiler in Abständen von höchstens 1000 mm; auf denen Wölbsteine (Tragsteine) liegen, die das Gitterwerk tragen[1]). Die Wände der Kammern sind aus solchen Steinen herzustellen, die der Verschlackungswirkung des Flugstaubes möglichst gut widerstehen, da derartige Verschlakkungen einesteils die Haltbarkeit vermindern, anderseits die Wärmeübertragung ungünstig beeinflussen. Weiterhin sollen die Steine einen möglichst geringen Fe_2O_3-Gehalt besitzen, da sonst durch Einwirkung des heißen Generatorgases eine Zerstörung der Steine eintritt. Diesen Bedingungen entsprechende Schamottesteine sind für den Bau der Kammern von Siemens-Martin-Öfen am geeignetsten[2]). In den oberen Teilen der Wände werden oft Silikasteine verwendet. Das Gewölbe der Kammern wird in der Regel aus Silikasteinen hergestellt, und zwar meist in Form eines Doppelgewölbes. Der Wölbungsbogen ist am zweckmäßigsten ein voller Halbkreis, damit die Kammerwände keinen Seitendruck erfahren. Die Zwischenwand der dicht nebeneinander gebauten Kammern soll genügend dick und dicht sein, um bis zum Ende der Ofenreise gasdicht bleiben zu können. Diese Zwischenwand ist meist 500 bis 750 mm stark.

Die feuerfesten Wände der Kammern werden in der Regel mit einer Klinkerziegelbekleidung umhüllt, und zwar meist in der Weise, daß je ein Kammerpaar (eine Gas- und eine Luftkammer) einen einheitlichen Körper bildet. Das ist aus dem Gesichtspunkte des Sparens an Raumbedarf, der besseren Standfestigkeit und möglichst einfacher Verankerung stets erwünscht.

Zwischen den Gas- und Luftkammern von englischen Siemens-Martin-Öfen wird zwecks Bildung einer Isolierschicht oft ein schmaler Luftspalt gelassen[3]). Bei den gepanzerten Kammern amerikanischer Öfen werden die Zwischenräume zwischen Panzer und Wand mit Isolierstoffen ausgefüllt, um so die Kammerleistung zu erhöhen, ferner um das Eindringen von Falschluft und damit die Entwertung der Abhitze zu vermeiden. Die Abhitze hat nämlich bei der ausgedehnten Verwendung von Abhitzekesseln

---

[1]) Hütte, Taschenbuch für Eisenhüttenleute, 3. Aufl., 542.

[2]) *Litinsky:* Schamotte und Silika 93.

[3]) Vgl. St. u. E. 89 (1923).

in Amerika bekanntlich einen großen Wert[1]). Die Wandstärke beträgt 380 bis 540 mm[2]); das Verhältnis der Rauminhalte für Gas- und Luftkammern ist meist 3 : 4.

Hinsichtlich Richtigkeit, Güte und Dauerhaftigkeit der Kammerleistung ist es von besonderer Wichtigkeit, daß Stoff und Abmessungen der Gittersteine entsprechend gewählt werden und das Gitterwerk eine zweckmäßige Ausführung erfahre. Die Aufgabe des eigentlichen Wärmespeichers wird nämlich überwiegend von dem Gitterwerk übernommen, und dieser Umstand beweist somit die hervorragende Wichtigkeit desselben. Damit die Gittersteine ihrem Zweck dauernd und wirtschaftlich entsprechen können, müssen sie am zweckmäßigsten aus besonders guter Schamotte, seltener aus Silika hergestellt sein. Schamottesteine von guter Beschaffenheit sind hier unbedingt vorzuziehen, da ihre Verschlakkung geringer ist als jene der Silikagittersteine, so daß nach einer Reinigung nur rund 30 Proz. der Silikasteine gegen 70 Proz. der Schamottesteine wieder verwendbar sind. In letzter Zeit hat *Stuart M. Phelps*[3]) auch die Beobachtung gemacht bzw. festgestellt, daß die Anwendung von Silikasteinen wegen ihrer geringen Speicherfähigkeit unvorteilhaft ist, und daß man überhaupt auf möglichst dichte Steine Wert legen muß. Dies kann aber keinesfalls bedeuten, daß man jedem Silikastein eine höhere Wärmeleitzahl zuschreiben soll, als einem beliebigen Schamottestein.

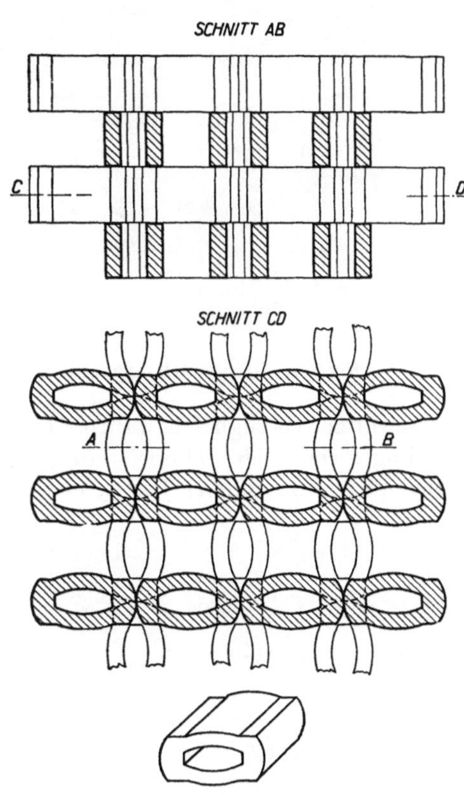

Fig. 26. Gitterwerk-Hohlsteine.

Hinsichtlich Form und Abmessungen der Gittersteine kann die größte Mannigfaltigkeit in den verschiedenen Siemens-Martin-Stahlwerken beobachtet werden. Am meisten sind größere Gittersteine in Anwendung, und zwar in Europa solche mit den Abmessungen 300 · 150 · 80 mm, oder auch 250 · 125 · 80 mm, während in Amerika solche mit ungefähr 267 · 114 · 114 oder 230 · 114 · 63,5. Dementsprechend sind bei den amerikanischen Öfen auch die Zwischenräume in den Gitterwerken größer als die der europäischen Öfen. Die Gittersteine werden bei größeren Kammern so gesetzt, daß durchgehende

[1]) Vgl. St. u. E. 667 (1924).

[2]) Hütte, Taschenbuch für Eisenhüttenleute, 3. Aufl., 543.

[3]) J. Amer. Cer. Soc. 648 bis 654 (1925). — Vgl. St. u. E. 1360 bis 1361 (1926).

freie Schächte entstehen, um den inneren Widerstand zu vermindern; bei kleineren Kammern liegen die Gittersteine gegeneinander versetzt, um den Weg des Gas- und Luftstromes zu vergrößern. Im Laufe der Zeit wurden auch mit verschiedensten Formsteinen Versuche gemacht, jedoch ohne nennenswerten und dauerhaften Erfolg.

Fig. 27. Gitterwerk aus Hohlsteinen.

In jüngster Zeit war die Anwendung eines besonders geformten Gittersteines dennoch mit Erfolg erprobt, welcher sich nicht allein in dem Siemens-Martin-Ofenbetrieb, sondern auch in den Gitterwerken der Winderhitzer vorzüglich bewährte. Dieser sog. Gitterwerkhohlstein, dessen Zwillingsform auch Semmelstein genannt wird, ist in Fig. 26 ersichtlich, welcher auch die Bauart des Gitterwerkes zu entnehmen ist. Zwei verschiedene Seitenansichten dieses Gitterwerkes sind in Fig. 27 und 28 dargestellt. Die Abmessungen des Gitterwerkhohlsteines sind ungefähr folgende:

Länge	250 mm
Breite	130 „
Höhe	125 „
Öffnung .	150 × 65 „

Fig. 28. Gitterwerk aus Hohlsteinen.

Diese Gitterwerkhohlsteine werden von der „Rhenania“ G. m. b. H. Fabrik feuerfester Produkte in Neuwied a. Rh. hergestellt und haben bereits in zahlreichen großen Siemens-Martin-Stahlwerken die Probe erfolgreich bestanden. Über die versuchsweise Anwendung ähnlich geformter Semmelsteine in den Winderhitzern von Hochöfen macht Dr.-Ing. *K. Harnickel* folgende Feststellung: „Es zeigte sich, daß bereits geringe Mengen Semmelsteine die Heizfläche und den Wirkungsgrad eines Cowpers beträchtlich erhöhen. Die Semmelstein-Cowper lassen sich schnell aufheizen, ergeben hohe Windtemperaturen und eignen sich infolgedessen zum Zwei-Cowper-Betrieb"[1]).

Die Gitterwerkhohlsteine stoßen — wie aus den Figuren ersichtlich — mit den abgerundeten Kopfenden aneinander und sind kreuzweise übereinander angeordnet; hierdurch entsteht die Tragfläche. Durch die dünnen Wände der Steine wird ein Höchstwert der bestrahlten Fläche erzielt, während gleichzeitig das Steingewicht wesentlich vermindert wird.

Wichtig ist, daß mit den genannten Vorteilen ein durchgehender großer freier Querschnitt für die Flächeneinheit verbunden ist, da die Steine nicht

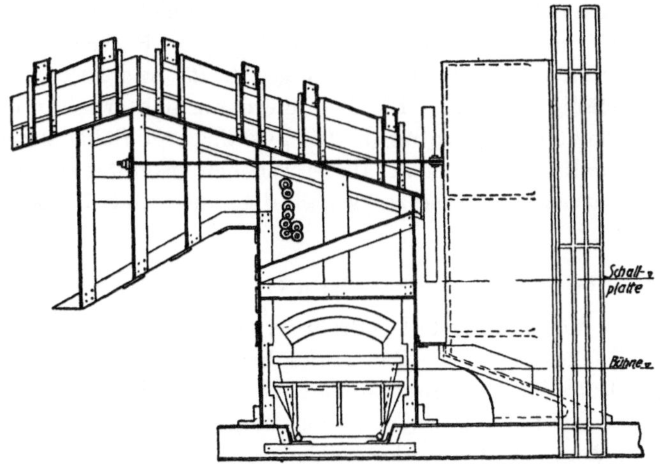

Fig. 29. Auswechselbarer Schlackenkasten am Mollofen.

versetzt sind. Dadurch wird der Kammerwiderstand vermindert und die Verschlackungsmöglichkeit herabgedrückt. Infolgedessen wird es möglich, den Gesamtkammerquerschnitt zu verkleinern und damit an Mauerwerk und Raum zu sparen.

In Anbetracht dessen, daß die Baukosten der Kammern einen beträchtlichen Anteil der Baukosten der Siemens-Martin-Öfen ausmachen, war in Amerika wie auch in Europa wiederholt der Gedanke aufgetaucht, daß die Siemens-Martin-Öfen bei Verwendung eines Gases von hohem Heizwert und entsprechend hoher Temperatur nur mit einem Kammerpaar, also insgesamt mit nur zwei Kammern, gebaut werden sollten. In diesem Falle kommt das Vorwärmen des Gases in Wegfall und würde allein die Luft vorgewärmt werden. Die Gaserzeuger wären nun in unmittelbarer Nähe des Ofens aufzustellen, da-

[1]) Dr.-Ing. *K. Harnickel:* Über die Betriebsergebnisse mit Semmelsteinen. St. u. E. 851 (1924). — Vgl. auch *M. Schlipköter:* Wärmewirtschaft im Eisenhüttenwesen. Dresden und Leipzig 1926, S. 49 bis 53.

mit das Generatorgas womöglich mit seiner ganzen ursprünglichen fühlbaren Wärme in den Brenner des Ofens gelangt.

Zur Erzielung einer einwandfreien Arbeit der Kammern und größeren Dauerhaftigkeit des Gitterwerkes ist es unbedingt erforderlich, daß in die Züge — vor den Kammern — Schlackenräume, Schlackenkammern eingebaut werden. Die in ihrer Bewegung verzögerten und ihre Richtung verändernden Abgase lagern in diesen Schlackenräumen den größten Teil ihrer festen Bestandteile ab. Die in den Schlackenkammern sich ansammelnde Schlackenmenge kann von Zeit zu Zeit entfernt bzw. abgestochen werden. Die in die Wärmespeicher eingebauten schmalen Schlackensäcke und Schlackentaschen werden heute nur noch ausnahmsweise angewendet.

In Anbetracht dessen, daß aus den Schlackenkammern und den Schlackensäcken die in großen Mengen sich ansammelnde Schlackenmasse sehr oft nur mühsam zu entfernen ist, wird sich der von *H. Moll* in Rasselstein eingeführte ausfahrbare Schlackenkasten (s. Fig. 24, 25 und 29) wahrscheinlich als sehr zweckmäßig erweisen. Die Kammern an sich erhalten dabei keine besonderen Schlackenkammern mehr. Die ausfahrbaren Schlackenkästen von rund 1 cbm Inhalt werden etwa alle 4 Wochen (Sonntags) ausgewechselt und durch Reservekästen ersetzt, wobei die Aus- und Einbauzeit 2 bis 3 Stunden beträgt.

Die Verbindungsteile zwischen Ofenraum und Kammern.

Der Bau der Verbindungsteile (Brenner, Gas- und Luftzüge) ist im allgemeinen mit Rücksicht auf die Bauart des Brenners bzw. auf die Anordnung der Gas- und Luftzüge zu bewerkstelligen (s. Kapitel 2).

Die Brenner werden aus Silikasteinen hergestellt, und zwar womöglich ganz ohne Behauung der Steine, also möglichst ausschließlich aus Formsteinen. Das Mauerwerk des Brenners, in erster Reihe die Scheidewand der Gas- und Luftzüge, ist vollkommen gas- bzw. luftdicht herzustellen, da eine im Brenner vor sich gehende teilweise Verbrennung zu einer allzu raschen Verzehrung des Brenners führt. Bei der außerordentlich hohen Beanspruchung des Brenners ist ein entsprechend haltbarer feuerfester Stein an und für sich schwer zu finden. Die größte Schwerschmelzbarkeit unter den in Betracht kommenden Stoffen besitzen die Magnesitsteine; diese haben jedoch bei den höchsten Temperaturen eine stark verminderte Festigkeit. Doch wurden mitunter auch mit Brennern, welche ganz aus Teermagnesit gestampft oder aus kleinen, stark gebrannten Magnesitsteinen gemauert waren, gute Haltbarkeitszahlen erzielt. Die Unterteile der Brenner, welche mit der Schlacke in Berührung kommen können, werden immer aus Magnesitstein hergestellt.

Zur Erzielung einer möglichst guten Haltbarkeit soll man trachten, den Brennerteilen und den Zügen eine gute Kühlung (Luft-, mitunter auch Wasserkühlung) zu sichern. Die Wasserkühlung ist — selbstredend — immer wirksamer, jedoch umständlich und in den meisten Fällen verhältnismäßig teuer.

Die Gas- und Luftzüge (gewöhnlich je zwei) werden ebenfalls aus Silikasteinen hergestellt. Der Mittelpfeiler zwischen den Gaszugmündungen soll mindestens 500 mm stark sein.

Die Verankerung des Ofens.

Der Zweck der Verankerung ist, die Formbeständigkeit des Ofens möglichst dauernd zu sichern. Da die verschiedenen Ofenteile ihre Abmessungen infolge der Temperaturänderungen während der Ofenreise bzw. zwischen In- und Außerbetriebsetzung oft erheblich ändern müssen, ist die Verankerung derart zusammenzustellen, daß sie unbedingt eine entsprechende Anpassungsfähigkeit besitzt. Aus diesen Bedingungen ergibt sich die allgemeine Bauart der Verankerung eines Siemens-Martin-Ofens. Die Verankerung muß nämlich — den Forderungen entsprechend — einesteils aus versteifenden Bestandteilen (Träger, Bleche, Platten), anderenteils aus lösbaren, verlängerbaren bzw. verkürzbaren Verbindungsteilen (Schraubenspindeln, Schrauben) bestehen. Die lösbaren Teile, die Schrauben, ermöglichen es, daß die Verankerung den langsamen Bewegungen der Wände nachkommen kann. Diese Möglichkeit ist hauptsächlich beim Anheizen und beim Abstellen des Ofens gewissenhaft auszunützen. Zur Vermeidung der unangenehmen Folgen eines etwaigen Versehens bei der Überwachung bzw. zur Sicherung einer teilweisen Selbsteinstellung der Verankerung ist es notwendig, unter den Ankerschrauben hölzerne Unterlagsschrauben oder Spiralfedern anzubringen. Diese weichen Scheiben und noch mehr die Federn übernehmen kleinere oder unerwartete Spannungen, welche sich durch Spalten der Holzscheibe und durch Zusammendrücken der Feder erkennen lassen.

Die Verankerung des Oberofens in Querrichtung wird am zweckmäßigsten aus einem Trägerfachwerke oder aus losen Trägern hergestellt, die mittels Ankerschrauben (30 bis 50 mm) zusammengefaßt sind. Als Unterlage des Trägerfachwerkes bzw. der losen Ankerträger dienen oft gewalzte Bleche oder Platten aus Gußeisen oder Stahlguß. Die Anwendung von Blechen und Platten ist jedoch nicht besonders ratsam, da es unbedingt vorteilhafter ist, wenn die Wandflächen sichtbar und zugänglich sind. Die Verankerung des Oberofens in der Längsrichtung ist etwas komplizierter infolge der größeren Länge der Verankerung, und weil die Brenner und die Züge meistens zusammen mit dem Ofenkörper verankert werden müssen. Die Spindeln der oberen Ankerschrauben laufen in beiden Richtungen quer über das Gewölbe, die der unteren Schrauben laufen entlang der Längs- und Seitenwände etwas über der Arbeitsbühne. Die senkrecht stehenden Träger sind meistens 26 bis 32er, die wagerecht liegenden 34 bis 40er; es ist immer gut, wenn die Verankerung aus starken Trägern hergestellt ist (s. die Verankerungen in den Figuren verschiedener Öfen).

Die Einsatztüröffnungen sind mit wassergekühlten Türrahmen (aus Blech, Stahlguß oder Rotguß) und mit Schamottesteinen ausgemauerten Türen aus Stahlguß oder Flacheisengerippe versehen.

Die Verankerung der Kammern erfordert besondere Sorgfalt. Die Lebensdauer der Kammerwände ist erheblich größer als die des Ofenraumes und des Brenners, so daß die Verankerung der Kammern dementsprechend noch fester und noch formbeständiger sein muß. Die Grundsätze der Verankerung sind sonst dieselben, wie sie bei der Verankerung des Oberofens zur Geltung kommen. Doch als besondere Abweichung ist zu erwähnen, daß es sich neuerdings sehr gut bewährt hat, bei der Verankerung der Kammern starke winkeleisenförmige Eckversteifungen aus Stahlguß anzuwenden. Ein derartiger Verankerungsteil ist in Fig. 30 veranschaulicht. Ein solches „Winkeleisen" wird mit Ohren bzw. Hülsen zur Aufnahme der Ankerschrauben und nötigenfalls — bei größeren Längen — mit Rippen versehen. Das Winkeleisen lehnt sich — entlang der ganzen Höhe der Kammer bzw. des Kammerblockes — an die Kammerecken, so daß eine Ausbauchung der Kammern fast gänzlich ausgeschlossen ist. Die Verankerung der Kammern mittels dieser Winkeleisen ist sehr einfach und entschieden wirksam.

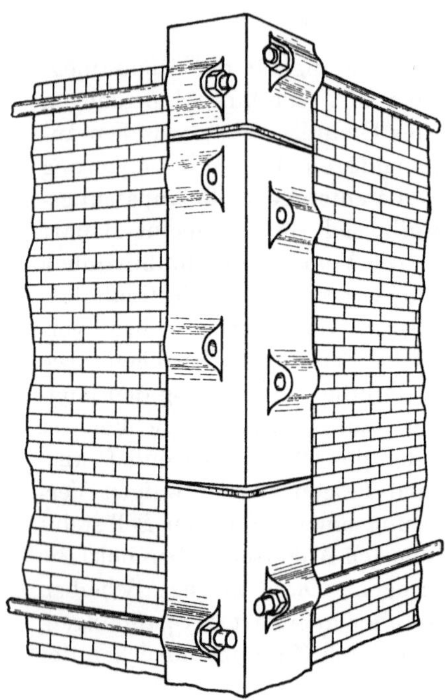

Fig. 30. Winkeleisen aus Stahlguß für die Verankerung der Kammern.

Liegt eine Ursache vor, die Kammern mit einem kreisförmigen oder elliptischen Querschnitt zu bauen bzw. die Undichtigkeiten der Kammern unbedingt zu verhindern, so müssen die einzelnen Kammern mit ganz geschlossenen Blechpanzern versehen werden. Ein solches Siemens-Martin-Stahlwerk mit sog. Batho-Öfen (Rimamurányer Eisenwerks A.-G., Ózd, Ungarn) ist in Fig. 40 auf S. 91 wiedergegeben; die Blechpanzer der Kammern sind gut sichtbar.

Die Ventile.

Obwohl die Ventile bei jeder Umschaltfeuerung dieselbe Rolle spielen und demzufolge durchgehend gleiche Bauart zeigen, so daß die Besprechung der Ventile eigentlich in das Gebiet der Feuerungskunde gehört, scheint es angezeigt zu sein, etwas Zusammenfassendes darüber auch hier zu sagen.

Die Ventile eines Siemens-Martin-Ofens (oder eines beliebigen Ofens mit Umschaltfeuerung) haben den Zweck, den Gas- und Luft- bzw. den Abgasströmen die zeitweise wechselnde Strömungsrichtung zu erteilen. Um dieser Aufgabe entsprechen zu können, müssen die Gas- und Luftventile des Siemens-Martin-Ofens mit Rücksicht auf die folgenden Bedingungen gebaut werden:

1. Die Bauart und die Behandlung der Ventile soll einfach, ihre Arbeit vollkommen sicher sein. Die Bestandteile sollen einfach, kräftig und leicht auswechselbar sein.

2. Die gute Zugänglichkeit der Ventilteile und der anschließenden Leitungen ist eine unerläßliche Forderung.

3. Die Ventile müssen vollkommen gas- bzw. luftdicht arbeiten. Ein Wasserabschluß erleichtert das gute Schließen auch im Falle eines kleineren Verziehens.

4. Die freien Durchströmungsquerschnitte der Ventile müssen reichlich genug bemessen werden, um die durchströmenden Luft-, Gas- und Abgasmengen ohne erheblichen Druckverlust durchlassen zu können. Diese freien Querschnitte sollen möglichst immer etwas reichlicher als zu knapp bemessen werden.

5. Das Umschalten der Ventile (ob mit Handhebel oder motorischer Kraft) soll möglichst leicht und rasch geschehen, um die Gasverluste zu vermindern. Bei den meist üblichen Ventileinrichtungen stehen nämlich Essen- und Gaskanäle — während des Umschaltens — in unmittelbarer Verbindung.

Diesen Bedingungen entspricht fast restlos das heutzutage in Siemens-Martin-Stahlwerken am meisten verbreitete Forter-Ventil, und zwar für die Luft ebensogut wie für das Gas. Dieses Ventil ist in Fig. 31 dargestellt. Die äußeren Öffnungen des Gasventils stehen mit je einer der Gaskammern, die mittlere Öffnung mit der Esse in Verbindung. Der Unterteil ist aus Gußeisen oder aus Stahlguß, der Oberteil aus genieteten Flußstahlblechen hergestellt. Große Forter-Ventile sind oft mit Schamotte ausgekleidet. Die Arbeitsweise des Ventils ist einfach und aus den Figuren ohne weiteres klar ersichtlich.

Bei den gewöhnlichen Umsteuerventilen sind — während der Umsteuerung — Gasleitung und Esse miteinander verbunden, so daß Gasverluste während der Umsteuerung der allgemein üblichen Umsteuerventile unvermeidlich sind. Das Ventil „Bamag-Küppers“ ist derart konstruiert, daß diese Verluste größtenteils vermieden werden können. Das Wesen dieser neuen Umsteuervorrichtung besteht darin, daß der Gaskanal (s. Fig. 32) in zwei Öffnungen mündet. Ebenso besitzt der Abgaskanal, welcher mit der Esse verbunden ist, zwei Einströmungsöffnungen. Sämtliche vier Kanalmündungen sind paarweise in zwei getrennt nebeneinanderliegenden Kammern untergebracht, und zwar so, daß die beiden Gasmündungen in der Mitte liegen und seitlich von ihnen die beiden Abgasmündungen angeordnet sind. Die Mündungsquerschnitte dieser vier Öffnungen liegen in einer Ebene. Die auf der Hüttensohle mündenden Ofenkanäle sind durch kurze Bogenstücke mit den zugehörigen Ventilkammern verbunden.

Der Gesamtaufbau dieser neuen Umsteuervorrichtung ermöglicht eine einfache Anordnung des für die Betätigung der Umsteuervorrichtung erforderlichen Antriebes. Die vier Kanalmündungen, die durch unter Hüttensohle angeordnete Kanäle mit der Frischgasquelle bzw. der Esse in Verbindung stehen, sind durch Deckel verschließbar. Sämtliche Deckel sind mit den Wellen durch Hebel verbunden.

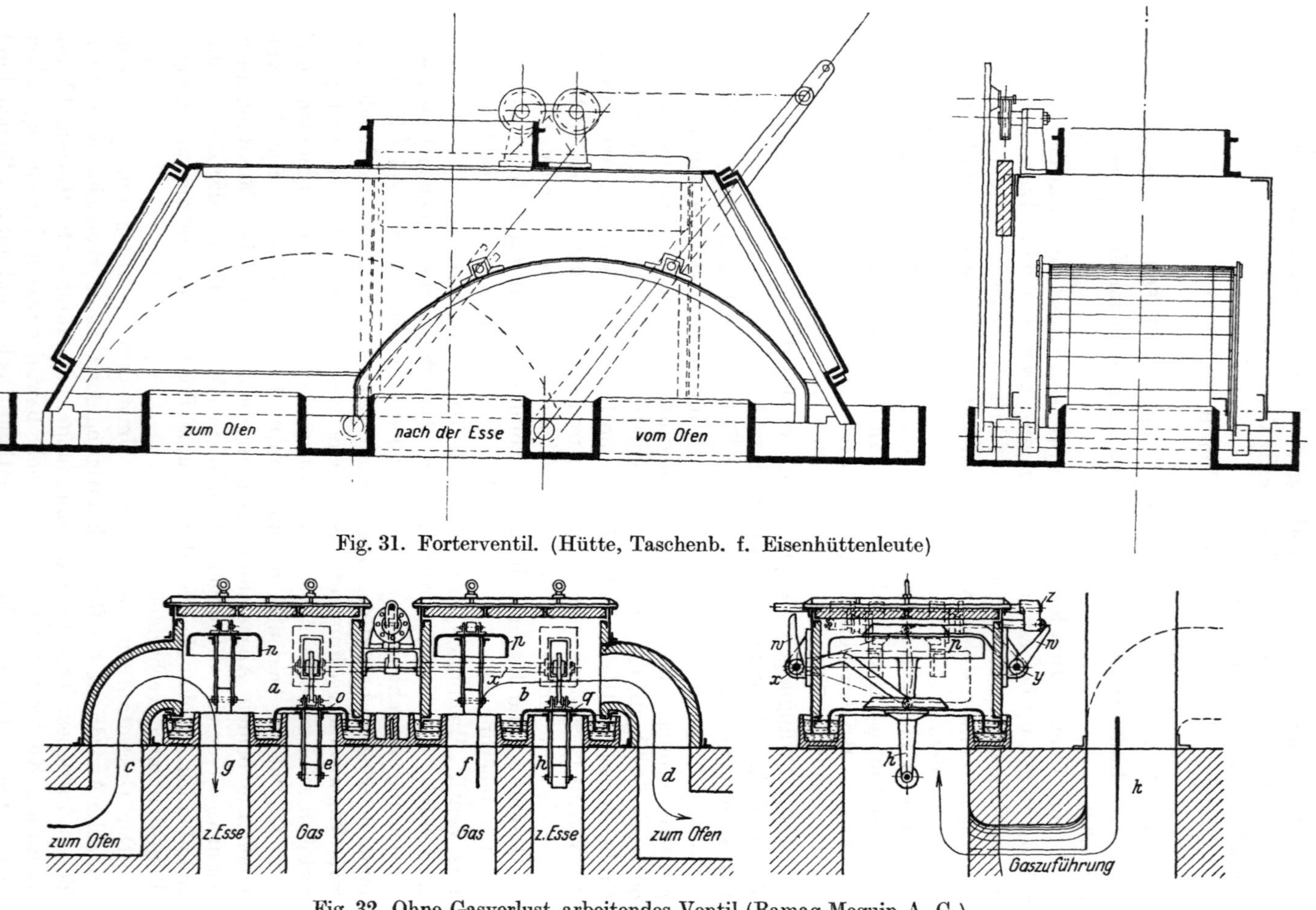

Fig. 31. Forterventil. (Hütte, Taschenb. f. Eisenhüttenleute)

Fig. 32. Ohne Gasverlust arbeitendes Ventil (Bamag-Meguin A.-G.)

In der Fig. 32 ist die Betätigung der Umsteuerung durch einen Preßzylinder dargestellt. Die Kolbenstange des Kolbens stößt bei der Bewegung gegen Hebel, die mit den Wellen verbunden sind, und bewirkt deren Drehung. Hierbei werden zuerst die anfänglich oben befindlichen Ventilteller gesenkt, so daß alle Öffnungen geschlossen sind, und dann erst die beiden anderen Ventilteller angehoben, womit der Umsteuervorgang beendet ist.

Wie schon hervorgehoben worden ist, vollzieht sich der Umsteuerungsvorgang, ohne daß Ofen, Gasleitung und Esse miteinander in Verbindung treten können. Die Gasverluste während der Umstellung werden hierdurch auf das geringste Maß beschränkt.

Instandhaltung und Ausbesserungsarbeiten des Ofens.

Die Arbeiten der fortwährenden, tagtäglichen bzw. nach jeder Schmelze durchzuführenden Instandhaltung bezwecken die Ausbesserung der vom Stahl- und Schlackenbade verzehrten Herdteile, die sorgfältigste Instandhaltung der Abstichöffnung, die gründliche Verschmierung der beschädigten Stellen der Einsatztüren, die Entfernung bzw. das Ausschmelzen der etwa gebildeten Bodenansätze und die Besorgung aller anderen ähnlichen notwendig erscheinenden kleineren Ausbesserungen.

Am meisten leiden selbstredend der Herdboden und die Schlackenzone. Ausgefressene Vertiefungen im Herde des basischen Ofens werden — nach Entfernung des zurückgebliebenen Stahles — mit gewöhnlicher Stampfmasse (Körnung 5 bis 20 mm) ausgefüllt und hierauf mit einem entsprechenden Werkzeug niedergeschlagen. Die Unebenheiten werden mit feingemahlenem Magnesitmehl (welches mit Kalkmilch befeuchtet wurde) ausgeebnet.

Die Ausbesserungen der Wände und Pfeiler sind mit Magnesitmehl, dem man zwecks leichterer Sinterbarkeit etwas Kalk oder Ton beigemengt hat, durchzuführen. Die auszubessernden Stellen müssen, um ein gutes und rasches Aufsintern, Abbinden der Masse zu sichern, vor Aufwerfen des Magnesits bzw. vor Anschmieren der Masse in der gewöhnlichen Betriebshitze sein.

Erfahrung und Geschicklichkeit ist notwendig auch bei der Ausbesserung der Schlackenzone, welche nach jeder Schmelze sorgfältig geprüft und ausgebessert werden muß. Die Magnesitmasse wird zu diesem Zwecke mittels Schaufel auf die fehlerhaften Stellen der Rückwand geworfen. Hat die Belegschaft nicht die genügende Erfahrung, so wird bei dieser Arbeit viel Magnesit verschwendet und der Überschuß fällt auf den Boden des Herdes.

Die Abstichöffnung soll mit der bereits erwähnten Stichlochmasse möglichst immer mit derselben Dichte eingestampft werden, damit man immer genau weiß, wieviel Zeit zum Öffnen des Stichloches notwendig ist.

Je mehr Schmelzen ein Siemens-Martin-Ofen hinter sich hat, desto größer wird die Zahl der reparaturbedürftigen Stellen, und desto umfangreicher werden diese Ausbesserungsarbeiten. Das Gewölbe und die Wände der Züge schmelzen allmählich ab, und oft sind wir gezwungen, diese Teile mit einer sog. Flickarbeit auszubessern. Solche Flickarbeiten sind immer am Platze, solange sich andere wertvolle, umfangreiche Teile des Ofens widerstandsfähig zeigen.

Bedingung ist dabei, daß das Flicken nicht mit einem zu großen Zeitaufwand bzw. einem zu großen Erzeugungsausfall verbunden ist. Das Flicken geschieht gewöhnlich mittels Maurerarbeit, welche in der nächsten Nähe hocherhitzter Wandflächen sehr schwer ist, Erfahrung und große Geschicklichkeit bedingt. Deshalb ist es wohl begründet, neuere, leichtere, einfachere Ausbesserungsarten zu suchen und anzuwenden. Die Anwendung des Torkret-Verfahrens zu solchen Zwecken scheint sehr geeignet zu sein. Dieses Verfahren arbeitet mit einer Spritzmasse und ist von *A. Schmitz* in „St. u. E."[1]) beschrieben. Das Torkret-Verfahren wendet eine besondere Spritzeinrichtung an

Fig. 33. Torkretierung einer Gießpfanne. (St. u. E. 1926, S. 13.)

Fig. 34. Torkretierter Gaszug. (St. u. E. 1926, S. 13.)

und besitzt den großen Vorteil, die feuerfeste Masse rasch und ohne Form in jeder gewünschten Stärke auf die Wandungen bringen zu können. Es ist wahrscheinlich, daß bei richtiger Wahl der Spritzmasse und bei richtiger Anwendung des Torkret-Verfahrens die Lebensdauer des Siemens-Martin-Ofens bedeutend verlängert werden kann. Fig. 33 und 34 zeigen die Torkretierung einer Gießpfanne und das Bild eines torkretierten Gaszuges.

Folgen die Flickarbeiten zu rasch aufeinander, oder vergrößern sich die auszubessernden Stellen allzusehr, vermindert sich die Leistung allmählich, so muß der Ofen außer Betrieb gesetzt und in mehreren wesentlichen Teilen ganz neu zugestellt werden. Diese großen Reparaturen dauern — je nach dem Umfang der zu erneuernden Ofenteile — acht bis vierzehn Tage, bedeuten also einen beträchtlichen Erzeugungsausfall. Die Zahl der zwischen zwei solchen Reparaturen gemachten Schmelzungen ist für die Haltbarkeit des betreffenden

[1]) St. u. E. 13 bis 16 (1926).

Siemens-Martin-Ofens bezeichnend und mit dem Begriffe der Ofenreise gleich. Für die Haltbarkeit des Ofens ist dennoch nicht die Ofenreise, sondern vielmehr der Verbrauch an feuerfesten Stoffen während der Ofenreise bzw. für die Gewichtseinheit des erzeugten Stahles maßgebend.

7. Die Anlage der Siemens-Martin-Öfen.

A. Die Anordnung der Anlagen.

Die Arbeitsvorgänge des Siemens-Martin-Verfahrens bedingen eine Anlagefläche, deren Länge auf Grund der Zahl der Ofeneinheiten und deren Breite auf Grund des eigentlichen Arbeitsvorganges bzw. der Anordnung der Hilfseinrichtungen und der Nebenbetriebe bemessen wurde. Daraus geht hervor, daß eine einwandfreie Anordnung der Anlageteile nur dort möglich ist, wo die zur Verfügung stehende Fläche — im gesagten Sinne — genügend lang und breit ist. Die Natur der zweckmäßigen Arbeitseinteilung bringt nämlich mit sich, daß die Zufuhr des flüssigen Roheisens und oft auch die Abfuhr der fertigen Stahlblöcke in der Richtung der Ofenlänge, die Leitung des Generatorgases und die Zufuhr der festen Einsatzstoffe hingegen in der Richtung der Ofenbreite geschieht. In der Längsrichtung der Ofenreihe liegen selbstredend auch die Laufbahnen sämtlicher Laufkrane.

Als Folge dieser Betrachtungen ergibt sich eine Anlage, bestehend aus Hallen und Plätzen, die in ihrer Längsrichtung — wie es die Figuren der Anlagen zeigen — nebeneinander liegen. Die Ofenhalle und die Gießhalle gehören naturgemäß eng zusammen, sind daher voneinander untrennbar und befinden sich oft unter demselben Dachwerk. Haben Ofen- und Gießräume eigene Hallen bzw. Dachwerke, so ist die Gefahr, daß von den zusammenlaufenden Dächern Regen und Schneewasser in die Abstichrinne fließt, nicht ausgeschlossen; dies kann höchst unangenehm, sogar gefährlich sein.

Die Reihenfolge der übrigen Hallen bzw. Plätze ist nicht immer dieselbe. Sie hängt davon ab, ob wir in die unmittelbare Nachbarschaft der Ofenhalle die Gaserzeugerhalle oder aber den Schrottplatz legen wollen. Die Gaserzeugerhalle kommt in dem Falle unmittelbar neben die Ofenhalle, wenn Gründe vorliegen, die fühlbare Wärme der Gase auszunützen, oder wenn zu befürchten ist, daß sich die Gaszusammensetzung in einer zu langen Leitung erheblich ändern bzw. daß das Gas — infolge Zersetzungen — größere Mengen von Ruß oder Teer ausscheiden wird. Eine zu große Entfernung zwischen Gaserzeugern und Ofenhalle ist auch schon deshalb unrichtig, weil dadurch die rasche und unmittelbare Fühlungnahme zwischen den Belegschaften der Gaserzeuger- und Ofenanlage erschwert, manchmal sogar unmöglich gemacht wird. Die unmittelbare Nachbarschaft der Gaserzeugeranlage und Ofenhalle bringt auch den — oft bedeutenden — Vorteil mit sich, daß einzelne Öfen mit abgesonderten Gaserzeugergruppen gehen können und somit der genaue Kohlenverbrauch der Öfen (etwa verschiedener Bauart) mit voller Sicherheit festgestellt werden kann. Auch die Möglichkeit verschiedener Vergasungs- und Feuerungsversuche ist nicht zu unterschätzen. Allen diesen Vorteilen steht allerdings die

Einfachheit und Einheitlichkeit einer gemeinschaftlichen Gasleitung für die ganze Ofenanlage gegenüber.

Von der unmittelbaren Nachbarschaft der Generatoren ist daher — auf Grund des Gesagten — stets ein wärmewirtschaftlicher Vorteil zu erwarten. Wenn aber dies dennoch nicht die meist übliche Anordnung der Anlageteile ist, so aus dem Grunde, weil die Zufuhr der Einsatzstoffe und Zuschläge zu den Öfen oft sehr umständlich und teuer wäre, wenn diese Stoffe die ganze Gaserzeugerhalle umgehen und vielleicht vor einer ganzen Reihe der Öfen unnützerweise vorbeifahren würden. Vom Standpunkte der Vereinfachung der Stoffbewegungen ist es daher zweckmäßiger, die Hallen so anzuordnen, daß in die Nachbarschaft der Ofenhalle der Schrottplatz kommt. Bei den größeren Stahlwerksanlagen bewegen sich nämlich zwischen Schrottplatz und Ofenhalle sehr große Mengen verschiedener Stoffe, und eben deshalb wäre es verfehlt, den Weg dieser Mengen auch nur um einige Meter zu verlängern. Die Möglichkeit, das Gas über den Schrottplatz auf dem kürzesten Wege, und zwar entweder durch gemauerte unterirdische Kanäle oder durch in den Boden gesenkte und in mit starkem Eisengitter bedeckte Gräben laufende Rohrleitungen, zu der Ofenhalle führen zu können, ist ohnedies gegeben. Diese freien Rohrleitungen sind den unterirdischen Kanälen gegenüber unbedingt vorzuziehen, da sie gegen Grundwassereinbrüche Gewähr bieten und außerdem innen und außen gut zugänglich sind.

Die zweckmäßigste Anordnung der Anlage scheint daher diejenige zu sein, bei welcher der Schrottplatz zwischen der Ofenhalle und den Gaserzeugern liegt, die Breite desselben jedoch nicht zu groß bemessen ist. Infolgedessen muß der Schrottplatz mit schnellarbeitenden, leistungsfähigen Kraneinrichtungen und zweckmäßig angelegten Gleisen und Gleisverbindungen versehen sein, damit die ganze Fläche des Schrottplatzes gut ausgenützt werden kann. Es sei bemerkt, daß bei den neuen Anlagen auch die Schrottplätze bedeckt werden, einesteils um die Leistungsfähigkeit der am Schrottplatz beschäftigten Belegschaft zu erhöhen, anderenteils um auch das Einsetzen von Schnee-, Eis- und Wassermengen in den Ofen vermeiden zu können. Es kann daher auch von einer Schrotthalle oder von einem Schrotthaus die Rede sein.

Die Hallen werden aus Eisenkonstruktion hergestellt und mit Wellblechdächern versehen. Die Wände sind teilweise gemauert, teilweise mit verschiebbaren bzw. (in Sommermonaten) aushebbaren Wellblechverschalungen besetzt. Die Breite der Ofenhalle ist gewöhnlich rund 20 m, die der Gießhalle ebensoviel oder um einige Meter größer, je nachdem eine kleinere oder größere Anzahl von Blöcken (großes oder kleines Blockgewicht!) gegossen wird. Manchmal muß in der Gießhalle sogar auch eine größere Stahlgießerei untergebracht werden. Die Höhe der Hallen wird der Natur der in ihnen geleisteten Arbeit entsprechend und auf Grund der Zahl von Laufkranbahnen der betreffenden Halle bestimmt. Die Länge der Ofen- und Gießhalle hängt von der Zahl der Öfen ab; zwischen zwei Öfen rechnet man je einen Zwischenraum, dessen Länge die gleichzeitige Ausbesserung der benachbarten Öfen, den sicheren Verkehr mit verschiedenen Geräten usw. zuläßt.

Fig. 35 stellt die Anlage eines deutschen Siemens-Martin-Stahlwerks, Fig. 36 und 37 Anlagen amerikanischer Siemens-Martin-Stahlwerke dar. Fig. 38 zeigt den senkrechten Querschnitt einer italienischen Stahlwerksanlage (entworfen und ausgeführt von der Demag A.-G., Duisburg) und Fig. 39 den Querschnitt des größten ungarischen Siemens-Martin-Stahlwerkes (Rimamurányer A.-G., Ózd) mit zehn 30-t-Öfen und einem Mischer-Ofen. In Fig. 40 ist die Innenansicht einer Gießhalle, in Fig. 41 die Ansicht eines Schrottplatzes dargestellt. Zu der amerikanischen Anlage (Fig. 36) auf S. 88 ist zu bemerken, daß in der Gießgrube mit Kran in auf Wagen stehende Blockgußformen vergossen wird. Der Hilfskran dient für die Rinne. In der Ofenhalle wird flüssiges Roheisen mit Kran in den Ofen gegossen und der Schrott durch eine 5-t-Beschickungsmaschine in den Ofen gestoßen. Der Unterofen ist langgestreckt, mit wassergekühlten Schieberventilen und Abhitzekessel. Eine Nebenhalle des Hauptgebäudes enthält die Verschiebegleise für Schrott und Rohstoffe. Die Gaserzeugerhalle ist durch oberirdische Leitungen mit jedem Ofen verbunden.

Fig. 42 gibt das Bild eines neuzeitlichen Stahlwerkmodells aus Leichtmetall, ausgestellt im „Deutschen Museum", gestiftet und ausgeführt von der Demag A.-G., Duisburg.

Steht die Baufläche nicht in derart reichlicher Breite bzw. Länge zur Verfügung, wie es am zweckmäßigsten wäre, so ist das Entwerfen der Stahlwerksanlage eine sehr ernste Aufgabe, von deren Lösung oft die Wirtschaftlichkeit des ganzen Werkes abhängt. Verschiedene solche Fälle, welche in dieser Hinsicht vielleicht als Beispiele dienen können,

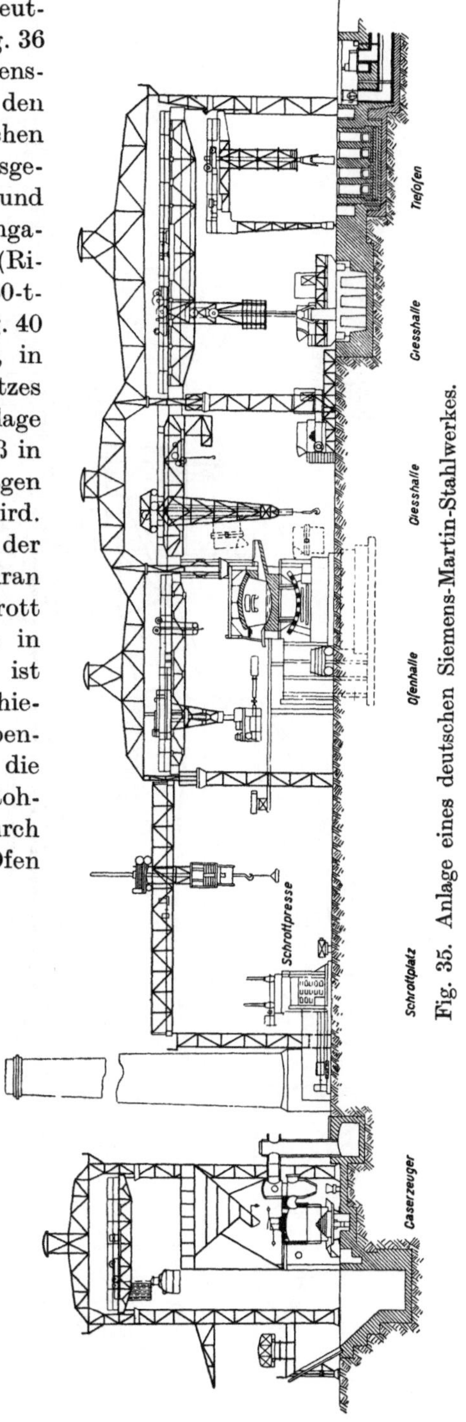

Fig. 35. Anlage eines deutschen Siemens-Martin-Stahlwerkes.

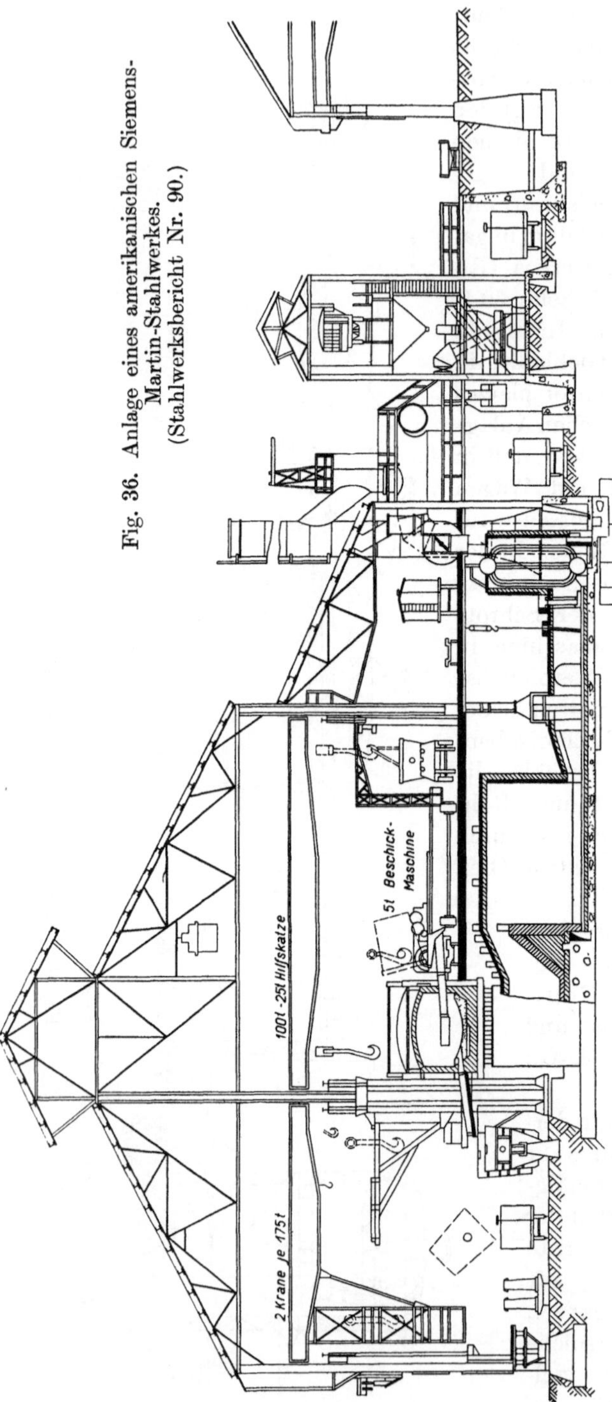

Fig. 36. Anlage eines amerikanischen Siemens-Martin-Stahlwerkes. (Stahlwerksbericht Nr. 90.)

bespricht *H. Hermanns* in seinem Werk über das moderne Siemens-Martin-Stahlwerk[1]).

B. Die Einrichtung der Stahlwerksanlagen.

Da diese recht mannigfaltig sein können, sollen an dieser Stelle nur diejenigen besprochen werden, welche vom Standpunkte des Hüttenmannes am wichtigsten sind bzw. mit dem Ofen und mit dessen Betriebe in engerem Zusammenhang stehen. Unter diesen sind in der Hauptsache Einrichtungen von großer Bedeutung, welche zum Einsetzen des Einsatzgutes und Vergießen des flüssigen Stahles dienen.

Die Arbeitsbühne. Die Arbeitsbühne ist eine auf Säulen gelegte Eisenkonstruktion, die mit gußeisernen Platten belegt ist. Gewalzte Bleche, obwohl sie leichter sind als gußeiserne Platten, sind doch nicht von Vorteil, da sie unter dem Drucke schwerer Gegenstände eingebogen, bleibend verformt werden. Die Arbeitsbühne wird mit der Eisenkonstruktion der Ofen-

---

[1]) *H. Hermanns:* Das moderne Siemens-Martin-Stahlwerk. Halle 1922, S. 23 bis 34.

halle gleichzeitig hergestellt, wodurch dann auch der Bau des Ofens erleichtert wird. Die Höhenlage der Arbeitsbühne wird je nach der Höhenlage des Herdes bestimmt, so daß die Oberkante der Arbeitsbühne um rund 0,75 m unter der Schaffplatte der Ofentür liegen soll. Die Höhenlage derselben über der Hüttenflur hängt von der Höhe der Kammern (oberhalb der Hüttenflur) ab und ist gewöhnlich ungefähr 4 m. Teile der Arbeitsbühne sind in Figuren einiger Anlagen und Öfen ersichtlich.

Die Einsetzmaschine. Zum Einsetzen dienen Einsetzmaschinen, Einsetzkrane. Diese sind schnellarbeitende Laufkrane oder auf dem Gleise der Arbeitsbühne laufende Krane, deren Schwengel die beladene Einsatzmulde aufnimmt, zum Ofen führt, in diesen hineinstößt und dort entleert. Trotz der vielerlei Bewegungen dieser Einsetzkrane ist ihre Arbeit sicher und rasch, so

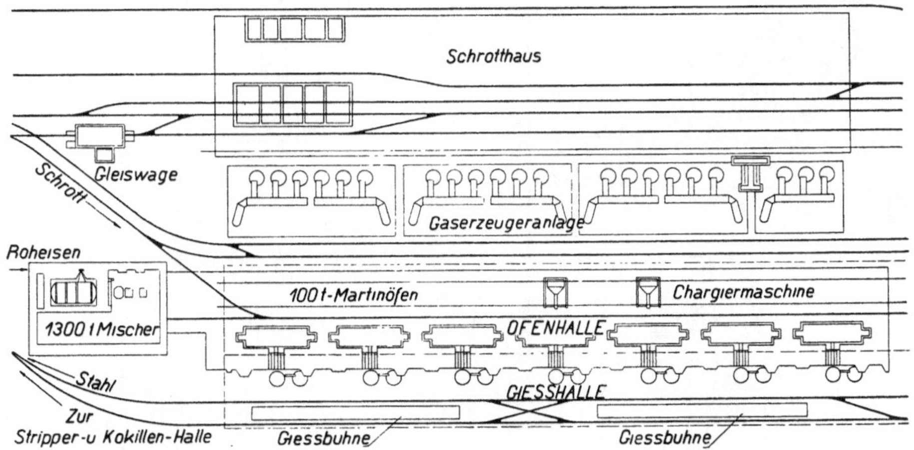

Fig. 37. Grundriß eines amerikanischen Siemens-Martin-Stahlwerkes. (Stahlwerksbericht Nr. 90.)

daß manchmal (wenn der Anteil des flüssigen Roheisens größer ist) ein einziger solcher Kran auch zur Bedienung von vier, sogar fünf Öfen genügt. In der Regel wendet man zu je drei Öfen einen Kran an. Die Anwendung eines Laufkranes ist allerdings zweckmäßiger, da ein auf der Arbeitsbühne verkehrender Kran auch die Belegschaften anderer Öfen stören kann, und weil man ein auf die Arbeitsbühne gelegtes Gleis nur schwerlich jederzeit ganz frei und rein halten kann. In Fig. 43 ist der Einsetzkran in der Stellung zu sehen, wie er die beladene Mulde von der Muldenbank abholt, in Fig. 44 (hinter der Roheisenpfanne) in der Stellung, wie er die Mulde dem Ofen zuführt. Zum Fassen der Mulde wird der Schwengel in den Ausschnitt des Muldenkopfes eingeführt und darin mechanisch verriegelt. Die Muldenbank liegt zwischen den Gebäudesäulen am Rande der Arbeitsbühne. In diesen Raum reichen von außen die Ausleger der Muldenkrane mit ihren Greiferbügeln herein, um die beladenen Mulden vom Schrottplatz herbeizuschaffen. Diese Greiferbügel der Ausleger (mit drei beladenen Mulden) sind in Fig. 43 gut sichtbar.

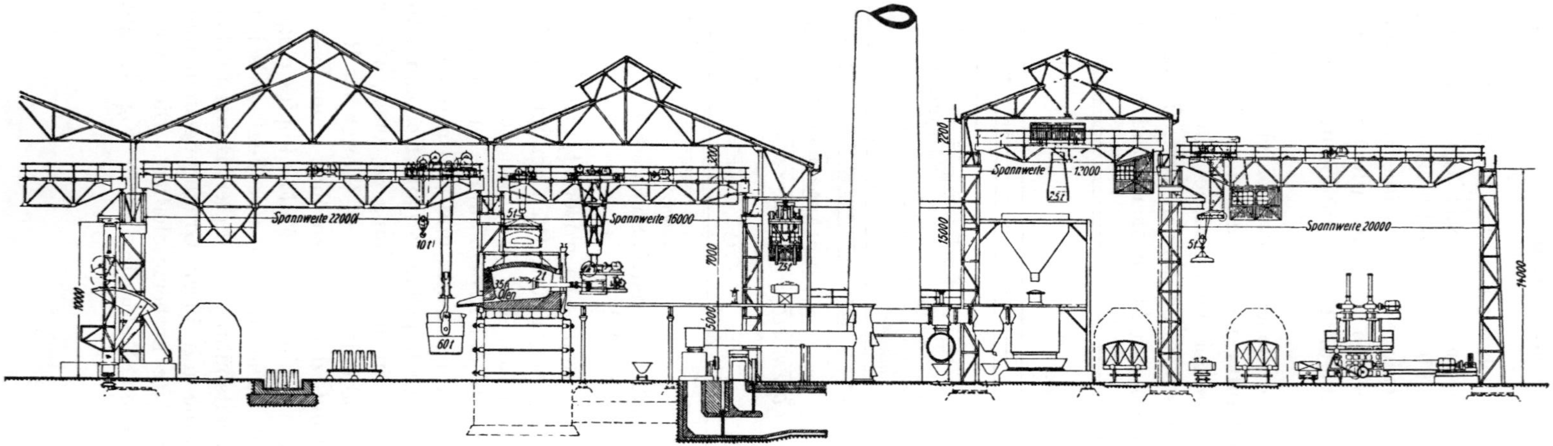

Fig. 38. Anlage eines italienischen Siemens-Martin-Stahlwerks. (Entworfen u. ausgeführt von der Demag A.-G.)

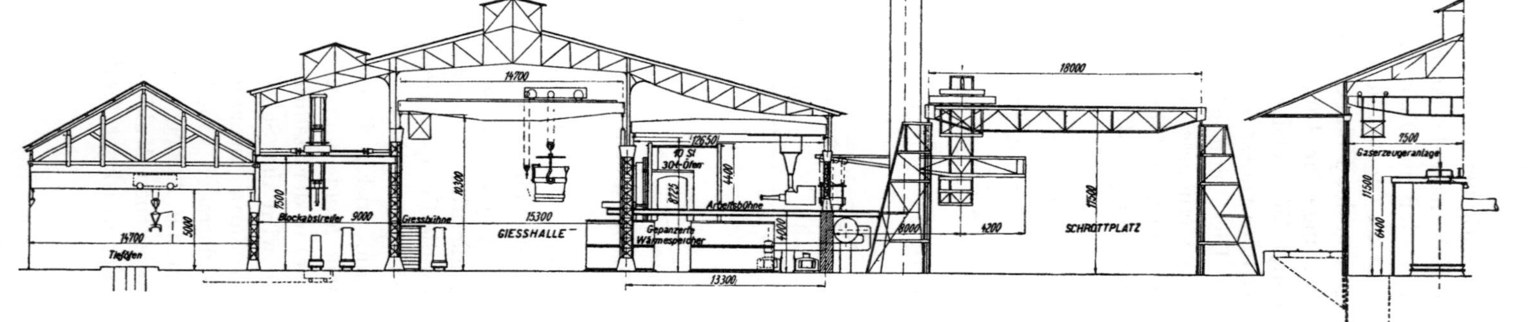

Fig. 39. Anlage eines ungarischen Siemens-Martin-Stahlwerks. (Rimamurányer A.-G., Ózd.)

Fig. 40. Innenansicht einer Gießhalle.

Vom Mischer wird das flüssige Roheisen mittels eines Roheisen-Transportkranes, oder, ist kein Mischer vorhanden, so wird es in der auf den Roh-

Fig. 41. Ansicht eines Schrottplatzes.

eisen-Transportwagen gesetzten Pfanne vom Hochofen herbeigebracht. Das flüssige Roheisen kann mittels einer verschiebbaren Rinne durch die Einsatztür oder von der Seite der Gießhalle eingegossen werden, in welchem Falle

Fig. 42. Modell eines neuzeitlichen Siemens-Martin-Stahlwerkes. (Deutsches Museum, München; gestiftet von der Demag A.-G., Duisburg.)

an dieser Seite des Ofens eine besondere Öffnung angebracht werden muß, die mit einer entsprechenden Rinne versehen ist. Das Eingießen von der Seite der Gießhalle ist in Fig. 35 auf S. 87 dargestellt.

Fig. 43. Mulden-Beschickkran (Einsetzmaschine) der Demag.

Die Stahlgießpfanne. Die Gießpfanne ist in Fig. 40 in der Stellung sichtbar, wie sie vom Gießkran auf die vor der Abstichrinne des Ofens stehenden Böcke gesetzt wird. Die Gießpfanne wird aus gewalzten Blechen hergestellt und hat an ihrem Tragring zwei Zapfen, auf welchen sie in Kranhaken und in

Lagern der Böcke ruht, und um welche die Pfanne auch kippbar ist. Die Gießpfannen werden mit besten Schamottesteinen ausgekleidet, und zwar gewöhnlich in zwei Lagen. Die innere Lage hält 10 bis 30 Schmelzen aus und

Fig. 44. 60-t-Pfannenkran der Demag A.-G. (Flüssiges Roheisen in den Ofen einkippend.)

muß nach diesen ganz erneuert werden. Diese Art der Ausmauerung, d. h. die Ausmauerung in zwei Lagen, und Einzelheiten derselben sind in Fig. 45 dargestellt. Sehr wichtige und empfindliche Teile der Gießpfanne sind der Ausguß und der Stopfen. Der Stopfen wird mittels Stopfenstange in senkrechter

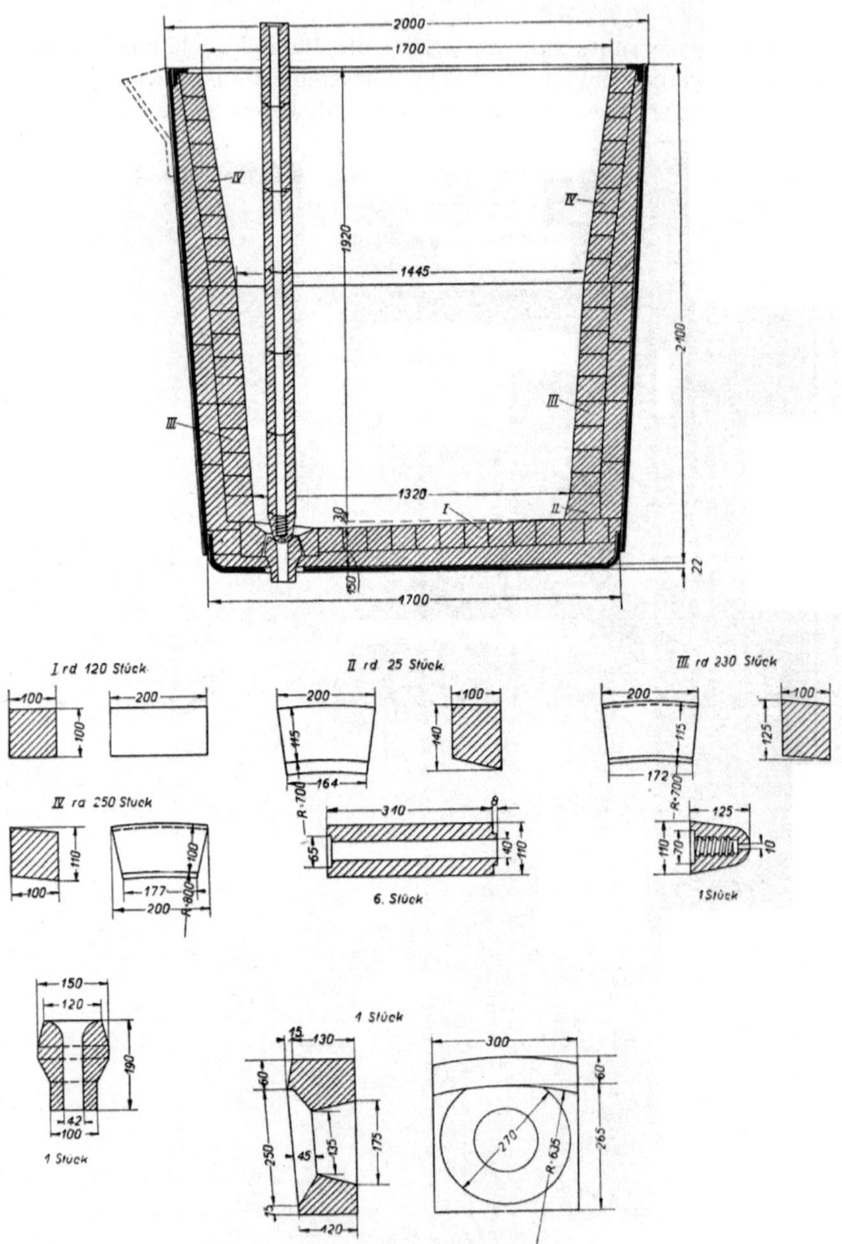

Fig. 45. Ausmauerung einer Stahlgießpfanne. (St. u. E. 1908 S. 1658.)

Richtung bewegt, indem er den Ausguß öffnet oder verschließt. Ausgüsse und Stopfen sind nach jeder Schmelze durch neue zu ersetzen; man hat für das genaue und sichere Schließen derselben stets zu sorgen und darüber sich vor jeder Schmelze wiederholt zu überzeugen. Die stählerne Stopfenstange wird selbstverständlich ebenfalls mit Schamottesteinen, Schamotteröhren umhüllt. Die Stopfen und Ausgüsse werden auch aus bester Schamotte (nur selten aus Graphit) hergestellt. Eine Hebevorrichtung der Stopfenstange ist in Fig. 46 dargestellt. Machen das Vergießen von kleineren Blöcken oder andere Gründe erwünscht, daß die Pfanne rascher entleert bzw. der Stopfen nicht so oft geschlossen und geöffnet wird, so wendet man je zwei Ausgüsse und Stopfenstangen an, welch letztere mit einer gemeinsamen Hebevorrichtung in Bewegung gesetzt werden können. Diese Anordnung gibt Fig. 47 wieder. Der an dieser Figur dargestellte Gießwagen wird — anstatt des Gießkranes — in dem Falle angewendet, wenn es sich um das Vergießen kleinerer Stahlmengen (höchstens etwa 20 t) handelt.

Zur Aufnahme der Schlacke dienen die Schlackentöpfe (Fig. 40) auf S. 91.

Die entleerten Stahlgießpfannen werden zwecks Abkühlung, Ausbesserung oder Torkretierung auf in der Gießhalle angebrachte Böcke gesetzt, welche den vor den Öfen stehenden vollkommen gleich sind (vgl. Fig. 40).

Die Pfanne wird vor jedem Abstich zur Aufnahme des flüssigen Stahles entsprechend vorgewärmt; dies geschieht am zweckmäßigsten auf den Böcken vor der Abstichrinne in der Stellung der Pfanne, in welcher sie den flüssigen Stahl aufnehmen soll. Dieses Vorwärmen geschieht mit Generatorgas, und zwar mittels einer ausschwenkbaren Abzweigung der Gasleitung. Damit sich die Flamme der Ausmauerung anschmiege, empfiehlt sich, an dem Rohr des Brenners in der Höhe des unteren Drittelteils der Pfanne eine Blechscheibe anzuwenden.

Das Vergießen des Stahles geschieht an vertieften Stellen der Gießhalle, in den sog. Gießgruben, deren Seitenwände mit gußeisernen Platten gepanzert sind. Die Gießgrube benutzt man gewöhnlich beim Gießen von kleineren Blöcken sowie beim steigenden Guß; in diesem letzteren Falle geschieht das Gießen durch einen Trichter auf der sog. Gespannplatte. Diese ist eine (120 bis 140 mm) starke gußeiserne Platte, welche mit entsprechenden Kanälen versehen ist, um die Kanalsteine aufnehmen zu können.

Das Vergießen großer, schwerer Blöcke geschieht gewöhnlich von der Gießbühne in Blockformen, welche auf flachen Blockwagen stehen (s. Fig. 40). Nachdem der Abstreiferkran von den noch glühenden, jedoch bereits erstarrten Blöcken die Blockgußformen abgestreift hat, werden die Blöcke — noch glühend — auf dem Blockwagen stehend zu den Wärmöfen des Walzwerkes hinübergeführt.

Die Blockgußformen (Kokillen). Die Blockgußformen haben den Zweck, dem Stahle Querschnitt, Länge und Stückgewicht zu geben, wie diese den Forderungen des Walzwerkes bzw. des weiterverarbeitenden Werkes entsprechen. Der lichte Querschnitt der Blockformen ist gewöhnlich ein Quadrat mit abgerundeten Ecken und nur ausnahmsweise sechs- oder mehreckig (für Schmiedezwecke) oder rund (für Rohrwalzwerke). Zum Vergießen kleiner Blöcke sind oft auch zwei- und vierläufige Blockformen gebräuchlich. Die richtige Wahl

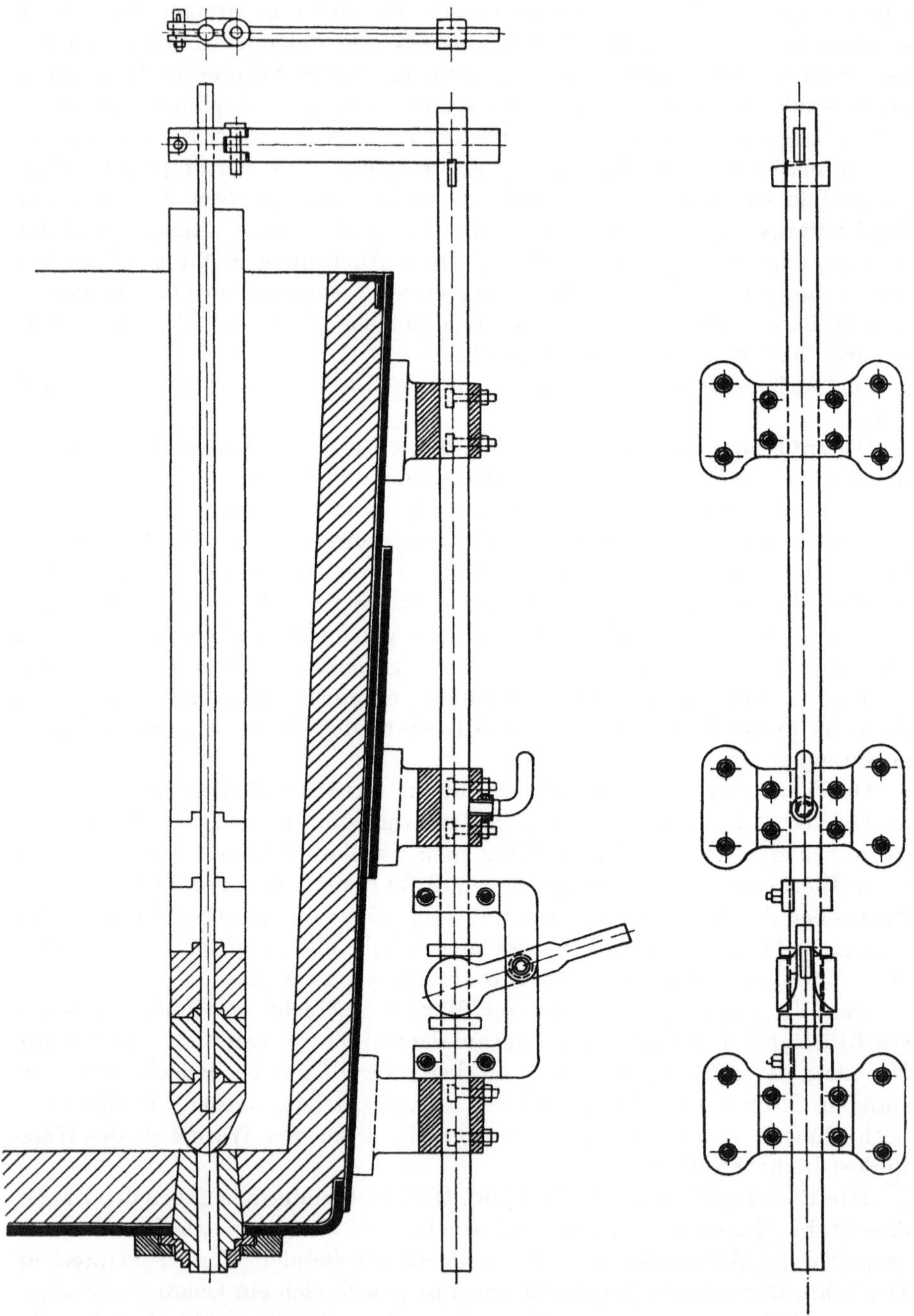

Fig. 46. Stopfenhebevorrichtung einer Gießpfanne.
(Jünkerather Gewerkschaft.)

der Stoffbeschaffenheit von Blockformen ist äußerst bedeutungsvoll, nicht nur, weil diese einen beträchtlichen Teil der Gestehungskosten ausmachen, sondern auch, weil die Anwendung von Kokillen von unzweckmäßiger Beschaffenheit unsaubere Blockoberflächen zur Folge hat und auch das Abstreifen der Kokillen von den Blöcken erschwert. Einer guten Kokille gegenüber stellt man also die Forderung, daß sie möglichst viele Güsse aushalten und ihre innere Oberfläche auch nach längerem Gebrauch möglichst glatt und sauber erhalten soll.

Die Blockformen werden im allgemeinen aus Gußeisen (P-armes Hämatiteisen) und nur ausnahmsweise aus Stahl hergestellt. Die gußeisernen Kokillen zeigen nämlich keine Neigung zum Zusammenschweißen mit dem Stahlblock,

Fig. 47. Gießwagen und Stahlpfanne mit zwei Stopfen. (Jünkerather Gewerkschaft.)

wodurch die inneren Flächen solcher Blockformen viel länger glatt bleiben als die Stahlkokillen. Die gußeisernen Blockformen verziehen sich auch weniger als die stählernen. Die Ansicht, daß Stahlkokillen zum Vergießen von Stahlblöcken durchwegs ungeeignet wären, ist jedoch irrig. Verf. hatte jahrelang Gelegenheit, im Eisen- und Stahlwerk Krompach mit Stahlkokillen Erfahrungen zu machen, da das erwähnte Stahlwerk während des Krieges gute Graugußkokillen nicht erhalten konnte und selbsterzeugte Stahlkokillen zu verwenden gezwungen war. Über die Krompacher Erfahrungen mit Stahlkokillen berichtet der Betriebsleiter des Stahlwerkes — der die Stahlkokillen dort eingeführt hatte — *Fr. Schivetz*[1]) und stellt fest, daß Stahlkokillen, deren Zusammensetzung

[1]) Dipl.-Ing. *Fr. Schivetz:* Zur Frage der Verwendung von Stahlkokillen statt Graugußformen. St. u. E. 1897 (1922).

C	0,34 bis 0,36	Proz.
Mn	0,40 „ 0,50	„
P	0,08	„
Si	0,05	„
S	0,04	„

war, und welche auf einen aus Magnesit hergestellten Kern gegossen wurden, 270 Güsse aushielten. Da diese Haltbarkeitszahl — der der Graugußformen gegenübergestellt — sehr günstig ist, steht es außer Zweifel, daß mit Stahlkokillen beträchtliche wirtschaftliche Vorteile erreicht werden können. Allerdings haben die in Graugußformen gegossenen Blöcke viel saubere Oberfläche als die Blöcke, welche in bereits längere Zeit in Gebrauch stehende Stahlkokillen gegossen wurden. Die Versuche, welche in Krompach gemacht wurden, haben bewiesen, daß die Graugußkokillen keinesfalls unersetzlich sind, vielmehr die Stahlkokillen oft sehr gute Dienste leisten können.

Wird in Betracht gezogen, daß der Verbrauch an gußeisernen Kokillen stets erheblich ist — daß sie nur ungefähr 100 bis 150 Güsse aushalten —, so empfiehlt es sich, die Blockformen sorgfältig zu behandeln. Diese Behandlung der Kokillen besteht aus Abkühlen, Reinigen und vielleicht Ausschmieren derselben. Das Abkühlen geschieht in der Weise, daß die von den Blöcken abgestreiften Kokillen nach jedem Guß auf den Kühlrost gestellt werden. Dieser Kühlrost wird gewöhnlich aus alten oder Ausschußschienen zusammengestellt und im Innern der Gießhalle untergebracht. Das Reinigen der Kokillen wird im kalten Zustande derart bewerkstelligt, daß sie auf dem Krane hängend mit einer Drahtbürste inwendig tüchtig abgebürstet werden. Fehlerhafte Stellen werden gewöhnlich mit verschiedenen, gut anhaftenden, feuerfesten Massen mittels eines Pinsels verschmiert.

Die Kokillen sollen in nicht zu hohem Gewicht, aber selbstverständilch doch mit solcher Wandstärke hergestellt werden, daß die Haltbarkeit befriedigend sein kann. Vom Gesichtspunkte der Haltbarkeit aus ist es besonders günstig, wenn die Länge der Kokillen im Verhältnis zu ihrem Querschnitt nicht zu groß ist, und wenn der innere Querschnitt der Blockformen sich nach oben entsprechend verringert. Diese Forderungen haben sich allerdings in der Hauptsache den Ansprüchen des weiterverarbeitenden Werkes anzupassen.

Die Einrichtung der Schrottplätze. Am wichtigsten sind hier die zweckmäßig angeordneten Gleise für normal- und schmalspurige Wagen sowie die Krane für das Entladen der Eisenbahnwagen und Beladen der Mulden. Letztere sind Laufkrane, die das Entladen und Beladen meistens mit einem Hebemagnet bewerkstelligen. Die Ausleger dieser Krane sind auch mit den bereits erwähnten Greiferbügeln versehen, um die mittels des Hebemagnets beladenen Mulden in die Ofenhalle bzw. auf die Muldenbank derselben schaffen zu können. Zum Verschieben der Eisenbahnwagen auf den Schrottplätzen haben sich elektrische Verschiebespillen sehr gut bewährt.

Größere Schrottplätze sind auch mit Schrottscheren und Schrottpressen ausgerüstet, um zu große Stücke zerstückeln, lockere Blech- und Drahtabfälle zu dichteren Paketen pressen zu können. Am Schrottplatz müssen auch entsprechende Wagen vorhanden sein. Die Ansicht des Schrottplatzes sowie Einzelheiten der Ausrüstung sind in Fig. 41 auf S. 92 sichtbar.

Die Ausrüstung der Siemens-Martin-Werke wird noch durch eine Mahlanlage ergänzt, in welcher die feuerfesten Stoffe, Magnesit, Dolomit, gemahlen werden. Hier finden auch die Misch- und Teervorwärmeranlagen ihren Platz. Für Stoffe, die vor Nässe zu schützen sind (feuerfeste Stoffe, Eisenmangan, Kalk), hat man in der Nähe ebenfalls gedeckte Räume vorzusehen.

8. Selbstkostenberechnung des Siemens-Martin-Stahles.

Die Selbstkosten setzen sich zusammen aus mit dem Betriebsgang, mit der Stahlerzeugung unmittelbar, und aus nur mittelbar mit ihr zusammenhängenden Geldwerten. In die erste Gruppe gehören die Ausgaben, welche — im allgemeinen — um so größer sind, je größer die Erzeugung ist, bzw. die Ausgaben, welche mit der steigenden Erzeugung wachsen, wenn auch nicht im gleichen Verhältnis. Solche Ausgaben sind z. B. Beschaffungspreise der Einsatz- und Zusatzstoffe, die Geldwerte der Ofenbaustoffe, die Löhne der Betriebsbelegschaft (Ofen- und Gießhalle, Schrottplatz, Gaserzeugeranlage usw.), die Selbstkosten der Kokillen und ähnliche Ausgaben. In die zweite Gruppe gehören die auf das Stahlwerk fallenden Teile der Ausgaben allgemeiner Natur, wie Steuer, Gehälter, allgemeine Unkosten usw.

In Anbetracht dessen, daß der Geschäftsgewinn (Unternehmungsgewinn) von der Höhe der Gestehungskosten (Selbstkosten) abhängt, stellt man die Selbstkostenberechnungen der Stahlwerke in möglichst kurzen Zeitabständen — in der Regel monatlich — zusammen. Damit ist dem Betriebsleiter die Möglichkeit gegeben, klar feststellen zu können, wie er die Verhältnisse seines Betriebes den wirtschaftlichen, geschäftlichen Anforderungen anzupassen hat. Da die eine Gruppe der Ausgaben mehr oder weniger gleich bleibt und die andere nur im Falle großer Monatsleistungen günstig ausfallen kann, muß man einsehen, daß eine Selbstkostenberechnung für die Beurteilung des Betriebsganges nur dann eine richtige Grundlage bietet, wenn der Betrieb im fraglichen Monat voll oder annähernd voll beschäftigt war.

Umstehend ist die Selbstkostenberechnung eines Siemens-Martin-Stahlwerkes (mit fünf 26 bis 30-t-Öfen) zusammengestellt, das dem Verf. lange Zeit hindurch nahegestanden hat. In Anbetracht dessen, daß die Materialpreise in Mitteleuropa noch immer nicht beständig sind, scheint es zweckmäßig zu sein, als Beispiel eine Selbstkostenberechnung aus der Zeit vor dem Weltkriege vorzunehmen. Das in Rede stehende Stahlwerk war gut beschäftigt, arbeitete mit Schrottverfahren und hatte eine Jahresleistung von 130 000 t.

Es sei zu den Selbstkostenberechnungen noch Folgendes bemerkt. Ist infolge eines hohen Mn-Gehaltes in der Schlacke die Möglichkeit gegeben, die Schlacke des Siemens-Martin-Stahlwerkes im Hochofen zu verwerten, so kommt dieser Geldwert der Schlacke von dem obigen Selbstkostenpreis in Abzug. Die Stoffpreise des Einsatzgutes machen den größten Teil (rund 80 Proz.) der Selbstkosten des Stahles aus. Unter den übrigen Posten der

Zahlentafel 7. Selbstkostenberechnung.

		kg	Einzeln M	Zusammen M
Generatorkohle		26,6	—	0,49
Einsatz:	Roheisen, flüssig	53,8	3,66	
	„ fest	13,6	0,93	
	Schrott	35,6	2,42	
	Eisenmangan	0,4	0,08	7,09
Zuschläge:	Eisenerz	6,8	0,19	
	Walzsinter	3,7	0,03	
	Kalkstein	6,2	0,01	
	gebr. Kalk	3,0	0,04	0,27
Blockgußformen (Kokillen)				0,17
Feuerfeste Stoffe:	für Gaserzeuger		0,02	
	„ Öfen		0,26	
	„ Pfannen und Gespannplatten[1])		0,08	0,36
Verschiedene Stoffe:	Schmieröle, Walz- und Gußware usf.			0,08
Arbeitslöhne:	bei den Öfen		0,11	
	„ Gießhalle, Gaserzeuger		0,08	
	„ Maurerlöhne		0,05	
	„ Kranführer und Maschinisten		0,14	0,38
Rechnung der Werkstätten und der elektr. Zentrale				0,07
Allgemeine Werksregie (Gehälter, Steuer usf.)				0,07
			Selbstkosten für 100 kg Stahl	M 8,98

Selbstkostenberechnung beträgt selbst der verhältnismäßig größte nur rund 5 Proz. der Gestehungskosten. Die größten Posten sind stets die Kosten der Gaserzeugerkohle, der Arbeitslöhne, der feuerfesten Stoffe und die der Kokillen (Blockgußformen), welch letztere um so mehr ausmachen, je mehr kleine Blöcke zu erzeugen sind. Das massenhafte Vergießen solcher kleinen Blöcke beeinflußt — infolge Anwendung des steigenden Gusses bzw.

Zahlen-

Betriebsergebnisse und Kosten je Tonne

Schmelze Nr.	Bezeichnung der Schmelze	Analyse des Roheisens C proz.	Si proz.	P proz.	Mn proz.	S proz.	Eisen aus dem Erz kg
1	Schrott	4,30	0,75	0,20	1,—	0,04	0
2	Normalroheisen	4,30	0,75	0,20	1,—	0,04	2155
3	Normalroheisen, Erz mit wenig Kieselsäure	4,30	0,75	0,20	1,—	0,04	2155
4	Manganreiches Roheisen	4,30	0,75	0,20	2.—	0,04	2355
5	Manganreiches Roheisen, Erz mit wenig Kieselsäure	4,30	0,75	0,20	2,—	0,04	2355
6	Übermäßiger Kalksteinzusatz	4,30	0,75	0,20	1,—	0,04	2155
7	Siliciumreiches Roheisen	4,30	1,75	0,20	1,—	0,04	3050
8	Phosphorreiches Roheisen	4,30	0,75	0,70	1,—	0,04	2600

[1]) Rund 70 Proz. der Gesamterzeugung wurden auf 3-t-Blöcke und 30 Proz. auf kleinere Blöcke (200 bis 250 kg) abgegossen.

der teuren Kanalsteine — auch die Gesamtkosten der feuerfesten Stoffe ungünstig. (Dieses Mehr zahlt sich selbstredend im Walzwerk reichlich zurück.)

Nachdem die chemische Zusammensetzung und die Anteilverhältnisse der Einsatzstoffe einen großen Einfluß auf die Dauer der Schmelze und auf die Menge der Zusatzstoffe (Fe Mn, Fe Si usw.) ausüben, ist es ganz außer Zweifel, daß mit einer längerdauernden Änderung der Einsatzverhältnisse auch die Selbstkosten des erzeugten Stahles eine Änderung erfahren müssen. Es ist ganz außer Zweifel, daß außer dem Kohlenstoffgehalt des Bades hauptsächlich die Si-, P- und S-Mengen des Einsatzes diejenigen sind, deren Herunterfrischen mit beträchtlicherem Kostenaufwand verbunden ist. Der zahlenmäßige Einfluß verschiedener Einsatzverhältnisse auf die Selbstkosten des Siemens-Martin-Stahles wurde u. a. von *C. L. Kinney* (South Chicago) erforscht[1]). Die Ergebnisse der Versuche sind in Zahlentafel 8 zusammengestellt.

Kinney fügt noch hinzu, daß „der Einsatz bei der Schrottschmelzung 15 890 kg flüssiges Roheisen und 29 500 kg Schrott betrug. Bei allen anderen Schmelzungen 29 510 kg Roheisen und 15 890 kg Kernschrott mit wechselndem Erzzusatz. Das Erz mit wenig Kieselsäure enthält 4,62 Proz. SiO_2 gegenüber 9,29 Proz. SiO_2 in den anderen Fällen". Die verschiedenen Dollarzahlen zeigen, daß es vorteilhafter ist, SiO_2-arme Erze zu verarbeiten, weiter, daß die Entschweflung mit großem Kalkaufwand zu teuer ist. Die P-reichen Einsätze verteuern selbstredend die Schmelzungen. *Kinney* hebt die günstige Wirkung des im Bade zurückbleibenden Mangans besonders hervor. Je mehr es ist, desto kleiner wird der Aufwand an teurem Eisenmangan, und desto günstiger fällt der Abbrand aus.

tafel 8.
Stahl bei verschiedenem Einsatz.

Gesamteinsatzgewicht kg	Zurückbleiben des Mangan proz.	Zuschlag an 80-prozentigem Ferromangan kg	Gewicht der Schlacke kg	Eisen in der Schlacke kg	Kosten je t Rohblöcke $
45400	0,24	188	1817	243	29,11
47555	0,20	241	5182	785	30,70
47555	0,23	205	8610	578	30,27
47755	0,34	70	5428	650	30,27
47755	0,40	25	4200	427	29,77
47555	0,16	285	7017	1150	31,57
48450	0,12	335	9480	1645	32,21
48000	0,16	290	6500	871	31,12

[1]) Am. Inst. Min. Met. Eng. 1924. S. 136—166. Vergl. St. u. E. 1077 (1925), Bericht von *H. Knickenberg.*

9. Die Wärmewirtschaft der Siemens-Martin-Öfen.

A. Die Wärmebilanzen.

Da in metallurgischen Ofenbetrieben der Ausnützungsgrad der von dem Ofen verbrauchten Wärmemengen den Hauptfaktor einer am Ende in Geldwert auszudrückenden Wirtschaftlichkeit bildet, so folgt daraus, daß die wärmewirtschaftliche Untersuchung und Überwachung der Siemens-Martin-Ofenbetriebe von großer Bedeutung ist. Das Gewicht und der Geldwert der Kohle bzw. des Brennstoffes und der übrigen Stoffe, die zur Herstellung der Gewichtseinheit eines im Siemens-Martin-Ofen erzeugten fertigen Stahlblocks erforderlich sind, können der Selbstkostenberechnung (s. Kapitel 8) entnommen werden. Allein mit Hilfe der Wärmerechnung — im Rahmen einer Wärmebilanz — ist es aber nur möglich, zu bestimmen: wieviel wurde von dem Heizwerte des Brennstoffes für die mit dem Endziele (mit der Stahlerzeugung) unmittelbar zusammenhängenden, für das Endziel unumgänglich notwendigen Vorgänge verbraucht, und wieviel ist von diesem Heizwerte — in diesem Sinne — in Verlust gegangen. Die Wärmerechnung und Wärmebilanz haben in unserem Falle also die große Bedeutung, daß sie auf die Größe der Wärmeverluste, die während der Energieumwandlungen des Siemens-Martin-Verfahrens eintreten, sowie auf das Verhältnis dieser Verluste zu dem ganzen Energieverbrauch des Prozesses klar hinweisen. Damit wird selbstverständlich zugleich auf jenes wärmewirtschaftliche Gebiet hingewiesen, auf dem der Betriebsmann stets allmähliche Verbesserungen erstreben muß.

Die Wärmebilanz wird auf dem Grund aufgestellt, daß man die Heizwerte des zur Herstellung des fertigen Stahlblocks (1 t) verbrauchten Heizgases, der fühlbaren Wärme von Gas und Luft, sowie den Wärmeertrag der exothermen Vorgänge im Bade, als W ä r m e e i n n a h m e n, der zum Erwärmen, Einschmelzen und Überhitzen des Einsatzes e r f o r d e r l i c h e n Wärmemenge, sowie der durch die Abgase (Essengase) abgeführten Wärme, als W ä r m e a u s g a b e n, gegenübergestellt. Nachdem die Summe der genannten Wärmeausgaben — infolge der bei jeder betriebsmäßigen Energieumwandlung unvermeidlichen Verluste — die Summe des Wärmeaufwandes (der Wärmeeinnahmen) niemals erreichen kann, so wird sich eine vollständige Bilanzmäßigkeit nur auf die Weise ergeben können, daß der Unterschied der beiden Summen als Wärmeleitungs- und Strahlungsverlust des Ofens bzw. des Prozesses auf die Seite der Wärmeausgaben kommt. Dieser letztgenannte Posten als Strahlungs- und Leitungsverlust wird zahlenmäßig selbstverständlich nie vollkommen zuverlässig sein, da er weder das Ergebnis einer Messung, noch das einer Beobachtung ist. Dieser Umstand hat jedoch nur von dem Standpunkte der wissenschaftlichen Weiterforschung Bedeutung, indem — praktisch genommen — dieser Posten auch in dieser Form Aufklärung gibt darüber, wieviel diejenige Wärmemenge ausmacht, welche während des Prozesses e n d g ü l t i g verlorengeht. Wir sind nämlich oft in der Lage, einen Teil der von den Abgasen abgeführten Wärmemenge noch auszunützen. Während man also einen nicht unbeträchtlichen Teil der Abgasverluste oft vermeiden kann, ist der Strahlungs- und

Leitungsverlust fast unveränderlich, weil die Größe dieser Verluste mit der Eigenart des Ofens bzw. mit der Eigenart des Herdofenprozesses eng zusammenhängt. Die Größe dieser Verluste ändert sich mit der Größe der äußeren Strahlungsflächen und mit der Güte der Wartung und ist somit für letztere kennzeichnend. Es kann sogleich hinzugefügt werden, daß mit dem Arbeitsvorgang des Siemens-Martin-Ofens ein sehr großer Strahlungs- und Leitungsverlust (rund 40 Proz. der verbrauchten Wärme) verbunden ist. Wenn man in Betracht zieht, daß auch die Abgasverluste ungefähr ebensoviel (40 Proz.) betragen, so kann man behaupten, daß in den Siemens-Martin-Verfahren nur etwa 20 Proz. der aufgewandten Wärme nutzbar gemacht werden. Diese äußerst ungünstige Ausnützung läßt vermuten, daß der hochentwickelten Metallurgie des Siemens-Martin-Verfahrens eine noch immer nicht genügend entwickelte Ofenbauart und Ofenfeuerung gegenübersteht. Dies wird auch von der immer ausgedehnteren Anwendung der Hilfseinrichtungen, welche eine Verbesserung der Wärmeausnützung des Siemens-Martin-Ofens zum Zweck haben, und die im allgemeinen gewöhnlich als Abhitzeverwertung bezeichnet werden, bestätigt. Die Wärmeausnützung des Siemens-Martin-Verfahrens wird erst recht günstig sein, wenn sie eine Abhitzeverwertung entbehrlich macht, d. h. wenn die Wärme im Ofen selbst viel besser ausgenützt wird.

Gehen wir nun über zur zahlenmäßigen Zusammenstellung der Wärmebilanz selbst, so gestaltet sich z. B. die Wärmebilanz eines Siemens-Martin-Stahlwerkes, dessen Selbstkostenberechnung an entsprechender Stelle wiedergegeben wurde (s. Kapitel 8), wie untenstehend folgt.

Die zur Gaserzeugung verwandte Ostrau-Karwiner Steinkohle enthielt im Jahresdurchschnitt 72,8 Proz. C, 7,8 Proz. Asche, 4,6 Proz. Feuchtigkeit, 8,1 Proz. gebundenes Wasser, und der Heizwert der Kohle betrug, gleichfalls im Jahresdurchschnitt, 6950 WE. Der Heizwert wurde mittels kalorimetrischer Bombe bestimmt; beinahe denselben Heizwert erhalten wir jedoch auch mit Hilfe der Formel von *Goutal* und *Lenoble*[1]). Nach dieser ergibt sich nämlich der untere Heizwert in

$$Wu = 87{,}4\ [100 - (\text{Wasser} + \text{Asche})],\ \text{d. h. in unserem Falle,}$$
$$Wu = 87{,}4\ [100 - (4{,}6 + 8{,}1 + 7{,}8)] = 6948\ \text{WE.}$$

Die Zusammensetzung des Generatorgases war im Jahresdurchschnitt:

5,9	Volumproz.	CO_2
23,5	„	CO
2,8	„	CH_4
9,6	„	H
58,2	„	N
100,0		

Der untere Heizwert dieses Gases beträgt auf Grund der „Anhaltszahlen" der Wärmestelle Düsseldorf[2]) 1202 WE/cbm, welcher Wert sich folgenderweise ergibt:

---

[1]) Vgl. Dr. *Ferd. Fischer:* Taschenbuch für Feuerungstechniker, 9. Aufl., Seite 49, (1925).

[2]) „Anhaltszahlen f. d. Energieverbrauch in Eisenhüttenwerken", 2. Aufl. 1925.

durch Verbrennung des CO	$0{,}235 \cdot 3050 =$	716,7 WE
„ „ „ CH_4	$0{,}028 \cdot 8580 =$	240,2 „
„ „ „ H	$0{,}096 \cdot 2560 =$	245,7 „
	Zusammen	1202,6 WE/cbm

Wenn man nun 2,8 Proz. des Kohlenstoffgehaltes der verbrauchten Steinkohle als die größtenteils an die Gaserzeugerschlacke unverbrannt übergehende Kohlenstoffmenge und zum Teil als den Kohlenstoffgehalt des feinen Kohlenstaubes, welcher sich in den Gasleitungen absetzt, in Abzug bringt, so werden in jeden 100 kg Kohle 70 kg Kohlenstoff für Vergasungszwecke zur Verfügung stehen. In Anbetracht dessen, daß in unserem Generatorgase die kohlenstoffhaltigen Bestandteile insgesamt

$$5{,}9 + 23{,}5 + 2{,}8 = 32{,}2 \text{ Volumproz.}$$

ausmachen, und daß jeder dieser Gasbestandteile gleichmäßig 0,536 kg Kohlenstoff für das Kubikmeter enthält, entsteht aus jedem Kilogramm Kohlenstoff

$$\frac{100}{32{,}2 \cdot 0{,}536} = 5{,}74 \text{cbm}$$

Generatorgas, d. h. aus jedem Kilogramm der zur Verfügung stehenden Steinkohle

$$5{,}7 \cdot 0{,}70 = 4{,}01 \text{ cbm trockenes Generatorgas}.$$

Die zur Verbrennung des Generatorgases obiger Zusammensetzung erforderliche Sauerstoffmenge beträgt:

zur Verbrennung des CO	$23{,}5 \cdot 0{,}5 =$	11,75 cbm O
„ „ „ CH_4	$2{,}8 \cdot 2 =$	5,60 „ O
„ „ „ H	$9{,}6 \cdot 0{,}5 =$	4,80 „ O
d. h. zur Verbrennung von 100 cbm Gas sind erforderlich		22,15 cbm O
dazu ein Überschuß von ungefähr 10 Proz.		1,85 „ O
	zusammen	24,00 cbm O

Dieser Sauerstoffmenge entspricht ein Luftbedarf von

$$24 \cdot \frac{100}{21} = 114{,}2 \text{cbm}.$$

Die zur Verbrennung der aus 1 kg Kohle erzeugten 4,01 cbm Gas erforderliche Luftmenge beträgt also

$$4{,}01 \cdot 1{,}14 = 4{,}5 \text{ cbm}.$$

Die Rauchgasmengen, welche bei Verbrennung des Gases entstehen, sind folgende:

bei der Verbrennung von CO entstehen 23,5 cbm CO_2
„ „ „ „ CH_4 „ 2,8 „ „ und 5,6 cbm Wasserdampf
„ „ „ „ H „ . . . . 9,6 „ „
unverbrennbar sind im Gase . . . . 5,9 cbm CO_2 . . . . . und 58,2 cbm N
der unverbrauchte Überschuß 1,8 cbm O 24 cbm O entspricht $24 \cdot \frac{79}{21}$ . . . . 90,2 „ „

Bei Verbrennung von 100 cbm
Gas entstehen also . . 1,8 cbm O, 32,2 cbm CO_2, 15,2 cbm Wasserdampf, 148,4 cbm N, d. h. 197,6 cbm Rauchgase.

Zufolge der Verbrennung der aus 1 kg Steinkohle erzeugten 4,01 cbm Gas haben wir

$$4{,}01 \cdot 1{,}976 = 7{,}9 \text{ cbm}$$

Rauchgasmenge in Rechnung zu stellen.

Die zum Stahlwerk gehörige Hochofenanlage lieferte ein Roheisen mit folgender Zusammensetzung:

3,72 C, 2,28 Mn, 0,29 P, 0,75 Si, 0,03 S.

Auf Grund des Durchschnittsergebnisses der Temperaturmessungen wurde die Temperatur der Rauchgase (unmittelbar nach den Kammern gemessen) mit 700° C festgestellt und zur Erzeugung eines 100-kg-Stahlblockes — wie dies aus der Selbstkostenberechnung hervorgeht — waren 26,6 kg Generatorkohle erforderlich.

Bei diesen Angaben wird die zahlenmäßige Wärmebilanz folgende Werte enthalten:

Wärmeeinnahme:

I. Gaswärme:	
1. Heizwert des Generatorgases 26,6·4,01·1202	128,212 WE
2. Fühlbare Wärme des Gases bei der Temperatur von rund 600° C 26,6·4,01·600·0,33	21,120 „
II. Einsatzwärme. Das flüssige Roheisen führt ein 53,8·260	13,988 „
III. Exotherme Umwandlungen. Etwa 2,40 kg C verbrennen im Bade zu CO, nachher zu CO_2 und entwickeln dabei 2,40·8080	19,393 „
Zusammen	182,713 WE

Wärmeausgabe:

I. Wärmeinhalt des Bades (Nutzwärme):	
1. Wärmeinhalt des fertigen, flüssigen, weichen Flußeisens 100·350	35, 000 WE
2. Wärmeinhalt der rd. 18 kg Schlacke 18 · 525.	9, 450 „
II. Abgasverluste. Die Rauchgase führen bei 700° C mit sich 26,6·7,9·700·0,36	52, 948 „
III. Verluste als Unterschied. Strahlung, Leitung usw.	85, 315 „
Zusammen	182. 713 WE

Die auf diese Weise zusammengestellten Wärmebilanzen müssen aber stets mit einer gewissen Kritik betrachtet werden, und zwar ungefähr nach folgenden Gesichtspunkten: Zu den exothermen Umwandlungen könnte man eigentlich nicht nur die infolge der Verbrennung des Kohlenstoffgehalts entstandene Wärmemenge, sondern auch diejenige in Rechnung stellen, die sich aus der Verbrennung der übrigen Eisenbegleiter (Mn, Si, P, S) ergibt bzw. infolge der Oxydation dieser Begleiter frei wird. Das muß auch in der Tat jedesmal geschehen, sobald z. B. im Einsatze eine bedeutendere Menge von Mn oder Si vorhanden ist. Unter gewöhnlichen Umständen verändert die Wärmeentwicklung dieser Begleiter das allgemeine Bild der Wärmebilanz kaum. Wenn man den größten Satz der Ausgabenseite nicht auf Grund einer Messung bzw. einer Rechnung bestimmt, sondern lediglich als einen Unterschied der beiden Seiten in Rechnung stellt, so wird es allerdings zwecklos erscheinen, ganz kleine Zahlenwerte in die Wärmebilanz einzustellen. Aus ähnlichen Gründen läßt sich auch bei den meisten Schrott-Roheisen-Verfahren die zur

Zersetzung des Kalksteines und des Erzes erforderliche Wärmemenge, da deren Anteil an der Endsumme der Bilanz gewöhnlich fast ganz belanglos ist, vernachlässigen.

Der als Differenz ermittelte und im allgemeinen als „Verluste durch Strahlung und Leitung" bezeichnete Wärmeausgabesatz enthält zweifelsohne auch noch andere Wärmeverluste, so z. B. auch solche, welche infolge mangelhafter Wartung entstanden sind. Neuerdings wurden die Größen der Strahlungsverluste teils durch Rechnung, teils auf Grund eingehender Temperaturmessungen bestimmt, wodurch die Frage der Strahlungsverluste mehr und mehr geklärt wird. So hat z. B. Dr. *C. Schwarz* genau festgestellt[1]), wie sich der Wärmeverbrauch und Wärmeverlust eines 65-t-Ofens während einer ganzen Ofenreise verändert. Zu diesem Zwecke stellte er vom Beginn der Ofenreise bis zur 395. Schmelzung wöchentlich (bzw. ungefähr nach jeder 20. Schmelzung) eine Wärmebilanz, einen Verbrauchs- und Verlustausweis zusammen. Da für uns besonders die zwei äußersten Zahlrenreihen (die von Anfang und Ende der Reise) von Bedeutung sind, entnehmen wir der zweiten Zahlentafel der *Schwarz*schen Arbeit nur diese zwei Angabenreihen (s. Zahlentafel 9).

Zahlentafel 9.
Wöchentliche Wärmeverbrauchs- und Verlustzahlen am Anfang und am Ende der Ofenreise eines 65-t-Ofens.

Schmelzungen	Je t gutes Stahlausbringen: Wärmeverbrauch	Je t gutes Stahlausbringen: Nutzwärme	Wärmeaufwand je St.	Abgasverlust je St.	Nutzbar abgegeben je St.	Restverlust je St.	Gewölbeverlust je St.	Strahlungsverluste durch Wände je St.	Rest- Ritz- und Öffnungsverluste Speicherung je St.	Wärmeverluste je qm im Gewölbe	Gewölbeverlust in Proz. der Nutzwärme
	10^6 WE	10^6 WE	10^6 WE	10^6 WE	10^6 WE	10^6 WE	10^6 WE	10^6 WE	10^6 WE	WE	Proz.
22. bis 41.	0,944	0,252	8,41	2,43	2,27	3,74	0,330	1,592	1,75	6420	14,5
378. „ 395.	1,810	0,257	14,54	4,86	2,06	7,62	0,630	2,437	5,22	8840	30,6

Dr. *Schwarz* bemerkt zu diesen Zahlen folgendes: „Die Gewölbeverluste zeigen gleichlaufend mit dem Gesamtverlust eine ziemlich stetige Steigerung. Der Gewölbeverlust ist von allen bereits im Anfang der Reise der bedeutendste. Der gesamte Wandverlust des Oberofens beträgt fast 60 Proz. aller Wandverluste zusammen. Besonderen Anteil an der Erhöhung der Verluste nahmen auch die Kopfwände und Brücken infolge des Zurückbrennens der Köpfe."

Aus Angaben der Wärmebilanz kann der thermische Wirkungsgrad des Siemens-Martin-Ofens nach mehreren Gesichtspunkten festgestellt werden[2]). So ist z. B. der Ofenwirkungsgrad ein Wert, welcher das Maß der Wärme-

[1]) Dr. *C. Schwarz:* Die Strahlungsverluste eines Siemens-Martin-Ofens. Stahlwerksbericht Nr. 104.

[2]) Vgl. Dr. *G. Bulle:* Wirkungsgrade im Betriebe des Siemens-Martin-Ofens. Stahlwerksbericht Nr. 80.

ausnützung des Ofens am besten hervorhebt und zum Vergleichen der Arbeit verschiedener Öfen sehr geeignet ist. Der Ofenwirkungsgrad ist die Zahl, welche das Verhältnis des Wärmeinhaltes des Bades, also der eigentlichen Nutzwärme, zu der dem Ofen zugeführten ganzen Wärmemenge ausdrückt. Im Falle unserer Wärmebilanz ist der

$$\text{Ofenwirkungsgrad} = \frac{35\,000 + 9450}{182 \cdot 713} = 0{,}24\,.$$

Nach *Bulle* bewegt sich der Wert dieses Ofenwirkungsgrades

in guten Öfen und beim Schrottverfahren	0,20 bis 0,30
„ „ „ „ „ Roheisen-Erzverfahren . . .	0,10 „ 0,20
„ „ Talbotöfen	0,02 „ 0,05

Werden ferner die Verluste derart verteilt, daß dieselben sich z. B. nur auf den Herdraum oder auf die Feuerung beziehen, so kommt man durch Vergleich der Zahlenwerte zu den Konstanten: Wirkungsgrad des Arbeitsraumes bzw. der Feuerung, die sich nur auf je eine Teilarbeit des Ofens beziehen.

Mit Veränderung der Zusammensetzung des Einsatzes ändert sich selbstverständlich der Wärmebedarf sowie Wärmeverbrauch des Siemens-Martin-Ofens und verändert sich das ganze zahlenmäßige Bild der Wärmebilanz. Der Ofen wird, je nachdem, ob im Einsatz mehr oder weniger Roheisen bzw. eine größere oder kleinere Menge der Eisenbegleiter sich befindet, stets veränderliche Wärmemengen benötigen. Es ist ganz außer Zweifel, daß die Größe des Wärmebedarfs auch in dem Falle bedeutend verändert wird, wenn die Roheisenmenge nicht in flüssigem, sondern in festem Zustande in den Ofen gesetzt wird. *W. Dyrssen* berichtete vor dem Iron and Steel Institute über diesen Gegenstand[1]) und führte aus, daß bei einer Erhöhung des flüssigen Roheiseneinsatzes die erforderliche Wärmezufuhr rasch abnimmt. Der Wirkungsgrad ist für zwei verschiedene Brennstoffe angegeben: für Illinoiskohle mit etwa 6200WE/kg und für Koksofengas. (*Dyrssen* führt übrigens einen neuen Wirkungsgrad, den „wahren Wirkungsgrad" ein. Dieser gibt das Verhältnis der dem Bade aus dem Heizgas zusätzlich zuzuführenden Wärme zu dem gesamten Wärmeinhalt der Schmelze an.) Die Angaben *Dyrssens* sind in der umstehenden Zahlentafel 10 zusammengestellt.

Es muß noch hervorgehoben werden, daß die Wärmebilanzen zur Zeit — aus leicht erklärlichen Gründen — manche bedeutende Schwäche haben, weshalb diese vielmehr nur zur Lieferung von Verhältniszahlen dienen können.

B. Die Abhitzeverwertung.

Nachdem in den Wärmebilanzen der Siemens-Martin-Öfen die Rauchgasverluste in der Regel ungefähr 35 bis 40 Proz. der ganzen Summe der Wärmeausgabe betragen[2]) und die Temperatur der Abgase oft auch 500° C über-

---

[1]) Vgl. St. u. E. 1276 (1925). Bericht von Dr. *H. Bansen.*

[2]) In unserer Wärmebilanz ist der Abgasverlust verhältnismäßig niedrig, da der ursprüngliche Wasserdampfgehalt des Generatorgases, zwecks einer größeren Einfachheit, außer acht gelassen wurde.

Zahlentafel 10.
Vom Bade durchschnittlich aufgenommene Wärme bei verschiedenem Einsatz an Roheisen, Schrott und Eisen im Erz, sowie wahrer Wirkungsgrad des Ofen bei verschiedenen Brennstoffen.

Einsatz in proz.	Roheisen Schrott Eisen im Erz	35,0 64,8 0,2	40,0 58,8 1,2	45.0 52,8 2,2	50,0 46,8 3,2	55,0 40,8 4,2	60,0 34,8 5,2	65,0 28,8 6,2	70,0 22,8 7,2
					10^6 WE				
Vom Bade aufgenommene und im Einsatz enthaltene Wärme, bezogen auf die Tonne Stahl	F.R.[1]) K.R.[2])	0,156 0,249	0,136 0,244	0,116 0,239	0,096 0,232	0,075 0,227	0,055 0,219	0,035 0,212	0,013 0,204
Brennstoffwärme, bezogen auf die Tonne Stahl, Kohle: 44,5 Proz. C Flücht. Bestandtl. 33,5 Pr. Feuchtigkeit 12,5 Proz. Asche 7,5 Proz. Ob. Heizwert 6300 WE/kg	F. R. K. R.	1,663 1,814	1,663 1,84	1,663 1,865	1,663 1,89	1,663 1,915	1,663 1,94	1,663 1,965	1,663 1,99
Wahrer Wirkungsgrad der in der Kohle enthaltenen Wärme in Proz.	F. R. K. R.	9,4 13,8	8,2 13,3	7,0 12,8	5,7 12,3	4,5 11,8	3,3 11,3	2,0 10,8	0,8 10,3
Brennstoffwärme, bezogen auf die Tonne Stahl, Brennstoff: Koksofengas	F. R. K. R.	1,26 1,41	1,26 1,436	1,26 1,46	1,26 1,488	1,26 1,51	1,26 1,538	1,26 1,562	1,26 1,588
Wahrer Wirkungsgrad der Koksofengaswärme in Proz.	F. R. K. R.	12,4 17,8	10,8 17,1	9,2 16,4	7,5 15,7	5,9 15,0	4,3 14,3	2,6 13,6	1,0 12,9

schreitet, ist das Bestreben, wenigstens einen Teil dieser bedeutenden Wärmemenge zu retten bzw. zu verwerten, allerdings recht begründet. Durch geeignete Vorrichtungen können die Abgase ganz bis auf 200 ° C abgekühlt werden; es ist daher ganz außer Zweifel, daß ein bedeutender Teil der Abgaswärme in der Weise verwertet werden kann, daß man die Abgase zur Dampferzeugung oder zum Erwärmen von Wasser heranzieht. In größeren Stahlwerken ist selbstverständlich in erster Reihe die Anwendung zur Dampferzeugung in Abhitzekesseln vorzuziehen. In Amerika hat sich dieses Verfahren so weit verbreitet, daß die neuen Siemens-Martin-Stahlwerke immer mit Abhitzekesseln gebaut werden. Seit einem Jahrzehnt nimmt die Anwendung der Abhitzekessel — um die Abgaswärme zu verwerten — auch in Europa zu. Die Erfahrungen mit Abhitzekesselanlagen haben bewiesen, daß man mittels

[1]) F. R. = Flüssiger Roheiseneinsatz.
[2]) K. R. = Kalter Roheiseneinsatz.

dieser 30 Proz. des Brennstoffes zu ersparen bzw. zurückzugewinnen imstande ist. Im allgemeinen kann man sagen, daß mit Abgasen des Siemens-Martin-Ofens für jede Tonne Stahl 400 bis 500 kg Hochdruckdampf (9 bis 12 Atm) erzeugt werden können, wenn die Abgastemperatur 500° C überschreitet. Durch diese Abhitzeverwertung der Siemens-Martin-Werke kann man zu einem bedeutenden wirtschaftlichen Vorteil kommen. In der Wärmewirtschaft der Siemens-Martin-Stahlwerke empfiehlt es sich daher, solange die Wärme im Ofen selbst nicht bedeutend besser ausgenützt werden kann, immer zu diesem umgehenden Verfahren zu greifen. Bei bestehenden Stahlwerken ist die Frage freilich nicht ganz einfach, einesteils, weil in diesen die Dampferzeugung — auf andere Weise — schon hinreichend und mittels kostspieliger Anlagen gesichert ist, andernteils, weil die Abhitzekessel nachträglich sehr schwer anzubringen sind, wenn von vornherein nicht daran gedacht war. Neuen oder umzubauenden Siemens-Martin-Stahlwerken ist jedoch sehr zu empfehlen, Abhitzekessel geeigneter Bauart schon beim Bau aufzustellen. Die Ersparnisse an Geld sind nämlich so beträchtlich, daß die Baukosten der Kesselanlage in ein, höchstens zwei Jahren vollständig gedeckt werden können; nach dieser Zeit wird die Anlage eine beständige Quelle bedeutender Ersparnisse sein.

Die Annahme, daß durch die Abhitze-Kesselanlage manchmal vielleicht der Ofenbetrieb selbst gestört werden könnte, ist — wie die Erfahrung lehrt — ganz unhaltbar. Die Tatsache, daß ein richtig angelegter Abhitzekessel den Betrieb des Siemens-Martin-Ofens durchaus nicht stört, sondern — im Gegenteil — eine sehr günstige Wirkung auf den Ofenbetrieb ausübt, unterliegt heute keinem Zweifel mehr, da der Essenzug des Ofens mittels des Exhaustors der Kesselanlage sich kräftig und nach Belieben regeln läßt. Diese günstige Wirkung des Abhitzekessels bzw. des Exhaustors wird erst dann besonders willkommen sein, wenn der Ofen bereits altersschwach und die Gitterungen der Kammer größtenteils verstopft sind. Der Betriebsmann wird diesen besonderen Vorteil stets sehr hoch schätzen.

Was die Bauart der Abhitzekessel anbelangt, so wurden bei den Siemens-Martin-Öfen früher ausschließlich Steilrohrkessel aufgestellt und mit diesen eine stündliche Dampferzeugung von 5 bis 6 kg für den Quadratmeter Heizfläche erreicht[1]). Neuerdings wurde im Betriebe der Steilrohrkessel die Erfahrung gemacht, daß die großen Einmauerungsflächen solcher Wasser- oder Steilrohrkessel bei dem starken Exhaustorzug sich nicht dicht halten lassen[2]), weiter, daß die Heizflächenleistung nicht befriedigend und nicht gleichmäßig genug ist. So wurden dann Rauchrohrkessel als Abhitzekessel des Siemens-Martin-Ofens ausgeprobt, welche sich nach den neuesten Erfahrungen in jeder Hinsicht am besten bewährt haben. So beschreibt z. B. Ing. *Wilhelm Schuster* die Abhitzekesselanlage des Donawitzer Siemens-Martin-Stahlwerks[3]) und

---

[1]) Vgl. St. u. E. 53 (1913).

[2]) Dr. *H. Bansen:* Leistung und Wirkungsgrad des Siemens-Martin-Ofens. Stahlwerksbericht Nr. 82, S. 20.

[3]) Ing. *Wilh. Schuster:* Betriebserfahrungen bei der Stahlwerksabhitzeanlage der Hütte Donawitz. Mont. Rundsch., Wien 1926, S. 263.

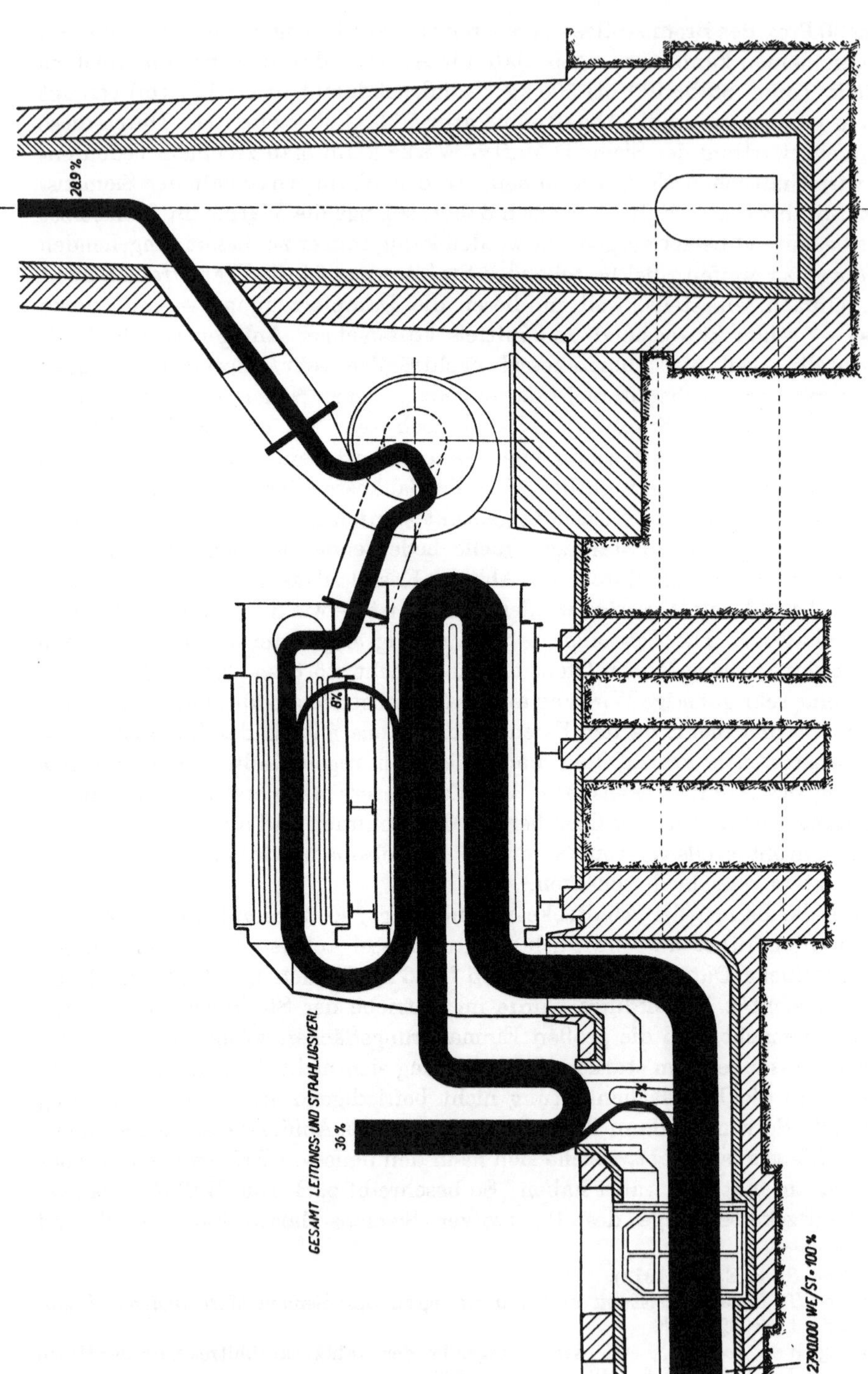

Fig. 48. Rauchrohr-Abhitzekessel der Maschinenfabrik Augsburg-Nürnberg. (Montan. Rundschau 1926, S. 263.)

stellt die entscheidende Überlegenheit der Kessel mit liegenden Rauchröhren gegenüber Abhitzekesseln anderer Bauarten fest. Die in Amerika häufig angewandten Kessel mit stehenden Rauchröhren haben den beträchtlichen

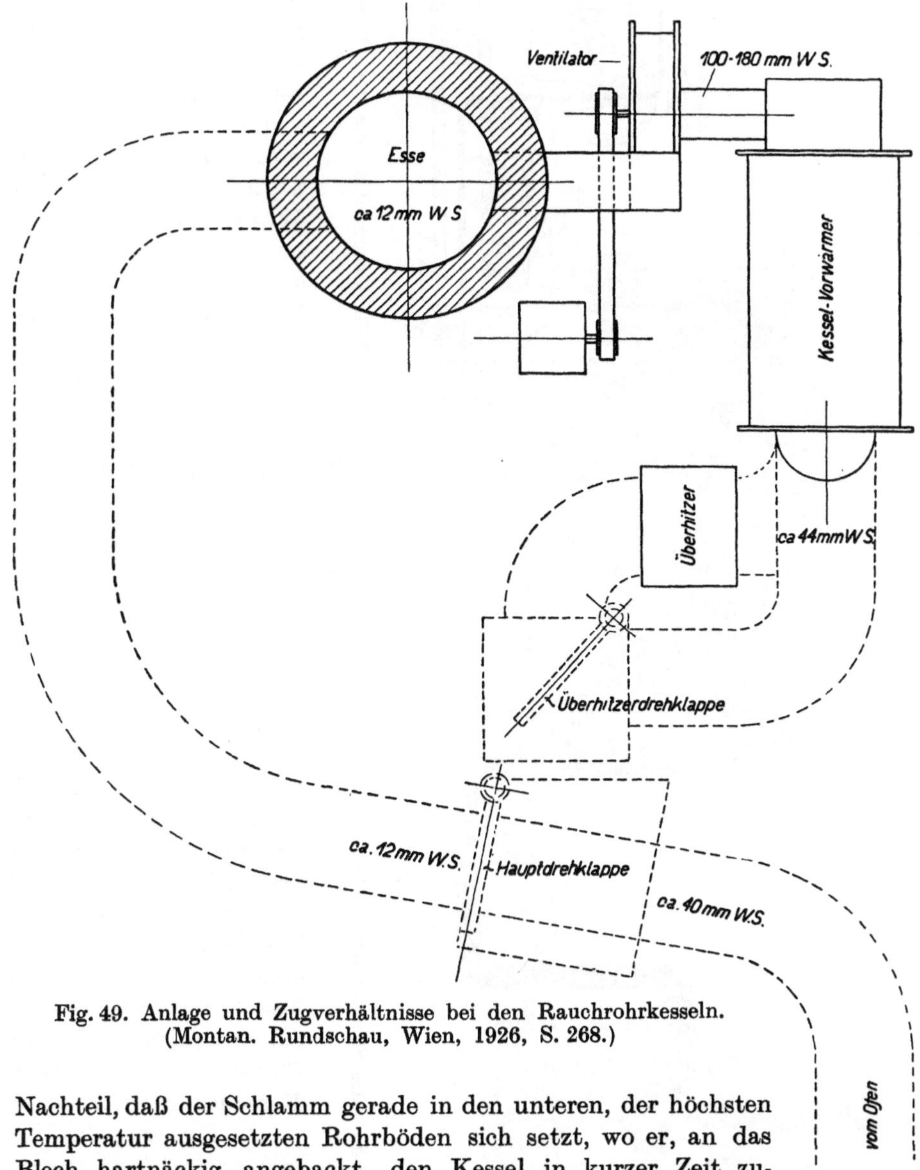

Fig. 49. Anlage und Zugverhältnisse bei den Rauchrohrkesseln. (Montan. Rundschau, Wien, 1926, S. 268.)

Nachteil, daß der Schlamm gerade in den unteren, der höchsten Temperatur ausgesetzten Rohrböden sich setzt, wo er, an das Blech hartnäckig angebackt, den Kessel in kurzer Zeit zugrunde richtet. In Donawitz wurden auch Wasserrohrkessel jahrelang betrieben, und so hatte man die beste Gelegenheit, um die Leistungen der beiden Kesselbauarten vergleichen zu können. Zum Schluß seiner Ausführungen stellt *Schuster* fest, daß „der Rauchrohrkessel im Betrieb

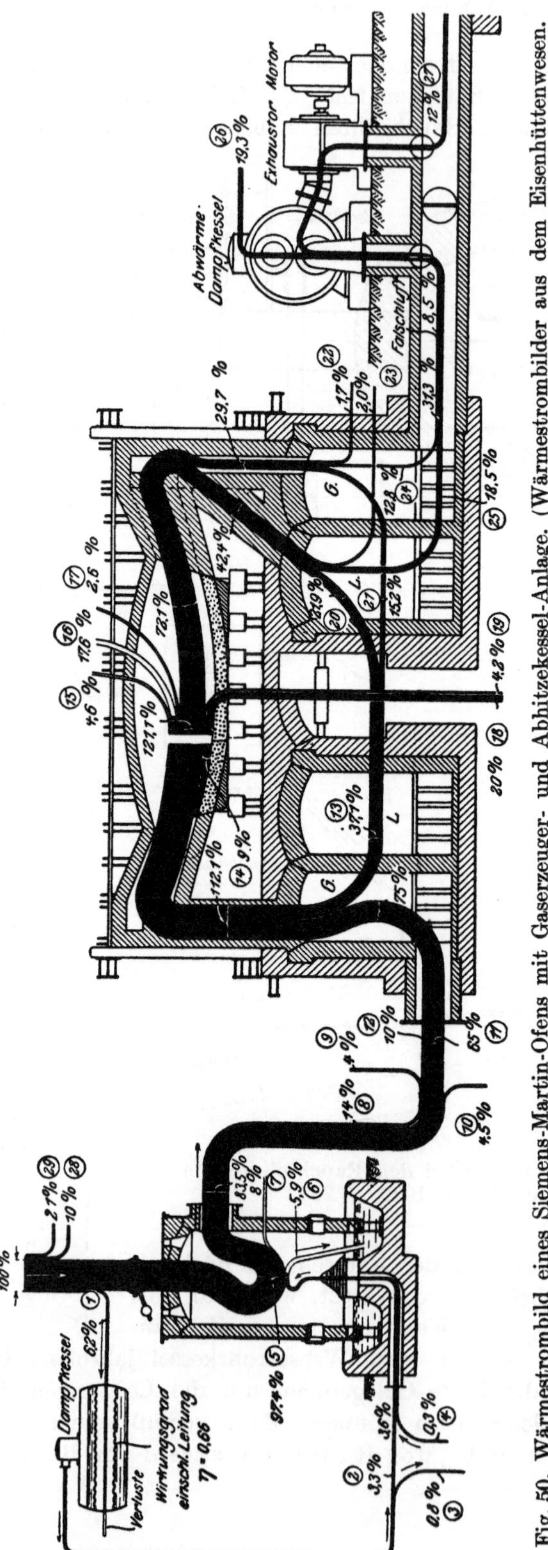

Fig. 50. Wärmestrombild eines Siemens-Martin-Ofens mit Gaserzeuger- und Abhitzekessel-Anlage. (Wärmestrombilder aus dem Eisenhüttenwesen. Verlag Stahleisen, Düsseldorf 1922.)

zwar mehr Arbeit macht, aber auch unverhältnismäßig mehr leistet als der Wasserrohrkessel, und daß er seinem ganzen Wesen nach für die Abhitzeverwertung der Siemens-Martin-Öfen geeigneter ist als der Wasserrohrkessel. Es sei noch erwähnt, daß der künstliche Zug der Abhitzekesselanlagen in letzter Zeit mehr und mehr zu der Forcierung des Ofens herangezogen wird, so daß sich hieraus auch ein unmittelbarer Gewinn für den Ofenbetrieb selbst ergibt."

In Fig. 48 ist der Donawitzer Rauchrohrkessel mit liegenden Röhren Bauart M.A.N. (Maschinenfabrik-Augsburg-Nürnberg) im Längsschnitt, in Fig. 49 die Anordnung und Druckverhältnisse der Abhitzekesselanlage dargestellt. Zahlentafel 11, in welcher *Schuster* die Ergebnisse der vergleichenden Versuche mit drei verschiedenen Wasserrohrkesseln und einem M.A.N.-Rauchrohrkessel zusammenstellt, ist ein zahlenmäßiger Beweis für das über die beiden Kesselbauarten Gesagte.

In Fig. 50 ist das **Wärmestrombild**[1]) des gan-

[1]) Wärmestrombilder (Sankey-Diagramme) aus dem Eisenhüttenwesen. Verlag Stahleisen m. b. H., Düsseldorf 1922.

Zahlentafel 11.
Versuchsergebnisse mit Abhitzekesseln der Hütte Donawitz.

	Wasserrohrkessel			Rauchrohrkessel	
	Lieferfirma:				
	I.	II.	III.	M.A.N.	M.A.N.
Kesselheizfläche . . . . m^2	200	280	210	245	245
Überhitzerheizfläche . . . . „	26,5	38,5	44	25,8	25,8
Vorwärmerheizfläche . . . . „	144	171	120	99	99
Datum	4.5.23	7.10.22	26.1.23	4.1.24	7.11.24
Versuchsdauer . . . . St.	7,83	8	8,5	7,75	7,28
Abgastemperatur hinter der Hauptdrehklappe . . . . °C	621	505	697	818	732
Abgastemperatur vor dem Ventilator . °C	235	157	202	107	173
Abgasmenge hinter der Hauptdrehklappe cbm	10,460	9,230	11,400	9,730	8,700
CO_2 hinter Forterventil . . . . . . Proz.	13,2	15,6	13,9	16,6	15,0
CO_2 vor Ventilator . . . . „	7,4	8,9	8,6	15,0	14,1
Zug hinter Forterventil . . . . mm/W-S.	32	36	49,8	29,6	32
Zug vor Ventilator . . . . „	63,5	50	76	104	96
Zug am Essenfuß . . . . „	18,0	16	22,4	22	20
Speisewasserverbrauch im ganzen . . kg	9,460	9,440	19,250	21,508	17,573
Speisewasserverbrauch je Stunde . . kg/St.	1,182	1,180	2,264	2,885	2,415
Speisewassertemperatur vor Vorwärmer . °C	36	42	27	48	48
Speisewassertemperatur hinter Vorwärmer °C	172	159	134	119	119
Dampfspannung . . . . Atm. abs.	9,6	9,5	9,5	10,0	9,5
Dampftemperatur . . . . °C	289	290	245	343	317
Außenlufttemperatur . . . . °C	20	14	2,7	1,6	—1,3
Falsche Luft zwischen Drehklappe und Ventilator . . . . Proz.	79	62	52	10	6
Abwärmeverlust des Ofens bezogen auf die im Generator aufgewendete Wärme Proz.	37,2	29,6	39,1	41,6	44,7
Wärmebilanz bezogen auf die vom Ofen abziehende Wärme . . . . Proz.	100,0	100,0	100,0	100,0	100,0
Nutzbar an Kessel . . . . „	27,7	38,8	44,4	56,5	57,3
Nutzbar an Überhitzer . . . . . . „	3,3	5,13	3,1	9,0	7,85
Nutzbar an Vorwärmer . . . . . . „	6,2	8,96	9,0	8,0	7,0
In Summe . . . . „	37,2	52,89	56,5	73,5	72,15
Verlust der Leitung und Strahlung „	3,2	3,38	3,3	3,6	3,7
Verlust der Abwärme . . . . „	59,6	43,73	40,2	22,9	24,15
Stromverbrauch des Ventilators . . . KW	12,4	12,5	10,8	14,0	13,9
Dampfleistung der Kesselheizfläche kg/qm²st.	3,9	4,2	9,2	11,8	9,9

zen Wärmeverkehrs von Siemens-Martin-Öfen nebst Gaserzeugern und Abhitzekesseln dargestellt, wozu folgende Bemerkungen hinzugefügt werden müssen:

	Proz.
1. Erzeugung des Zusatzdampfes	6,2
2. Wärmeinhalt des Zusatzdampfes	3,3
3. Wärmeinhalt des Dampfes für Ventilatorwinderzeugung	0,6
4. Wärmeinhalt der Außenluft	0,3
5. Zur Verfügung des Generatorprozesses	97,4
6. Im Heizwert der wasser- und aschenfreien Substanz in den Rückständen 5 Proz. + Eigenwärme des Rückstandes 0,9 Proz.	5,9

7. Leitungs- und Strahlungsverluste 8
8. Fühlbare Wärme 14
9. Strahlungsverluste der Gasleitung bis zum Ofen 4
10. Teer- und Staubverluste 4,5
11. Heizwert des reinen Gases 65
12. Verbleibende fühlbare Wärme 10
13. Wärmerückgewinn aus den Regenerativkammern 37,1
14. Exothermische Prozesse des Einsatzes 9
15. Wärmeableitung durch Gewölbe, Vorder- und Rückwand und Ofensohle . . . 4,6
16. Strahlung durch die Türen und Wärmeableitung durch die Köpfe 17,6
17. Kalk- und Erzzersetzung 2,6
18. Stahl 20
19. Schlacke 4,2
20. Rückgewinn aus der Luftkammer 21,9
21. Rückgewinn aus der Gaskammer 15,2
22. Strahlungsverlust der Gaskammer 1,7
23. Strahlungsverlust der Luftkammer 2
24. Abhitzverlust der Gaskammer 12,8
25. Abhitzverlust der Luftkammer 18,5
26. Nutzdampf-Abwärmegewinn im Kessel 19,3
27. Verlust in den Schornsteingasen und durch Strahlung und Leitung der Kesselanlagen 12
28. Anheizbedarf (Kohlenverbrauch zum Anheizen und Warmhalten der Öfen) . 10
29. Betriebsenergie (elektrischer Strom für die Antriebe) 3,2

Die Wärmewirtschaft amerikanischer Stahlwerke ist bestrebt, außer der Abhitzeverwertung auch eine bessere Betriebsführung der Ofenbeheizung zu erreichen. Dazu dienen die neuerdings in Amerika eingeführten mechanischen Regelvorrichtungen für die verschiedenen Feuerungsarten. In einer Arbeit über Verbrennungsregler für Siemens-Martin-Öfen behandelt z. B. *K. Huessener* (Pittsburgh) die mechanischen Einrichtungen der selbsttätigen Regelung der Feuerungen in den Siemens-Martin-Stahlwerken[1]).

Der Verbrennungsregler von *Huessener* beruht auf dem Staurandgrundsatz. Der Druckunterschied vor und hinter einem Staurand dient als Maß für die durchgeströmte Gasmenge und wird zur Bewegung einer Glocke benutzt. Bei den generatorgasgefeuerten Siemens-Martin-Öfen wird die Gebläseluft der Gaserzeuger mit der Gebläseluft des Ofens durch einen Verbrennungsregler verknüpft aus der Überlegung heraus, daß eine Veränderung der dem Gaserzeuger zugeführten Windmenge einer Änderung der Gaszufuhr des Ofens parallel sein muß. (Ein Saugzugventilator steht in den amerikanischen Siemens-Martin-Stahlwerken als Bestandteil der Abhitzekesselanlage ohnedem fast immer zur Verfügung.)

Aus den Ausführungen *Huesseners* geht hervor, daß infolge Anwendung solcher Verbrennungsregler die Leistungssteigerung bis zu 15 Proz. und die Verminderung des Wärmeverbrauchs bis fast 40 Proz. betragen hat. Dr.-Ing. *G. Bulle* stellt fest, daß auch bei uns durch selbsttätige Regelung der Verbrennung erhebliche Vorteile erzielt werden können.

---

[1]) Vgl. St. u. E. 1524 bis 1527 (1926).

10. Der Siemens-Martin-Stahl.

A. Bedeutung und Welterzeugung.

Der Umstand, daß der Siemens-Martin-Stahl — abgesehen von der wahren Massenerzeugung, also billigen Herstellungsart des Siemens-Martin-Verfahrens — alle Fähigkeiten besitzt, sich den Anforderungen der Technik, des Gewerbes und des alltäglichen Lebens anzupassen, verleiht ihm eine weit größere Bedeutung, als dies bei anderen Metallen und Legierungen der Fall ist. Diese fast vollkommene Anpassungsfähigkeit des Siemens-Martin-Stahles beruht auf der Tatsache, daß gerade dieser Stahl es ist, dessen Festigkeit, Dehnung, Elastizitätsgrenze, Härte und mehrere andere wertvolle Eigenschaften sich — durch Legieren mit anderen Elementen — innerhalb weiter Grenzen, und zwar am verhältnismäßig wirtschaftlichsten, so verändern lassen, wie unsere Zwecke es erfordern. Der Puddelstahl — obwohl seine vorzügliche Schweißbarkeit eine sehr wertvolle Eigenschaft ist — kann eine gleichmäßige Struktur nie haben, da diese im Zeitpunkte des Fertigmachens einen flüssigen Zustand bedingt, was bei der Erzeugung des Puddelstahles eben fehlt. Auch der Bessemer- und Thomas-Stahl — obwohl ihr Herstellungsverfahren äußerst wirtschaftlich ist — besitzen — trotz dem flüssigen Bade — auch nicht die Beschaffenheit, die von der neuzeitlichen Technik am meisten bevorzugt wird. Das stets beunruhigte Bad ist nämlich nicht geeignet, eine größere und gleichmäßige Verdichtung des Stahles, also einen sog. Veredlungsvorgang, herbeizuführen, da beim Blasen einer sich in fortwährend unruhigem Zustand befindenden Bessemer- oder Thomas-Schmelze ein „Abstehenlassen" völlig unmöglich ist. Das Herstellen eines in Massen erzeugten und doch vorzüglich beschaffenen Stahles kann zur Zeit daher nur im Herdstahlofen, d. h. in den Siemens-Martin-Öfen, durchgeführt werden, und dies ist der Umstand, welcher dem Siemens-Martin-Verfahren bzw. dem Siemens-Martin-Stahl eine äußerst große Bedeutung verleiht.

Mit dieser metallurgischen bzw. technischen Bedeutung des Siemens-Martin-Stahles ist selbstredend auch die weltwirtschaftliche aufs engste verbunden. Die allmählich zunehmende technische Bedeutung muß nämlich zur Folge haben, daß die Siemens-Martin-Stahlerzeugung von Tag zu Tag mehr Raum gewinnt und die älteren Verfahren der Stahlerzeugung von Schritt zu Schritt verdrängt werden. Dieses Vordringen des Siemens-Martin-Stahles wird durch die neuesten Angaben Dr. *J. W. Reicherts* über Eisen- und Stahlerzeugung der Welt ganz klar ersichtlich gemacht[1]). Die umstehenden Angaben wurden dieser erwähnten Arbeit entnommen (s. Zahlentafeln 12 und 13).

Aus diesen Zahlentafeln geht klar hervor, daß die Gesamtgewinnung an Bessemer- und Thomas-Stahl in den meisten eisen- und stahlerzeugenden Ländern einen beträchtlichen Rückgang aufweist, während die jährliche Erzeugung des Siemens-Martin-Stahls um rund 10 Millionen Tonnen zunahm, d. h. die

[1]) Dr. *J. W. Reichert,* Die Weltgewinnung an Eisen und Stahl, St. u. E., S. 65 (1926).

Zahlentafel 12.
Die Thomas-, Bessemer- und Siemens-Martin-Stahlgewinnung der größten Eisenländer im Jahre 1913.
Mengen in 1000 t

Land	Thomas-	Bessemer-	Siemens-Martin-Stahl-
	Rohblöcke nebst Stahlguß		
Ver. Staaten von Nordamerika . .	—	9,698	21,945
Deutsches Zollgebiet	10,630	155	7,976
[Saargebiet[1])]	(1,718)	—	(342)
England	561	1,066	6,160
Frankreich	2,806	253	1,582
Belgien	—	(2,192)	(213)
[Luxemburg[1])]	(1,286)	—	40

Zahlentafel 13.
Die Thomas-, Bessemer- und Siemens-Martin-Stahlgewinnung der größten Eisenländer im Jahre 1924.
Mengen in 1000 t

Land	Thomas-	Bessemer-	Siemens-Martin-Stahl-
	Rohblöcke nebst Stahlguß		
Ver. Staaten von Nordamerika . .	—	5,994	32,083
Deutsches Reich (ohne Saar) . .	3,990	27	5,720
England	111	454	7,655
Frankreich	4,501	92	2,231
Saargebiet	1,088	—	381
Belgien 1923!	1,891	—	340
Luxemburg	1,856	—	22

Erzeugung dieser Länder an Siemens-Martin-Stahl zur Zeit um rund 25 Proz. größer ist, als sie vor dem Kriege war. Diese beträchtliche Größe der Zunahme der Erzeugung ist ein klarer Beweis für die besondere technische und wirtschaftliche Bedeutung des Siemens-Martin-Stahles.

Es sei noch hinzugefügt, daß nach *Reicherts* Angaben, die aus amtlichen statistischen Mitteilungen herrühren, die gegenwärtige (1925) tatsächliche Eisen- und Stahlgewinnung der Welt rund 100 Millionen Tonnen, davon die Rohstahlmenge ungefähr 90 Millionen Tonnen beträgt[2]). Von dieser Menge fällt ein etwas höherer Prozentsatz auf den Siemens-Martin-Stahl, als aus der Erzeugung der obengenannten Länder, da in den übrigen Ländern der Anteil des Siemens-Martin-Verfahrens an der gesamten Stahlerzeugung ein viel größerer ist als in den größten Eisenländern. Die Leistungsfähigkeit sämt-

[1]) Enthalten in den Zahlen für das „Deutsche Zollgebiet".
[2]) Verf. schätzte die Eisen- und Stahlgewinnung der Welt ebenso hoch. Vgl. *E. Cotel:* Die Bedeutung des Eisens aus dem Gesichtspunkte des Fortschrittes der Menschheit, Természettudományi Közlöny (Ung. Ztschr. f. Naturwissenschaften), Budapest 1924, Oktober-Heft.

Fig. 51. Tannenbaumkristall-Gruppen in dem Hohlraume einer Stahlgußwalze. (Aufnahme des Verfassers.)

Verlag von Otto Spamer, Leipzig.

licher Länder der Welt an Siemens-Martin-Stahl ist etwa um 20—25 Proz. höher als die tatsächliche Erzeugung.

B. Die Eigenschaften des Siemens-Martin-Stahles.

Der Siemens-Martin-Stahl hat im großen und ganzen die gleichen Eigenschaften, wie jedes schmiedbare Eisen bzw. der Flußstahl, natürlich abgesehen von den kleineren oder größeren Abweichungen, die bereits mehrfach erwähnt und für die Beschaffenheit des Siemens-Martin-Stahles besonders bezeichnend sind. Es kann gesagt werden, daß die wünschenswerten und wertvollen Eigenschaften des Flußstahles — vielleicht die Schweißbarkeit ausgenommen — unter den Flußstahlgattungen in höchstem Grade im Siemens-Martin-Stahl aufzufinden sind.

Das Gefüge.

Das Gefüge des erstarrten Siemens-Martin-Stahles — wie auch aller anderen Metallegierungen — zeigt einen krystallinen Aufbau. Der — beim Gießen flüssige — Stahl krystallisiert sich im Laufe der Erstarrung in seiner ganzen Menge. Dieser krystalline Zustand kann unter gewöhnlichen Umständen äußerlich nicht immer beobachtet werden. Während des aus den sog. Krystallisationszentren ausgehenden Krystallisationsvorganges wird nämlich die freie, regelmäßige Ausbildung der Einzelkrystalle durch den gegenseitigen Druck der erstarrenden, sich in allgemeiner Auskrystallisation befindenden Teilchen der Stahlmasse verhindert. Es ist ohne weiteres klar, daß die Ausbildung der regelrechten Krystallform in einer völlig eingeschlossenen Stahlmasse unmöglich ist. Regelmäßige Krystallformen können nur an solchen Stellen eines Blockes oder eines Stahlgusses entstehen, wo den Stahlteilchen — während der Erstarrung — ein druckfreier Raum zur Verfügung steht. Solche Stellen sind z. B. die Schwindungshohlräume der Stahlblöcke und die Hohlräume gleicher Herkunft der Stahlabgüsse. Die innere Oberfläche solcher Hohlräume ist immer zackig, da die herausragenden Spitzen der hier frei gewachsenen Krystalle sie zackig machen. Die Krystalle können in solchen Hohlräumen unter günstigen Umständen so groß werden bzw. die aufeinandergewachsenen Krystalle können derart umfangreiche Gruppen bilden, daß die ganze innere Oberfläche von sog. Tannenbaum-Krystallgruppen besetzt ist. Eine solche dendritische Krystallbildung ist in Fig. 51 (Taf. I) zu sehen, in der die Krystallbildung des Aufgußhohlraumes einer Stahlgußwalze wiedergegeben ist.

Mittels entsprechender Aufschließung ist jedoch der krystalline Aufbau des Stahlgefüges auf dem von beliebiger Stelle des Stahlstückes genommenen Probestücke festzustellen. Die Aufschließung besteht aus Schleifen, Polieren des Probestückes und aus Behandlung desselben mit verschiedenen ätzenden Lösungen. (Die Art und Weise dieser Stoffprüfung ist in einer selbständigen Wissenschaft, in der Metallographie, erörtert.) Das derart aufgeschlossene und durch Ätzen hervorgerufene Stahlgefüge wird dann unter dem Mikroskop das Bild der Gefügebestandteile deutlich erscheinen lassen. In Fig. 52 (Taf. II) ist z. B. das Kleingefüge eines sehr weichen, fast reinen Eisens (Elektrolyteisens) dargestellt, in welchem die scharfen dunklen Grenzen der gegenseitig verformten Krystalle bzw. Körner aus dem lichtgrauen Grundton deutlich hervortreten. Im reinen Eisen gibt es nur einerlei Gefügebestandteil, dessen metallographische Benennung Ferrit ist.

Es gehört zwar nicht streng hierher, doch sollen die bezeichnendsten Kleingefügegattungen des Siemens-Martin-Stahles — zwecks besserer Übersicht — veranschaulicht werden. Die Fig. 52 bis 59, welche von Herrn ord. Prof. *St. Baláza* in der Stoffprüfungsanstalt der montanistischen Hochschule in Sopron (Ödenburg) angefertigt und dem Verf. überlassen wurden, stellen die sämtlichen bezeichnenden Kleingefügegattungen des schmiedbaren Siemens-Martin-Stahles dar.

In Fig. 52 ist das Kleingefüge des Elektrolyteisens, also fast reinen Eisens, dargestellt. Das Gefüge dieser Eisengattung besteht — wie bereits erwähnt — lediglich aus dem sog. Ferrit. Mit dem zunehmenden Kohlenstoffgehalt erscheint im Kleingefüge des Eisens ein neuer Gefügebestandteil, welcher die metallographische Bezeichnung Perlit erhalten hat. Fig. 53 bis 55 (Taf. II) lassen erkennen, daß die Perlitinseln (dunkle Flecken) desto umfangreicher sind, je höher der Kohlenstoffgehalt des betreffenden Stahles ist. Der Perlit besteht übrigens aus dem bereits erwähnten Ferrit und aus dem in der Metallographie Zementit, in der Metallurgie Eisenkarbid genannten Gefügebestandteil. In allen drei Gefügearten kommen neben dem Perlit auch die Netze des reinen Ferrits zum Vorschein.

Da das Zementit der härteste und auch der ätzenden Wirkung der Säuren am stärksten widerstehende Gefügebestandteil des Stahles ist, tritt bei der Prüfung eines reinen Perlitgefüges bei stärkeren Vergrößerungen die Tatsache der Zusammensetzung des Perlits aus zwei Bestandteilen von verschiedener physikalischer Beschaffenheit sogleich hervor. Dadurch, daß der Zementit weder von dem Schleifen noch von der Ätzung so stark angegriffen wird, als der andere, weichere Bestandteil des Perlits (der Ferrit), wird das Kleingefügebild des reinen Perlits heller und dunkler gestrichelte Felder zeigen (s. Fig. 56, Taf. III) da die höhergebliebenen harten Zementitstreifen auf die tiefer abgearbeiteten weichen Ferritstreifen Schatten werfen.

Das Gefüge der an Kohlenstoff allmählich noch reicheren Stähle enthält — wie es die Figuren zeigen — immer mehr und mehr Perlit und weniger Ferrit, bis das Gefüge des Stahles bei ungefähr 0,90 Proz. C-Gehalt nur Perlit enthält. Beim Überschreiten dieses — allerdings sehr bedeutungsvollen — Kohlenstoffgehaltes erscheint im Gefüge des Stahles als neuer Gefügebestandteil der ausscheidende, selbständig auftretende Zementit. Die von der Ätzung kaum angegriffenen hellen Linien des Zementits bilden im dunkleren Perlitfelde ein Netz (s. Fig. 57 bis 59, Taf. III). Bei genügender Vergrößerung und guter Aufnahme ist der lamellare Aufbau dieser Perlitfelder klar zu sehen (s. Fig. 59). Das Zementitnetz ist um so stärker, je höher der Kohlenstoffgehalt des Stahles ist.

Die metallographische Prüfung ist jedoch in der Regel keine fließende Prüfung des Stahles, und so ist im Betriebe auch die rasche Beurteilung des Bruchaussehens mit dem unbewaffneten Auge stets notwendig. Wird hier von

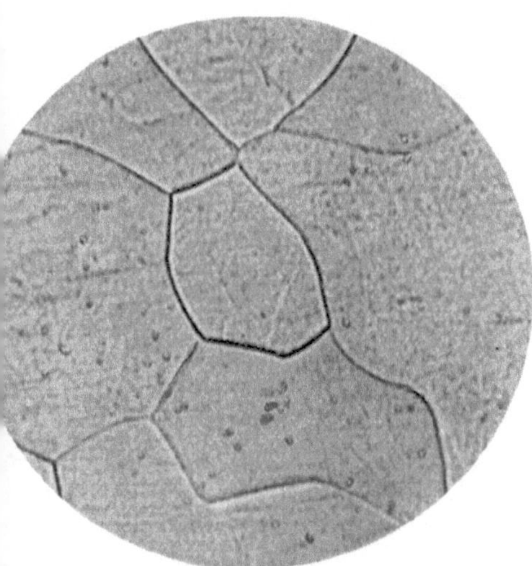

v = 250
Fig. 52. Kleingefüge des Elektrolyteisens.

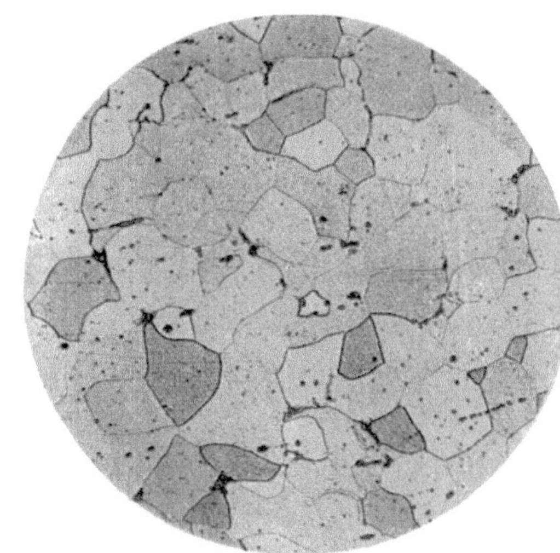

v = 250
Fig. 53. Kleingefüge eines Siemens-Martin-Stahles mit einem C-Gehalt von 0,05 v. H.

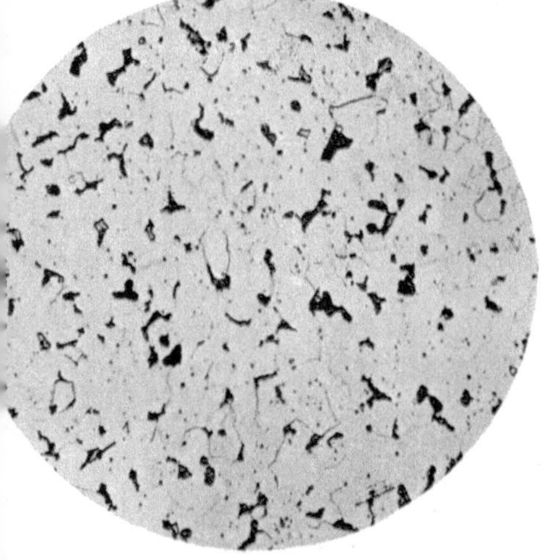

v = 250
ig. 54. Kleingefüge eines Siemens-Martin-tahles mit einem C-Gehalt von 0,13 v. H.

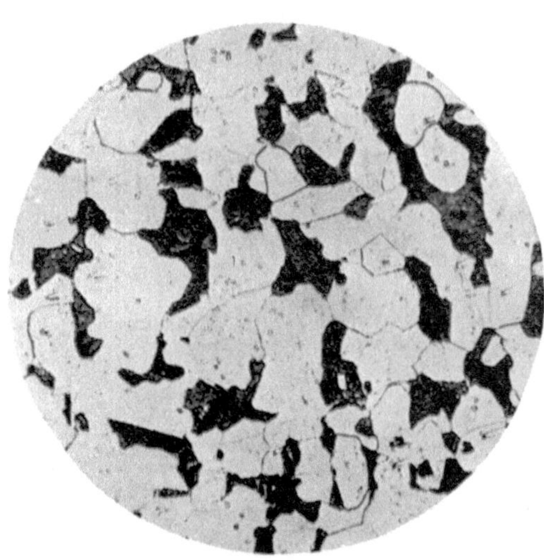

v = 200
Fig. 55. Kleingefüge eines Siemens-Martin-Stahles mit einem C-Gehalt von 0,29 v. H.

erlag von Otto Spamer, Leipzig.

v = 650
Fig. 56. Kleingefüge eines Siemens-Martin-Stahles mit einem C-Gehalt von 1,03 v. H.

v = 500
Fig. 57. Kleingefüge eines Siemens-Martin-Stahles mit einem C-Gehalt von 1,29 v. H.

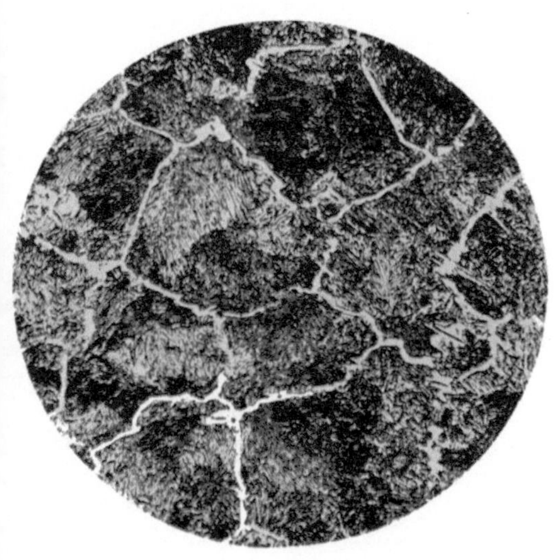

v = 200
Fig. 58. Kleingefüge eines Siemens-Martin-Stahles mit einem C-Gehalt von 1,50 v. H.

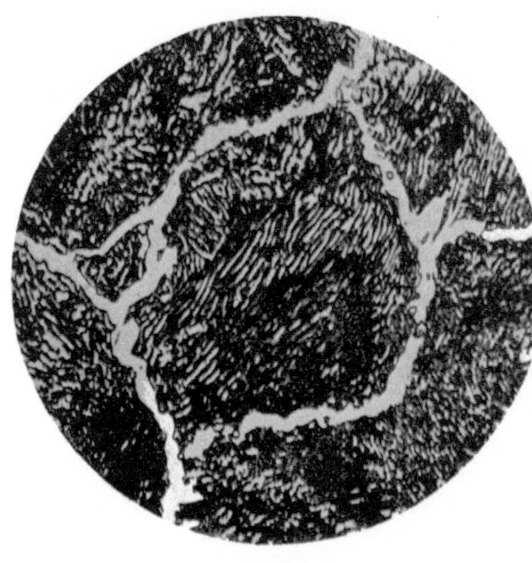

v = 500
Fig. 59. Kleingefüge eines Siemens-Martin-Stahles mit einem C-Gehalt von 1,50 v. H.

Verlag von Otto Spamer, Leipzig.

Fehlern des Gefüges abgesehen, so kann der Siemens-Martin-Stahl im allgemeinen zweierlei Bruchflächen haben; eine ist die faserige und die zweite die körnige. Das faserige Gefüge ist eine Erscheinung, die regelmäßig nur beim weichen Puddeleisen vorkommt; beim Siemens-Martin-Stahl erscheint das faserige Gefüge nur an der Bruchfläche der sehr weichen und stark gestreckten Stäbe und bei einigen legierten Stählen. Für den Siemens-Martin-Stahl ist im allgemeinen das körnige Bruchgefüge bezeichnend. Die Korngröße ist jedoch sehr verschieden; sie ändert sich je nach dem Kohlenstoffgehalt bzw. der Zusammensetzung des Stahles, nach der Vielfältigkeit der Wärmebehandlung, sowie nach dem Grade und nach der Art der Bearbeitung. Bei den gewöhnlichen Kohlenstoffstählen sind die Körner der Bruchfläche um so größer, je höher der Kohlenstoffgehalt des Stahles ist, und je weniger Bearbeitung das betreffende Stahlgut erfuhr. Manche legierten Stähle haben eine derart feinkörnige Bruchfläche, daß das körnige Gefüge mit freiem Auge gar nicht festzustellen ist. Die Feinheit der Körner einer solchen samtartigen Bruchfläche kann so weit gehen, daß das unbewaffnete Auge den Stoff für amorph zu halten geneigt wäre. Die Bearbeitung vermindert die Korngröße in jedem Falle, wie auch das Glühen, wenn diesem eine Härtung vorausgegangen ist. Ein solches mit Härtung verbundenes Glühen wird Vergütung genannt, da die Festigkeitsverhältnisse des Stahles nach einer solchen Wärmebehandlung sich stets bedeutend günstiger gestalten.

Die Zusammensetzung und die Entmischungen.

Obwohl der Siemens-Martin-Stahl unter den — auf dem Wege der Massenerzeugung hergestellten — Stahlgattungen die gleichmäßigste Beschaffenheit besitzt, ist die Zusammensetzung an verschiedenen Stellen eines beliebigen Gegenstandes aus Siemens-Martin-Stahl doch nicht vollkommen gleich. An verschiedenen Stellen eines stählernen Gegenstandes sind in der prozentualen Menge, der Eisenbegleiter (besonders in der Menge des P- und S-Gehaltes) sehr bedeutende Unterschiede zu treffen. Zieht man in Betracht, daß das Stahlbad nichts anderes als eine dünnflüssige Lösung verschiedenster Legierungen des Eisens mit den Begleitern ist, so muß man es für wahrscheinlich halten, daß die chemische Zusammensetzung des im Ofen befindlichen Bades in seiner ganzen Menge gleichmäßig ist. Dieser Zustand besteht solange, bis sich die Temperatur eines Teiles der flüssigen Menge gegenüber der der übrigen Teile in bedeutendem Maße nicht geändert hatte. Eine solche Änderung tritt — im wesentlichen Maße — beim Gießen der Blöcke ein. Jene Teile der in die Gußform (Kokille) gegossenen flüssigen Stahlmenge, welche mit der kalten Oberfläche der eisernen Gußformen in unmittelbare Berührung kommen, erstarren nämlich sehr rasch, während die mittleren Teile der Stahlmenge eine längere Zeit hindurch flüssig bleiben. In dieser ruhigstehenden flüssigen Masse werden die Legierungen, die ein niedrigeres spezifisches Gewicht und einen tieferen Schmelzpunkt haben als die Hauptmenge des Stahles, infolge des hydrostatischen Druckes emporzusteigen bestrebt sein. Nachdem die allmählich abkühlende bzw. wärmeentziehende

Wirkung der Blockformen von außen nach innen vorschreitet, entsteht in den noch flüssigen Teilen der Blöcke eine langsame Strömung, durch welche die an Begleitern reichen Legierungen teilweise in die Mitte des Blockes, teilweise entlang der Mittelachse desselben emporgetrieben werden. Die im Stahle gelösten Legierungen besitzen nämlich ein um so kleineres spez. Gewicht und einen um so tieferen Schmelzpunkt, je höher in ihnen der Anteil der fremden Begleiter ist. Die von der Zusammensetzung der Hauptmenge des Stahles am weitesten abweichende chemische Beschaffenheit bzw. die größte Anreicherung an Begleitern wird daher sicherlich im oberen Drittel des Blockes, ganz unter dem Schwindungshohlraum, aufzufinden sein. Diese örtliche Veränderung der Zusammensetzung des Siemens-Martin-Stahles bzw. die örtliche Anreicherung an Begleitern wird Entmischung oder mit einer älteren Bezeichnung Seigerung genannt. Die Entmischungen, welche die Verwendbarkeit des betreffenden Stahlgutes nicht selten beträchtlich erschweren, treten in um so größerem Maße auf, je größer die Stahlmenge, d. h. je schwerer der Block oder der Stahlguß, je größer der Unterschied zwischen der Gießtemperatur und der des Erstarrens und endlich je reicher der Stahl an (zur Entmischung besonders geneigten) Eisenbegleitern ist.

Die Gefahren, welche die Folgen solcher örtlichen Anreicherungen sind, haben nicht nur deshalb Bedeutung, weil sich aus solchen stark geseigerten Stahlgegenständen eine verläßliche chemische Analyse kaum machen läßt[1]), so daß man unter Umständen Gefahr läuft, für einen bestimmten Zweck einen unrichtig gewählten Stahl anzuwenden; sondern hauptsächlich darum, weil, wenn die Entmischungen im Laufe der weiteren Bearbeitung an eine Stelle geraten, auf deren Festigkeitsverhältnisse in Hinsicht der Anwendbarkeit es besonders ankommt, die Brauchbarkeit des betreffenden Stahlgutes ganz fraglich gemacht werden kann. In Fällen, wo von der Verläßlichkeit des betreffenden Siemens-Martin-Stahlgutes die Lebenssicherheit von Menschen abhängt, hat man daher außer der chemischen Zusammensetzung und den Festigkeitsverhältnissen auch die Größe der örtlichen Anreicherungen und die Art ihrer Verteilung von vornherein festzustellen. Nachstehend wird auf einen in der Praxis vorgekommenen lehrreichen Fall hingewiesen, durch welchen die oft äußerst schädliche Wirkung der örtlichen Anreicherungen klar erwiesen ist.

Bei einer Prüfung der 44,3-kg-Schienen der ungarischen Staatsbahnen stellte sich — zur unangenehmen Überraschung — heraus, daß die Schienen einer Siemens-Martin-Schmelze die Schlagprobe nicht aushielten, bzw. daß sie nach dem ersten Schlag am oberen Teil des Stegs der Länge nach zersprangen. Da die Zusammensetzung sowie die Ergebnisse der Zerreißproben einwandfrei waren, mußte der Fehler dieser Schmelze nur mehr in Entmischungen, in örtlichen Anreicherungen gesucht werden. Die Prüfung rechtfertigte diese Vermutung in vollem Maße. Das betreffende Stück wurde nämlich in seinem ganzen Querschnitt fein geschliffen und davon im Sinne des *Baumann*schen Abdruckverfahrens auf ein mit 1 bis 2proz. verdünnter Schwefelsäure ange-

[1]) Vgl. *Bauer-Deiss:* Probenahme und Analyse von Eisen und Stahl. Berlin 1922, 2. Aufl., S. 78 bis 101.

feuchtetem Bromsilberpapier Abdruck genommen. Dieser Abdruck ließ klar zum Vorschein kommen, daß sich in dem Halse der Schiene eine umfangreiche

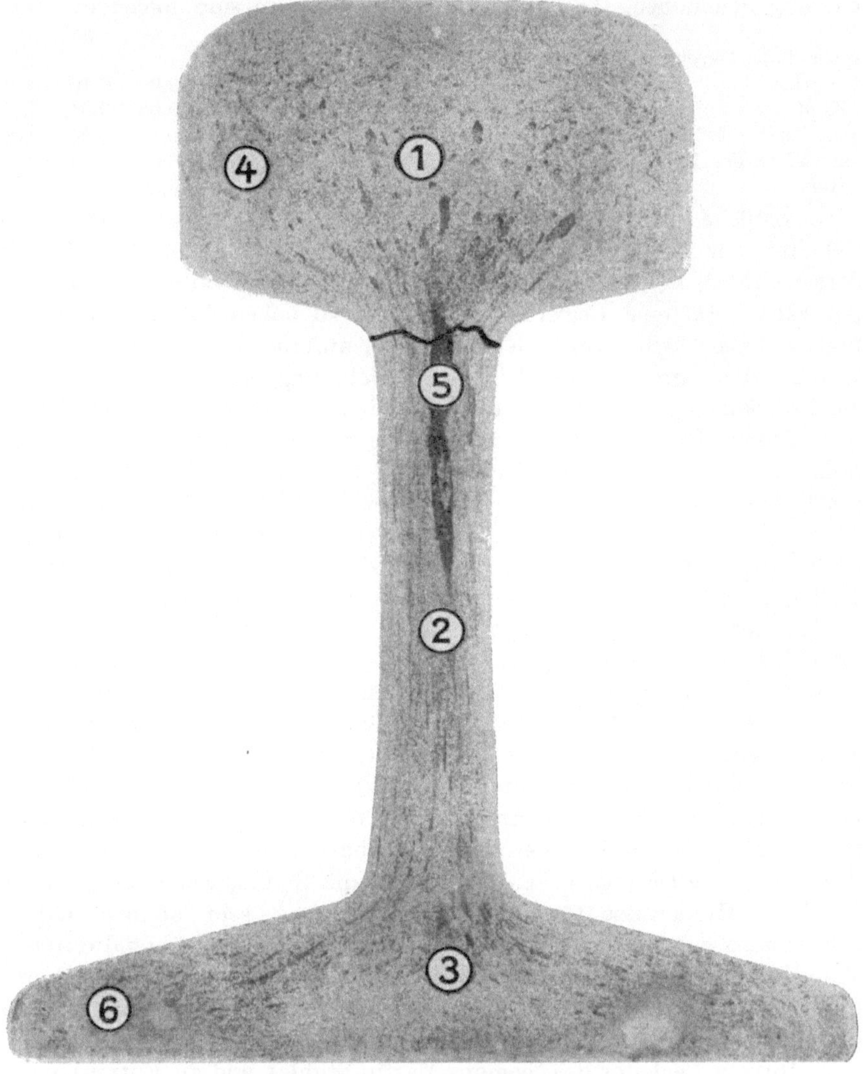

Fig. 60. Abdruck der P-Anreicherungen einer Eisenbahnschiene aus Siemens-Martin-Stahl. (Baumann-Probe.)

P-Anreicherung befindet, welche die Ursache des Zerspringens auf eine verhältnismäßig geringe Inanspruchnahme klargelegt hatte.

Der erwähnte *Baumann*sche Abdruck ist in Fig. 60 dargestellt. Im unter dem Halse befindlichen Stegteil springt ein großer dunkler Fleck auffallend ins Auge, welcher durch das hier in stärkerer Schicht entstandene Silberphosphid hervorgerufen wurde. Nun wurden auf Grund des *Baumann*schen Abdruckes weitere chemische Analysen durchgeführt, und zwar aus verschiedenen Stellen des Querschnittes. Die Probe 5 wurde aus der Mitte der P-Anreicherung genommen. Die Ergebnisse der Analysen sind folgende:

		C	Mn	P	Si	S
Ursprüngliche Durchschnittsanalyse der fertigen Schmelze		0,57	0,82	0,06	0,10	0,03
Im Kopf	1.	0,57	0,80	0,06	0,04	0,03
In der Mitte des Stegs	2.	0,66	0,84	0,11!	0,04	0,06
In der Mitte des Fußes	3.	0,53	0,78	0,06	0,04	0,04
Im Hals	5.	—	—	0,30!	—	—

Die örtliche P-Anreicherung ist also sehr stark, das Fünffache des P-Gehaltes der Fertigprobe bzw. der Kopf- und Fußteile. Dies ist eine außergewöhnlich hohe Anreicherung, die gewiß zu den seltenen Ausnahmefällen zählt. Da eine Legierung mit einem so hohen P-Gehalt gar keine Zähigkeit haben kann, wurde der Grund der auffallenden Sprödigkeit in der außerordentlich großen örtlichen P-Anreicherung gefunden. Die ganze Schmelze wurde aus den zu übergebenden Schienen selbstverständlich ausgeschieden. Um die örtliche Zunahme der Sprödigkeit bzw. der Härte festzustellen, wurde ein anderer Schliff dieser Schiene an einer Brinell-Presse geprüft, wobei an Stellen 1 und 5 die Härtezahl 200 bis 205 gefunden wurde, während sich an der Stelle der höchsten P-Anreicherung 277 ergab. Gegenüber der ungefähr 70 kg/qmm betragenden Zerreißfestigkeit der Hauptmenge des Schienenstoffes hatte dieser an der Stelle der Anreicherung eine Festigkeit von ungefähr 100 kg/qmm.

Wie bei der Inanspruchnahme im kalten Zustande die P-Anreicherung eine wichtige Rolle spielt, so kann durch eine bedeutendere S-Anreicherung die Warmverformung des Siemens-Martin-Stahles erschwert oder unmöglich gemacht werden. Nachdem jedoch die Silbersulfidschicht an den *Baumann*schen Abdrücken durch die dunklen Phosphidflecken verdeckt bzw. verschleiert wird, ist es besser, wenn die Abdrücke der Sulfidanreicherungen im Sinne des *Heyn-Bauer*schen Verfahrens[1]) (Abdruck auf Seide) näher geprüft werden. Es ist allerdings festzustellen, daß die Sulfidanreicherungen in der Regel nur Hindernisse für die Warmverformung sein können, daß sie also höchstens nur eine wirtschaftliche Bedeutung haben, während durch die P-Anreicherungen auch die Standsicherheit von Bauten gefährdet werden kann. Man soll daher den letztgenannten Anreicherungen stets große Aufmerksamkeit widmen.

Die übrigen Begleiter des Siemens-Martin-Stahles sind zu Entmischungen weniger geneigt als der P- und S-Gehalt, doch sind die Fälle, in welchen auch C, Mn, Si und andere Elemente eine bedeutende örtliche Anreicherung zeigen, durchaus nicht selten. Die Anreicherungen dieser Elemente sind jedoch von verhältnismäßig viel kleinerer Größe und Bedeutung als die P-Anreicherungen, weil ihre Folgen viel weniger gefährlich sind.

---

[1]) Siehe *Bauer-Deiss:* Probenahme und Analyse von Eisen und Stahl. Berlin 1922, 2. Aufl., S. 10.

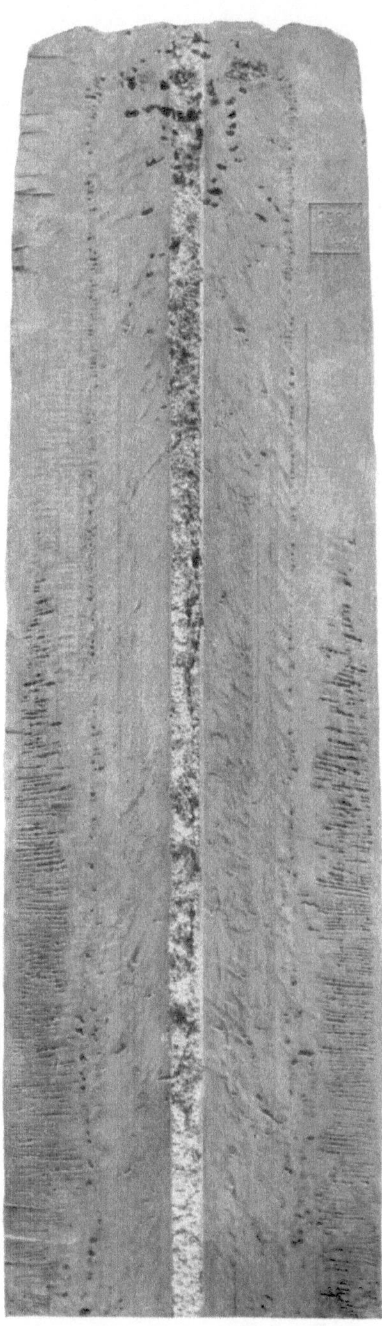

Fig. 61. Längsschnitt eines Siemens-Martin-Stahlblockes (0,087 v. H. C-Gehalt).

Fig. 62. Längsschnitt eines weichen Siemens - Martin - Stahlblockes mit starkerEinsenkung des Kopfes. (C-Gehalt 0,08 v. H.)

Verlag von Otto Spamer, Leipzig.

Fig. 63. Längsschnitt eines weichen (0,10 C) Siemens-Martin-Stahlblockes. (Die Entstehung der Randblasen mittels 0,10 v. H. Al-Zusatz verhindert.)

Fig. 64. Längsschnitt eines silizierten Siemens-Martin-Stahlblockes.

Verlag von Otto Spamer, Leipzig.

Die Mittel zur Verhinderung von Entmischungen sind die entsprechende Beschaffenheit (chemische Zusammensetzung) des Einsatzes und die richtig gewählte Gießtemperatur. Die Größe der Stahlgüsse kann nämlich kaum beeinflußt werden, und auch die Größe der Blöcke ist den Anforderungen der weiterverarbeitenden Werke anzupassen. Im Einsatz der Siemens-Martin-Öfen soll man daher sich vor höheren S- und P-Gehalten bzw. vor dem Einsetzen der an solchen Begleitern reichen Stoffe immer hüten. Beim Gießen ist es immer vorteilhaft, wenn man an die praktische Regel denkt: „heiß arbeiten und kalt gießen“.

Die Hohlräume des Stahlblockes.

Die Hohlräume, durch welche der Stoffzusammenhang der Blöcke unterbrochen wird, entstehen aus zwei verschiedenen Gründen, weshalb die Beschaffenheit und die Verteilung der Blockhohlräume beider Gruppen voneinander wesentlich abweichend sind. Der eine Grund, welcher Hohlraumbildungen verursachen kann, ist die Schwindung während des Erstarrens, der andere Grund ist die im flüssigen Stahl gelöste Gasmenge, die bis zum Ende der Erstarrung aus der Stahlmenge nicht entweichen konnte und darin in Gestalt von Gasblasen, Gashohlräumen zurückbleibt.

Der Schwindungshohlraum, der früher auch Lunker genannt wurde, entsteht nicht nur im Stahl und in Metallen, sondern auch in den meisten Stoffen, bei deren Erstarrungsvorgängen beträchtlichere Rauminhaltsverminderungen auftreten. Aus der Art des Entstehens des Schwindungshohlraumes folgt, daß dieser Hohlraum einerseits nie zu vermeiden (höchstens etwas zu vermindern und teilweise die Stelle seiner Entstehung zu beeinflussen) ist, anderseits, daß er sich stets dort befindet, wo der Stahl am längsten flüssig bleibt; in den Stahlblöcken also im oberen Teil derselben. Die Gestalt des Schwindungshohlraumes ist nicht immer gleich und auch nicht immer ohne Unterbrechung. In Blöcken der ganz weichen Stahlgattungen z. B. (zu deren Fertigmachen weder Al- noch FeSi-Zusatz angewendet wurde) sind im oberen Teile meistens mehrere kleine, voneinander getrennte Schwindungshohlräume zu finden. Solche Schwindungshohlräume sind in Fig. 61 und 62 (Taf. IV) in Lichtbildern von Blocklängsschnitten dargestellt. Wird aber ein Al- oder FeSi-Zusatz in den flüssigen Stahl gegeben, so daß die Stahlmenge des Blockes längere Zeit hindurch flüssig bleiben kann, so ändert sich die Form des Lunkers und gestaltet sich trichterförmig aus, wie es in den weiteren zwei Lichtbildern (Fig. 63 und 64, Taf. V) deutlich sichtbar ist. Ist die obere Wand des Blockkopfes dick und widerstandsfähig, so bleiben auch die den Schwindungshohlraum durchquerenden Stoffteile dicht und stark (s. Fig. 63). Ist dagegen die Deckwand des Blockkopfes schwach, so werden die inneren Stoffteile des Lunkers schwammig sein und die Deckwand selbst nicht selten — infolge des Druckes der Außenluft — durchgerissen (s. Fig. 64).

Von den Schwindungshohlräumen wird die Beschaffenheit bzw. Anwendbarkeit des Stahles sehr ungünstig beeinflußt. Die Hohlräume dieser Herkunft verschwinden im Laufe der weiteren Bearbeitung trotz Anwendung größter Drücke und Streckungen nicht, da die Oberfläche des Lunkerhohlraumes während der Bearbeitung oxydiert wird; auch sonst ist der Lunker oft mit Anreicherungen der Eisenbegleiter stark bedeckt, die die Oberfläche des Schwindungshohlraumes sowieso unschweißbar machen. Der Lunker hat also zur Folge, daß etwa das obere Drittel des Blockes abgetrennt werden muß und dieser nur zu einfacheren Zwecken zu verwenden ist. Das obere Drittel der Blöcke, die zur Herstellung von Geschirrblechen, geschmiedeten Gegenständen, Maschinenbestandteilen, Geschossen und ähnlichen Waren bestimmt sind, ist immer abzutrennen und für andere Zwecke aufzuarbeiten. Siemens-Martin-Stahlblöcke für Schmieden und Pressen werden eben deswegen mit Aufguß, mit einem „verlorenen Kopf" gegossen. Da der verlorene Kopf in einen mit feuerfestem Stoff ausgekleideten Ansatz (als Verlängerung der Kokille) gegossen wird, bleibt hier der Stahl viel länger flüssig und entsteht deshalb der Schwindungshohlraum nur im Aufguß, in Form eines kürzeren, aber breiteren Trichters. Da jedoch ein derartiges Versetzen des Lunkerhohlraumes außerhalb des eigentlichen Körpers des Blockes kostspielig ist, wird dieses Verfahren nur bei der Erzeugung von wertvolleren geschmiedeten und gepreßten Stahlwaren angewendet werden.

Die Entstehung der Gashohlräume ist Folge des Umstandes, daß die im flüssigen Stahl gelösten Gase (besonders H und N) bis zum Ende der Erstarrung nicht in ihrer ganzen Menge entweichen können. Ein Teil der vom Stahlbad verschlungenen Gase verbleibt meistens endgültig im Block. Die Gashohlräume entstehen immer in der Kruste, welche an der Kokillenwand als allererste erstarrt; die so entstandenen Hohlräume haben die Neigung, in die noch flüssigen Teile des Blockes zu gelangen. Die Tatsachen, daß die bedeutendsten Gruppen der Gasblasen als Randblasen auftreten, daß sie weiter eine längliche Form und eine gegen die Mitte des Blockes ansteigende Lage haben, sind Beweise für die Richtigkeit des Gesagten. Diese Randblasen, die nach ihrer Gestalt auch „Wurmgänge" genannt werden, kommen in dem Lichtbild des Blocklängsschnitts (Fig. 61) klar zum Vorschein. An diesem Bild ist auch zu beobachten, daß die Randblasen um so schütterer werden und um so steiler liegen, je mehr sie sich dem oberen Teile des Blockes — also dem Teile, welcher zuletzt erstarrt — nähern, und im obersten Teil des Blockes völlig verschwinden. — An dieser Figur ist auch eine zweite, aus kleineren, runden Gasblasen bestehende Gruppe zu bemerken, welche sich weiter drinnen und in der ganzen Länge des Blockes befindet. Diese letztere Gruppe der Gasblasen übt, infolge der inneren Lage und der geringen Größe, auf die weitere Verarbeitung der Blöcke keine schädliche Wirkung aus. Die Randblasen verursachen dagegen bei der weiteren Verarbeitung oft beträchtliche Übel, besonders wenn sie der Oberfläche des Blockes allzunahe liegen. In diesem letzteren Falle kann der Block für gewisse Zwecke, z. B. für Geschirr- und Tiefstanzbleche, gänzlich unbrauchbar werden. Deswegen sind Stahlschmelzen, bei deren Blöcken die Randblasen möglichst vollständig zu vermeiden sind, oft mit FeSi- oder Al-Zusatz zu behandeln (ersteres wird in das Bad des Ofens, letzteres in die Pfanne gegeben), damit in das Stahlbad Stoffe gebracht werden, die im flüssigen

Stahl besser löslich sind als die Gase, d. h. mit dem Zwecke, daß die Gase während des Auflösens der Zusatzstoffe aus dem flüssigen Stahl entweichen. Der vollständig dichte, gasblasenfreie Stahl der in den Fig. 63 und 64 dargestellten Blöcke ist ein Beweis dafür, daß dieses Verfahren in Hinsicht der Verdrängung, richtiger gesagt der Verhinderung, der Gasblasenbildung vollkommen sicher wirkt. Dieses Verfahren hat jedoch den großen Nachteil, daß die gute Beschaffenheit des Stahles durch die zwei erwähnten Zusätze bei den ganz weichen Schmelzen verändert wird und der so behandelte Stahlblock z. B. für die obengenannten Tiefstanzzwecke — trotz der Gasarmut — meist unbrauchbar ist. Für diese Fälle sagt *Mars* ganz richtig: „obgleich hierdurch ein Mittel zur Verminderung der Gasblasen gegeben scheint, so ist die Anwendung desselben doch großer Beschränkung unterworfen, weil man dadurch stets gezwungen ist, die Lösung eines anderen Stoffes im Eisen mit in Kauf zu nehmen“[1]).

Darum ist es zweckmäßiger, solche Verfahren zu wählen, welche die Gasblasen verdrängen oder sie wenigstens weiter nach den inneren Teilen des Blockes verschieben, ohne die Zusammensetzung und die Beschaffenheit des Stahles beträchtlich zu ändern. So gelang es z. B. Dr. *P. Oberhoffer*, bei weichem, unsiliziertem Stahl durch „Füttern“, d. h. Zugabe von sorgfältig gereinigtem Schrott, die Entfernung des Randblasenkranzes von der Blockoberfläche auf etwa das Dreifache zu vergrößern[2]). Ist man in der Lage, die Einsatzstoffe auswählen und einen möglichst rostfreien oder weniger verrosteten Schrott einsetzen zu können, werden weiter alle Vorsichtsmaßregeln in Hinsicht der Gießtemperatur und Geschwindigkeit des Gießens auf das peinlichste eingehalten, so wird es oft gelingen, Siemens-Martin-Schmelzen herzustellen, in deren Blöcken die Entstehung der Randblasen ohne Al- und FeSi-Zusatz bzw. auch ohne „Füttern“ verhindert wird. Ein solcher Block bzw. der Längsschnitt eines solchen weichen Siemens-Martin-Stahlblockes mit starker Einsenkung ist in Fig. 62 dargestellt; die Randblasen fehlen fast gänzlich, und auch der innere Gasblasenkranz ist unbedeutend. Die starke Einsenkung ist auch eine Folge des gasarmen Zustandes der Blöcke. Auch die Kalt- wie die Warmbildsamkeit eines Stahlblockes aus solchem gasarmen Stoff sind sehr bedeutend, und es entstehen auch an den daraus gewalzten dünnsten Feinblechen keine Fehler und Blasen, ob sie in Säuren oder in der Hitze behandelt werden. Es folgt aus dem oben Gesagten, daß Randblasen nur in weichen Stählen auftreten bzw. nur für solche eine sehr unangenehme Schwäche bedeuten.

Schmiedbarkeit, Schweißbarkeit und Härtbarkeit.

Die Schmiedbarkeit ist die wertvollste Eigenschaft des Stahles, welche die verschiedensten, tiefgreifenden Warmverformungen des Stahles ermöglicht, ohne daß im Zusammenhang des Stoffes Unterbrechungen entstehen würden.

---

[1]) *G. Mars:* Die Spezialstähle. 2. Aufl., 634 (1922).

[2]) Dr. *P. Oberhoffer:* Das technische Eisen. 2. Aufl., 327 (1925).

Die Schmiedbarkeit ist um so größer, je kleiner die Kraft ist, welche zu einer bestimmten Warmverformung erforderlich ist. Den Begriff der Warmverformung drückt am richtigsten *Oberhoffer* aus. Er sagt[1]: „Erfolgt die Verarbeitung oder Verformung des schmiedbaren Eisens im Temperaturgebiete der homogenen festen Lösung, so heißt sie Warmverarbeitung oder -verformung. Das wesentliche an dieser Art der Verformung ist demnach, daß nicht wie bei der Kaltverformung die Zerfallprodukte der festen Lösung, Ferrit bzw. Zementit und Perlit, sondern die feste Lösung selbst betroffen wird. Ein weiterer Unterschied der beiden Verformungsarten besteht darin, daß die Körner oder Krystalle der festen Lösung bei der Warmverformung keine Veränderung der Gestalt, im besonderen keine Streckung erleiden."

Auch *Mars* stellt eine ähnliche Regel auf und sagt, daß „die feste Lösung diejenige Phase ist, auf deren Vorhandensein die Schmiedbarkeit allein beruht. Letztere muß in dem Maße abnehmen, wie sich, fremdkörperähnlich, der eutektische Zementit oder Graphit in diese festen Lösungen einbettet[2]."

Mars behauptet dabei, daß der Gehalt von 2 Proz. Kohlenstoff der höchste Kohlenstoffgehalt der austenitischen festen Lösung und damit die Grenze der Schmiedbarkeit ist. („Die Spezialstähle, 2. Aufl., S. 110.) Demgegenüber meint *Oberhoffer*, daß die Warmbildsamkeit oder Schmiedbarkeit — unter Voraussetzung zweckmäßiger Behandlung — erst bei etwa 2 bis 2,5 Proz. Kohlenstoffgehalt verlorengeht. („Das techn. Eisen", 2. Aufl., S. 202.)

Zieht man nun in Betracht, daß der Kohlenstoffgehalt es ist, welcher auf alle wichtigen Eigenschaften und so auch auf die Schmiedbarkeit, richtiger gesagt auf die Warmbildsamkeit, einen entscheidenden Einfluß ausübt, so hat die Frage des höchsten Kohlenstoffgehaltes im schmiedbaren Eisen zweifelsohne praktische Bedeutung. Verf. hat sich mit dieser Frage ebenfalls befaßt[3]) und ist davon ausgegangen, daß einesteils in der Fachliteratur in den letzten 25 Jahren die obere Kohlenstoffgrenze der Warmbildsamkeit von 2,6 Proz.[4]) auf 1,7 Proz. herabgesetzt wurde und andernteils die Begriffe Warmbildsamkeit, Schmiedbarkeit und Walzbarkeit bei weitem nicht dieselben sind.

Der bestehende scheinbare Widerspruch wird dadurch verursacht, daß heutzutage als Grenze zwischen Stahl und Roheisen die obere Grenze der festen Lösung, d. h. der Kohlenstoffgehalt von 1,7 Proz., betrachtet wird. Der Begriff des Roheisens schließt also die Warmbildsamkeit eigentlich aus, obwohl die Erfahrung beweist, daß eine sehr beschränkte Warmbildsamkeit — bei einer günstigen Gefügebildung — auch im Roheisen mit 2,6 Proz. C vorhanden ist. Fraglich ist nur, ob sich diese beschränkte Warmbildsamkeit praktisch und regelmäßig verwerten läßt, und

---

1) Dr. *P. Oberhoffer:* Das technische Eisen. 2. Aufl., 399 bis 400 (1925).

2) *G. Mars:* Die Spezialstähle. 2. Aufl., 109 (1922).

3) *E. Cotel:* Die Grenze der Warmbildsamkeit des Stahles. Ztschr. f. d. Berg-, Hütten- u. Salinenwesen **73**. Berlin 1925; ferner *E. Cotel:* Limite de la malléabilité a chaud de l'acier. Rev. univ. d. mines. Bruxelles 1926, 1. Januar.

4) *A. Ledebur:* Handbuch der Eisenhüttenkunde. **3**, 712 (Leipzig 1903).

in welchem Maße. Der Umstand nämlich, daß z. B. „Ziehplatten" mit 2,6 Proz. C eine Aufweitung oder Stauchung der Löcher im warmen Zustand (vielleicht gerade bei 700° C oder etwas unterhalb dieser Temperatur) gut ertragen, deutet wohl auf eine gewisse Warmbildsamkeit, kann jedoch nicht die Schmiedbarkeit des Stoffes bedeuten, unter welcher man stets eine tiefergreifende Formänderung versteht. Noch weniger kann dieser Grad der Warmbildsamkeit mit der Walzbarkeit gleichwertig sein, weil diese eine meist noch kompliziertere Formänderung und eine mit großen Geschwindigkeiten verbundene Inanspruchnahme bedeutet.

Es ist deshalb ganz außer Zweifel, daß die mit der Warmbildsamkeit zusammenhängenden Kohlenstoffgrenzen nur dann richtig beurteilt und festgestellt werden können, wenn dies auf Grund der Unterscheidung nach den erwähnten Graden der Bildsamkeit geschieht. Die unbeschränkte Walzbarkeit bedingt eine starke Verschiebung der Stoffteilchen und eine große Geschwindigkeit der Verformung. Man kann infolgedessen zu den komplizierteren Querschnittsformen nur solche Stähle auswalzen, in deren Gefüge Zementit bei keiner Temperatur, also auch nicht im Falle einer Abkühlung bis zur eutektoidischen Linie, erscheinen kann; d. h. Stähle mit höchstens rund 1 Proz. Kohlenstoffgehalt. Zu einfachen Querschnittsformen bzw. zu solchen, die von der ursprünglichen Form nicht wesentlich abweichen, ist der Stahl selbstverständlich auch bei höherem Kohlenstoffgehalt walzbar, wenn auch nicht immer mit sicherem Erfolg. Diese beschränkte Walzbarkeit reicht wahrscheinlich bis 1,3 Proz. Kohlenstoffgehalt, also bis zur Grenze, die vom Verf. in seiner bereits erwähnten Arbeit als die obere Kohlenstoffgrenze der praktischen Schmiedbarkeit bezeichnet wurde. Fig. 65 zeigt den Bereich dieser praktischen Schmiedbarkeit (gestrichelte Fläche). In derselben Figur ist auch die Stelle eines gelungenen Bildsamkeitsversuches *Ledeburs* bzw. der diesem Versuche entsprechende Temperatur- und Kohlenstoffgehalt (2,4 Proz.) mit L bezeichnet. Dr. *M. von Schwarz* gibt für die schmiedbaren Stähle ungefähr dieselbe Grenze an[1]). Die Warmbildsamkeit des Stahles, mit mehr als 1,3 Proz. Kohlenstoffgehalt kann weder beim Walzen noch bei dem regelrechten Schmieden nutzbar gemacht werden, weshalb dieselbe nur als beschränkte Warmbildsamkeit betrachtet werden muß. Diese beschränkte Warmbildsamkeit verschwindet weder bei 1,7 noch bei 2 Proz. Kohlenstoffgehalt restlos, da dazu kein Grund vorliegt, sondern sie verschwindet nur allmählich — mit der Zunahme des Zementitgehaltes — um beiläufig 2,5 Proz. Kohlenstoffgehalt.

Die Schweißbarkeit des Stahles ist die Fähigkeit, auf deren Grund eine Vereinigung zweier entsprechend hoch erhitzter Stahlstücke (oder zweier Teile desselben Stückes) mittels Druck oder Schlag derart ermöglicht ist, daß die Adhäsion der durch das Schweißverfahren nebeneinander geratenen Körner fast so groß wird wie die der übrigen Körner des Stahles. In praktischer Be-

[1]) Dr. *M. v. Schwarz:* Eisenhüttenkunde. 2, 11. W. de Gruyter, Berlin 1925. (Zustandschaubild.)

ziehung wird eine Schweißung als gelungen gelten, wenn die Zerreißfestigkeit der Schweißstelle wenigstens 75 Proz. der ursprünglichen Festigkeit des betreffenden Stahles beträgt. Die Schweißnaht kann die vollständige Zerreißfestigkeit des Stahles nie erreichen, da eine größere oder kleinere Menge verschiedener Oxyde selbst dann in der Schweißnaht zurückbleibt, wenn die Schweißung ganz vorsichtig ausgeführt wurde. **Der Stahl ist um so besser schweißbar, je kleiner sein Gehalt an Eisenbegleitern und je niedriger der Oxydgehalt der Schweißflächen ist.** Am besten schweißbar ist also der reinste Stahl (das reine Eisen); mit der Zunahme der Menge von

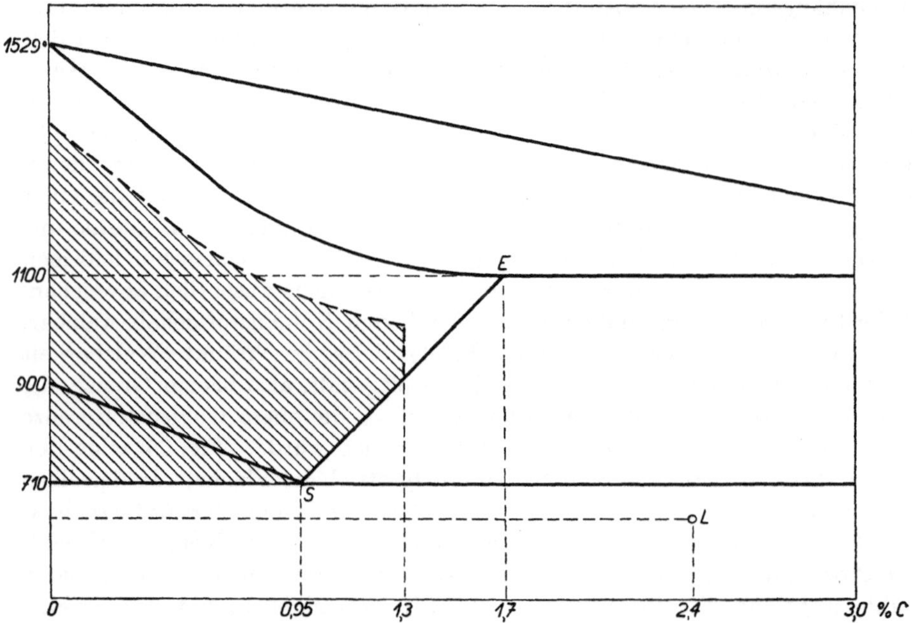

Fig. 65. Ausschnitt des Zustandschaubildes (Eisenkohlenstoff) mit dem Bereiche der **praktischen** Schmiedbarkeit.

Eisenbegleitern nimmt die Schweißbarkeit ab, bis sie bei ungefähr 0,5 Proz. Kohlenstoffgehalt verschwindet. Dies bezieht sich aber nur auf einen sonst reinen Stahl, denn ist der Stahl reich an Si, P und S, so kann er vielleicht auch bei 0,1 Proz. Kohlenstoffgehalt schwer oder gar nicht schweißbar sein.

Aus dem Obengesagten folgt, daß man beim Schweißen von kohlenstoffreicheren Stählen auf die erhitzten Schweißflächen solche Stoffe streuen oder schmieren muß, welche mit den beim Erhitzen entstandenen Oxyden eine dünnflüssige Lösung, eine flüssige Schlacke bilden. Die Schlacke fließt (spritzt) infolge des Druckes aus der Schweißnaht leicht heraus. Als solche Stoffe kommen bei weicheren Stählen Quarzsand, bei härteren Borax, Salmiak usw. in Betracht. Soll der Stahl an Stelle der Schweißnaht aus seinem Kohlenstoffgehalt möglichst nichts verlieren — was sonst immer der Fall ist —, so werden zum Schweißverfahren außer den Schweißpulvern auch kohlenstoffabgebende Stoffe (z. B. Blutlaugensalz) angewendet.

Die Härtbarkeit ist die Eigenschaft des Stahles, daß er infolge einer raschen Abkühlung (aus erhitztem Zustande) seine natürliche, ursprüngliche Härte bedeutend erhöhen kann. Die Bedingung des erwünschten Erfolges (Erreichung einer bedeutend größeren Härte) ist, daß der Stahl etwas über seine Umwandlungstemperatur erhitzt und daß die Abkühlung so tief und rasch ist, daß das Eintreten der Umwandlung unbedingt unmöglich gemacht wird. Die Härtetemperatur soll deshalb etwas über die unteren Grenzlinien der festen Lösung, d. h. etwas über die 900-S-E-Linie des Zustandsschaubildes der Fig. 65 steigen. Das Wesen und der Zweck des Härtens ist also, daß der Stahl das der festen Lösung entsprechende Gefüge auch bei niedriger Temperatur erhält. In der Metallographie wird dieses Gefüge (bei hoher Temperatur) der festen Lösung Austenit, im gehärteten Stahl Martensit genannt. Der Martensit ist ein Umwandlungsprodukt des Austenits; der erstere unterscheidet sich hinsichtlich der physikalischen Eigenschaften besonders durch seine größere Härte von dem weicheren Austenit.

Die Härtbarkeit des Stahles ist um so größer, je höher der Kohlenstoffgehalt desselben ist. Die durch das Härten erhöhte Härte ist jedoch bei den weichen Stählen praktisch selten erforderlich und in dieser Hinsicht hat *Oberhoffer* folgendes festgestellt: „Die Fähigkeit, Härte aufzunehmen, prägt sich mit zunehmendem Kohlenstoffgehalt immer deutlicher aus, wird aber praktisch erst von etwa 0,3 Proz. Kohlenstoffgehalt an ausgenützt. Damit ist durchaus nicht gesagt, daß Stähle mit geringerem Kohlenstoffgehalt nicht härtbar sind[1])".

Die praktische Wichtigkeit des Härtens ist sehr bedeutend, es würde aber zu weit führen, wenn hier in die Erörterung der technischen Ausführung, der Temperaturen des Härtens, der Beschaffenheit der Härteflüssigkeiten und der Art des Anlassens eingegangen würde. Es sei deshalb nur auf das betreffende Kapitel des vorher erwähnten Werkes *P. Oberhoffers* hingewiesen, das sich mit dem Härten und Anlassen des Stahles ausführlich befaßt — S. 457 bis 500 — und auch die Angaben der neuesten Forschungen bringt.

Die Festigkeitseigenschaften des Siemens-Martin-Stahles.

Die Wirkung des Kohlenstoffgehaltes im Siemens-Martin-Stahl prägt sich am unmittelbarsten in den Festigkeitseigenschaften des Stahles aus. Je höher der Kohlenstoffgehalt des Stahles ist, um so größer ist seine Festigkeit und um so kleiner seine Zähigkeit bez. Dehnung und Einschnürung, obwohl z. B. die Dehnung nicht in demselben Verhältnis abnimmt, in welchen die Festigkeit steigt.

Obwohl zwischen den Kohlenstoffgehalten und den Festigkeitswerten der Kohlenstoffstähle ein ganz inniger Zusammenhang besteht, kann die Anwen-

[1]) Dr. *P. Oberhoffer:* Das technische Eisen. 2. Aufl., 457 (1925).

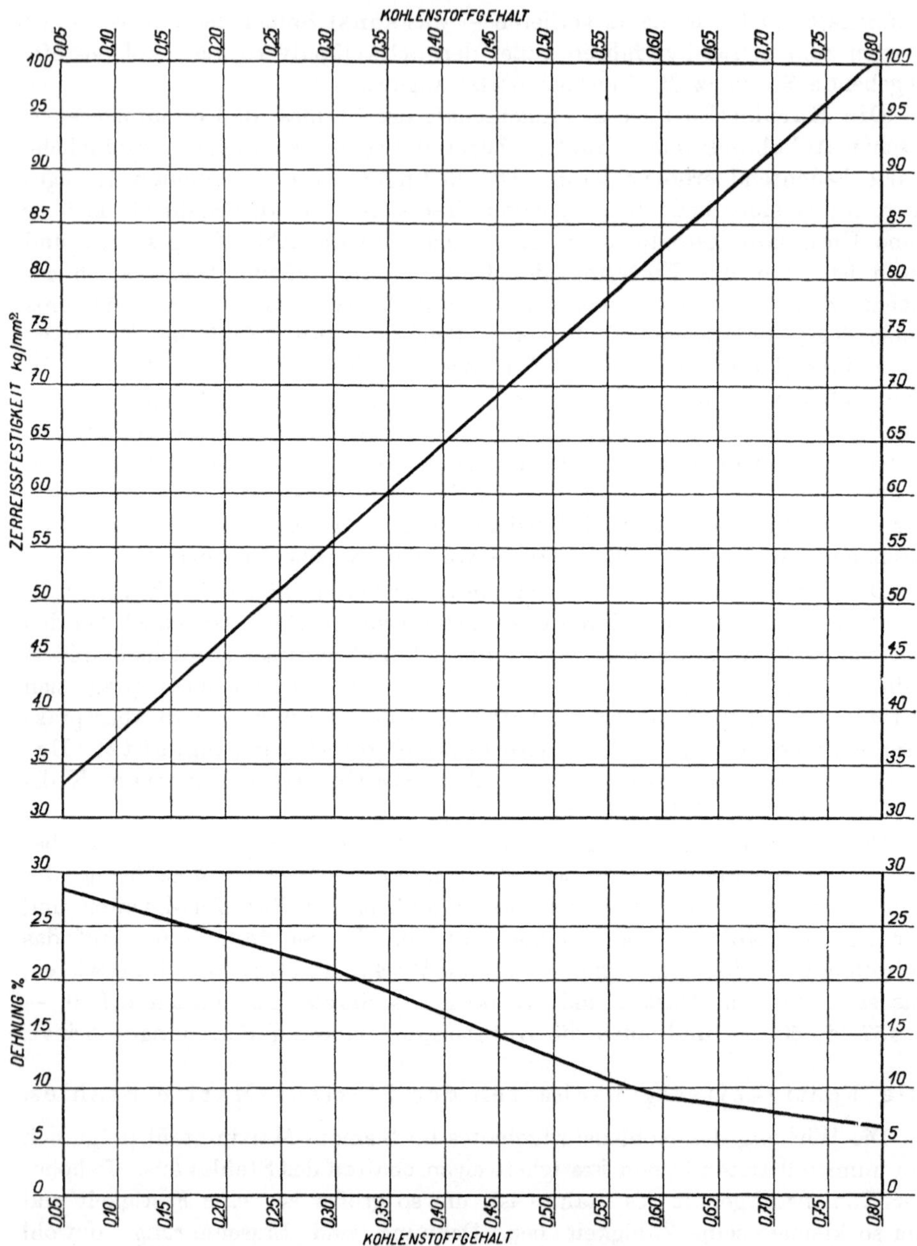

Fig. 66. Schaubild der Festigkeits- und Dehnungswerte der Siemens-Martin-Stähle.

dung solcher Formeln, welche auf der chemischen Zusammensetzung des Stahles aufgebaut sind — für die vorherige Bestimmung der Festigkeitswerte —, doch nicht geeignet sein. Die übrigen Eisenbegleiter haben nämlich auch Einfluß auf den Grad der Festigkeit, aber die Menge dieser Begleiter ist stets stark veränderlich, so daß sie schwerlich in eine zahlenmäßige Rechnung gestellt werden können. Wird zu diesem Zwecke eine Sammlung oder ein Schaubild der Festigkeitswerte von Stählen verschiedener Zusammensetzung benützt, so wird unsere Schätzung auf Grund eines solchen Schaubildes den wirklichen Festigkeitswerten immer näher kommen, als das Ergebnis der Formeln. Verf. hatte während des Weltkrieges Gelegenheit, sich durch Vergleich der Festigkeitswerte von mehreren tausend Siemens-Martin-Schmelzungen davon zu überzeugen. Verf. ist nämlich vor dem Kriege und in der ersten Hälfte des Krieges auf Grund der Festigkeitsergebnisse von über 600 gewalzten Proben ausschließlich basischen Siemens-Martin-Stahles zu den im Schaubild der Fig. 66 dargestellten Durchschnittswerten der Festigkeit und der Dehnung gekommen. Das Stahlwerk, für welches dieses Schaubild zusammengestellt wurde, hatte während des Krieges seine sämtlichen Siemens-Martin-Schmelzen auf Grund dieses Schaubildes hergestellt, woraus mehrere tausend Schmelzungen Kriegsmaterial von vorgeschriebener Festigkeit bzw. Zusammensetzung waren. Abweichungen bei solcher Vorausbestimmung der Festigkeitswerte auf Grund des Kohlenstoffgehaltes der Schmelze (vor dem Fertigmachen stets mit dem *Mars*schen Kohlenstoffbestimmungsapparat bestimmt!) sind nur äußerst selten vorgekommen. Diese Ausnahmefälle hatten ihre Ursachen fast immer in den unerwarteten Änderungen der Schrottbeschaffenheit gefunden.

Zum Schaubild ist allerdings folgendes zu bemerken. Die basischen Siemens- Martin-Stahlproben wurden alle aus gewalzten Stählen genommen, die durchwegs nicht geglüht, sondern auf dem unter Dach befindlichen Teil des Kühlbettes abgekühlt wurden. — Bis 0,55 Proz. Kohlenstoffgehalt kamen Probestäbe mit 200 mm Meßlänge zum Zerreißversuch, über 0,55 Proz. Kohlenstoffgehalt solche mit 100 mm Meßlänge. Alle Stahlproben enthielten ungefähr 0,3 Proz. Cu. Wahrscheinlich ist es diesem letzteren Umstande zuzuschreiben, daß das Schaubild etwas höhere Festigkeitswerte zeigt, als z. B. die Härtetafel der „Hütte“ (Taschenbuch für Eisenhüttenleute, 2. und 3. Aufl., S. 776). Dagegen liegt die Festigkeitslinie unseres Schaubildes etwas niedriger als die des Teilschaubildes von *Osann*[1]), welches auf Grund der Zerreißversuche von Stählen mit verhältnismäßig hohem Mn-Gehalt zusammengestellt wurde.

Die Festigkeits- und Dehnungsverhältnisse der sonst chemisch reinen Eisenkohlenstoffstähle wurden von *Deshayes* in einem Schaubild zusammengestellt, dessen hierauf bezüglicher Teil nach dem Werke von *Mars* („Die Spezialstähle“) in Fig. 67 dargestellt ist. Der Vergleich der beiden Schaubilder zeigt den Einfluß, den die bei dem Siemens-Martin-Verfahren im fertigen Stahle gewöhnlich zurückbleibenden Begleiter und in unserem Falle auch der 0,3proz. Cu-Gehalt auf die Festigkeitswerte ausüben. Die Zunahme beträgt z. B. bei 0,3 Proz. Kohlenstoffgehalt ungefähr

[1]) *B. Osann:* Lehrbuch der Eisenhüttenkunde. 2. Aufl., 778.

14 kg, bei 0,5 Proz. Kohlenstoffgehalt ungefähr 21 kg und bei 0,7 Proz. Kohlenstoffgehalt ungefähr 29 kg für den Quadratmillimeter.

Mit dem Einfluß der Wärmebehandlung und Bearbeitung auf die Festigkeitseigenschaften, sowie mit der Erörterung der Festigkeitsverhältnisse der

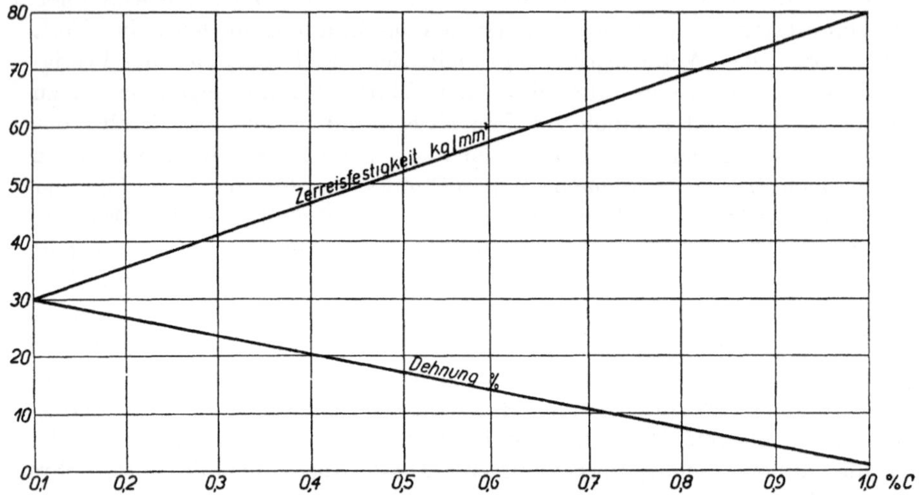

Fig. 67. Schaubild der Festigkeits- und Dehnungswerte der reinen Eisenkohlenstoffstähle nach *Deshayes*.

legierten Stähle befaßt sich das mehrfach erwähnte Werk von *Mars* sowie das Werk von *Brearly-Schäfer*, „Die Wärmebehandlung der Werkzeugstähle", ausführlich. Diese Einflüsse auf die Festigkeitseigenschaften sind derart erheblich, daß man mit Recht behaupten kann, daß der Stahl eigentlich keine Festigkeit und keine Härte hat, sondern vielmehr nur einen Festigkeits- bzw. Härtezustand, dessen Grad sich nach dem Grade der Wärmebehandlung und der Bearbeitung des Stahlgutes ändert.

Literaturübersicht.

Amende, Fr., Verwendung von Stahlkokillen. Stahlwerksber. Nr. 18.

Amerikanische Stahl und Walzwerke, neuere. Iron Age 1907, S. 9. Siehe auch Stahl und Eisen 1907, S. 302.

Arbeitsbühne für Martinöfen. Stahl und Eisen 1911, S. 1938.

Arbeitsweise im Martinofen. Stahl und Eisen 1911, S. 221.

Arnoul de Grey, J., Vergleich amerikanischer und europäischer Siemens-Martin-Öfen. Genie civil 1924, S. 426. Siehe auch Stahl und Eisen 1925, S. 1535.

Bagley, Neuzeitliche Verfahren zur Stahlerzeugung. Iron Coal Trades Rev. 1920, S. 565. Siehe auch Stahl und Eisen 1921, S. 185 u. 223.

Bansen, H., Dr.-Ing., Einfluß der Vorwärmung von Gas und Luft auf den Gang des Siemens-Martin-Ofens. Stahlwerksber. Nr. 92.

— Beiträge zur Untersuchung der Vorgänge im Siemens-Martin-Ofen. Stahlwerksber. Nr. 111.

— Über Abmessungen und Leistungen von Siemens-Martin-Öfen. Stahlwerksber. Nr. 81 und 82. Siehe auch Stahl und Eisen 1925, S. 702, 748, 789.

— Die Darstellung von Wärmebilanzen unter Berücksichtigung des Wärmegefällewertes. Stahl und Eisen 1926, S. 1558.

— Berechnung des Wärmebedarfs der Siemens-Martin-Öfen. Stahl und Eisen 1923, S. 1031.

— Die Kohlenstaubfeuerung in Amerika (für Martin-Öfen). Stahl und Eisen 1920, S. 1231.

Barberot, A., Fortschritte in Martinstahlwerken. Rev. Mét. 1923, S. 1 u. 95.

Bauer, O., Phosphorseigerungen in Flußeisen. Mitt. Materialpr.-Amt 1922, Heft 1/2, S. 71.

Bauer-Deiß, Probenahme und Analyse von Eisen und Stahl. Berlin 1922.

Beck, L., Geschichte des Eisens. Braunschweig 1884.

Beck, W. J., Die Herstellung von handelsüblichen Weicheisen im Siemens-Martin-Ofen. Year Book Am. Ir. St. Inst. 1922, S. 30. Vgl. Stahl und Eisen 1922, S. 1296.

Becker, R., Über Siemens-Martin-Öfen, Bauart Maerz. Stahl und Eisen 1913, S. 465.

Beilkirch, F. O., Verfahren zur Verhütung der Lunkerbildung in schweren Rohstahlblöcken. Stahl und Eisen 1905, S. 865.

Bernhardt, Fr., Der heutige Stand des basischen Herdfrischverfahrens im Vergleich zum Thomasverfahren. Stahlwerksber. Nr. 87.

— Neuerungen an Flammöfen, insbesondere an Siemens-Martin-Öfen. Stahlwerksber. Nr. 3. Vgl. Stahl und Eisen 1911, S. 1117.

— Fortschritte des Siemens-Martin-Ofens, Bauart Bernhardt. Stahl und Eisen 1913, S. 311.

Blagé und *Conte*, Betrieb von Siemens-Martin-Öfen mit reinem Koksofengas. Chal. Ind. 1923, S. 372.

Blairkopf, der unzerstörbare, für Siemens-Martin-Öfen. Iron Coal Trades Rev. 1913, S. 290. Vgl. auch Stahl und Eisen 1908, S. 171.

Blau, E., Beschickvorrichtungen in neuzeitlichen Martinwerken. Chem.-Zg. 1924, S. 222.

Boehringer, E. C., Vergrößerung der Stahlerzeugung. Iron Coal Trades Rev. 1924, S. 1566.

Boettcher, F., Die Beheizung von Martinöfen mit einem Gemisch von Braunkohlenbrikett- und Hochofengas. Stahl und Eisen 1921, S. 1027.

Bosser, A., Der basische Herdofenprozeß. Iron Age 1908, S. 539.
— Die Rekuperation für Primärluft, Sekundärluft und Gas beim Siemens-Martin-Ofen. Rev. Univ. 1912, S. 64.
Brandenburg, P., Dr.-Ing., Ein neues Gaswechselventil für Regenerativöfen. Stahl und Eisen 1921, S. 1614.
Brearly, A. W., und *H.*, Ingots and Ingot Moulds. London 1918.
— und *Schäfer*, Die Wärmebehandlung der Werkzeugstähle. Berlin 1924.
Brinells Verfahren zur Härtebestimmung. Stahl und Eisen 1901, S. 382 u. 465.
Brisker, C., Einführung in das Studium der Eisenhüttenkunde. Leipzig 1907.
— Ein neuer Martinofen mit doppeltem Herd. Stahl und Eisen 1909, S. 1139.
Bronn, J., Verringerung und Verhalten des im Generatorgas enthaltenen Schwefels im Siemens-Martin-Ofen. Stahlwerksber. Nr. 89. Siehe auch Stahl und Eisen 1926, S. 78.
Brown-Bayley Stahlwerke, das neue Martinwerk der —. Iron Coal Trades Rev. 1908, S. 1104.
Brüninghaus, A., und *Heinrich*, Über Lunkerbildung und Seigerungserscheinungen in silizierten Stahlblöcken. Stahl und Eisen 1921, S. 497.
— Die Gewinnung und Verwendung von sauerstoffangereicherter Luft im Hüttenbetriebe. Stahl und Eisen 1925, S. 737.
Buck, R., Dr.-Ing., Beiträge zur Ausnutzung der Hochofengase (in Martinöfen). Stahl und Eisen 1911, S. 1295.
Bulle, G., Dr.-Ing., Wirkungsgrade im Betriebe des Siemens-Martin-Ofens. Stahlwerksber. Nr. 80. Siehe auch Stahl und Eisen 1924, S. 1324.
— Der Stahlwerksbetrieb in den Vereinigten Staaten von Nordamerika. Stahlwerksber. Nr. 90.
— Die Kühlung von Siemens-Martin-Öfen. Stahlwerksber. Nr. 92.
— Kohlenstaubfeuerung bei Siemens-Martin-Öfen. Stahl und Eisen 1924, S. 1114.
— Verbrennungsregler für Siemens-Martin-Öfen. Stahl und Eisen 1926, S. 1524.
— Anwendbarkeit der Kohlenstaubfeuerung in Eisenhüttenwerken. Stahl und Eisen 1920, S. 985.
— Versuche zur Einregelung von Gaserzeuger und Siemens-Martin-Ofen. Stahl und Eisen 1924, S. 397. Ber. Wärmestelle Nr. 53.
Bulmer, C., Neue Wechselventile für Martinöfen. Vgl. Stahl und Eisen 1923, S. 635. Year Book Am. Iron Steel Inst. 1922, S. 221.

Cabot, I. W., The Bertrand-Thiel-Process. Iron Age vom 2. Mai 1901, S. 15.
Callum, N. E., Neuere Entwicklung des Siemens-Martin-Betriebes. Iron Coal Trades Rev. 1912, S. 704. Vgl. Stahl und Eisen 1913, S. 1112.
Campbel, H. H., Vorfrischung des Roheisens für den Martinprozeß. Iron Age 31. Jan. 1901. Siehe auch Stahl und Eisen 1901, S. 572.
— *C.*, The open-hearth-process. Transactions of the Am. Inst. of Mining. Eng. Bd. 22, S. 345.
Canaris, C., Dr.-Ing., Über Neuerungen an Kammersteinen. Stahlwerksber. Nr. 4.
— Betriebsführung und Selbstkostenberechnung in Siemens-Martin-Werken. Stahlwerksber. Nr. 19.
— Chemische Vorgänge beim kombinierten Bessemer-Martin-Verfahren in Witkowitz. Stahl und Eisen 1905, S. 1125.
— Über die Verwendung von Lunkerthermit bei Flußeisenblöcken. Stahl und Eisen 1912, S. 303.
— Über neuere Verfahren zur Erzielung dichter Flußeisenblöcke. Stahl und Eisen 1913, S. 1890.
Cance, Mc. A., Gleichgewichtsreaktionen bei der Stahlerzeugung. Iron Coal Trades Rev. 1925, S. 1002 u. 1038.
— Gleichgewichtsreaktionen bei der Stahlerzeugung. Met. Chem. Eng. 1920, S. 634.
Carbo-Prozeß zur Herstellung von Martinstahl. Iron Age 1910, S. 1575.
Cargo Fleet Iron Co., die neuen Werksanlagen der —. Stahl und Eisen 1908, S. 1357.

Carnegie Steel Co., Das neue Stahlwerk. Stahl und Eisen 1903, S. 114.
Carr, W. M., Ein kleiner transportabler Siemens-Martin-Ofen. Trans. Am. Foundrymens Assoc. 1914, S. 75.
Castek, Fr., Ein neues Berechnungsverfahren für Wärmespeicher bei Regenerativöfen. Österr. Zeitschr. f. Berg- u. Hüttenwesen Heft 1—3, 1911. Vgl. Stahl und Eisen 1911, 1515, 2151, 2154.
Charlottenhütte, die neuen Stahlwerksanlagen der —. Stahl und Eisen 1901, S. 729.
Clements, F., Siemens-Martin-Betrieb in England. Stahl und Eisen 1923, S. 84 und Stahlwerksber. Nr. 71.
Colclough, T. P., Reaktionen im basischen Siemens-Martin-Ofen. Iron Coal Trades Rev. 1925, S. 947. Siehe auch Stahl und Eisen 1925, S. 1922.
— Die Zusammensetzung der basischen Schlacken und ihre Beziehungen zu den Ofenreaktionen. Iron Coal Trades Rev. 1923, S. 691.
Contzen, H., Meßgeräte für Druck und Geschwindigkeit von Gasen und Dämpfen. Stahl und Eisen 1912, S. 573.
Conway, J. M., Überwachung der Verbrennung in Siemens-Martin-Öfen. Iron Steel Eng. 1925. S. XVII.
Cook, E. C., Verbesserungen an Martinöfen. Blast Furnace 1923, S. 61.
Cornell, S., Die Wärmebilanz des Martinofens. Metallurgical and Chemical Engineering 1913, S. 257.
Cotel, E., Über die Probleme der Eisenindustrie. Z. ungar. Ing. Bpest 1924, S. 151.
— Die Grenze der Wärmebildsamkeit des Stahles. Z. Berg-, Hütten-, Sal.-Wes. 1925, S. 73.
— Abmessungen und Leistungen deutscher Siemens-Martin-Öfen. Stahl und Eisen 1925. S. 1357.
Crane, J. B., Aufstellung von Wärmebilanzen. Blast Furnace 1922, S. 583.
Crolius, F. J., Siemens-Martin-Öfen mit Wärmegleichgewicht. Iron Coal Trades Rev. 1925, S. 876. Siehe auch Stahl und Eisen 1925, S. 1711.
— Siemens-Martin-Betrieb in den Vereinigten Staaten. Iron Coal Trades Rev. 1925, S. 178.
— Der Siemens-Martin-Ofen im Jahre 1924. Blast Furnace 1925, S. 42.
Czekalla, J., Umsteuerungsvorrichtung für Siemens-Martin-Öfen. Stahl und Eisen 1903, S. 738.
Czirn-Terpitz, H., Betriebserfahrungen mit dem Märzofen. Stahl und Eisen 1921, S. 444.

Daelen, R. M., Die Erzeugung von Flußeisen in Nordamerika. Z. V. d. I. 1891. S. 122.
— Das Verdichten von Stahlblöcken während des Erstarrens in der Gußform. Stahl und Eisen 1902, S. 1238.
— Die Verfahren zur Verhütung der Lunkerbildung in Stahlblöcken. Stahl und Eisen 1905, S. 1923.
— Über verschiedene Verfahren zur Erzeugung von Flußeisen im Herdofen. Stahl und Eisen 1907, S. 507.
— und *Pszczolka*, Über neuere Formen der Herdschmelzöfen. Stahl und Eisen 1900, S. 51.
Daeves, K., Dr.-Ing., Das Eisen-Kohlenstoff-Diagramm und die wichtigsten Gefügebestandteile der Kohlenstoffstähle. Werkstoffaussch.-Ber. Nr. 42.
Danforth, W. C., Vorproben beim Siemens-Martin-Ofen. Iron Age 1909, S. 1120. Vgl. Stahl und Eisen 1909, S. 1357.
Darby und *Hatton*, Neuere Entwicklung des Bertrand-Thiel-Prozesses. Vgl. Stahl und Eisen 1905, S. 677.
Denk, F. J., Heizgase in der Stahlindustrie. Iron Age 1923, S. 401, 451.
Desgraz, A., Kohlenoxyd- oder wasserstoffreiches Gas im Martinofen. Stahl und Eisen 1905, S. 1067.
Deutsche Wellmann-Seaver Ges. m. b. H., Über Siemens-Martin-Öfen, Bauart Maerz. Stahl und Eisen 1913, S. 1365.
Dichmann, C., Der basische Herdofenprozeß. Berlin 1920.

Dichmann, C., Über die Verarbeitung flüssigen Roheisens im basisch zugestellten Martinofen. Stahl und Eisen 1905, S. 1337 u. 1429.
— Anwendung der Gesetze der Hydraulik auf die Berechnung der Flammöfen. Stahl und Eisen 1911, S. 2050.
Diepschlag, E., Allgemeine Gesichtspunkte für den Bau von Martinöfen. Z. V. d. I. 1924, S. 1233.
— Über neuere Bauarten von Martinofenköpfen. Stahlwerksber. Nr. 67.
Dietrich, R., Mehrherdige Siemens-Martin-Öfen und runde Siemens-Martin-Ofentüren. Stahlwerksber. Nr. 16. Siehe auch Stahl und Eisen 1912, S. 1911.
Dmitriew, S., Von der Verwendung von Holzkohle bei der Erzeugung von Stahl im Siemens-Martin-Ofen. Bote d. Metallind. 1923, Nr. 9, S. 59.
Donner, G., Versuche mit Preßgasbeheizung von Siemens-Martin-Öfen. Stahl und Eisen 1923, S. 558; Stahlwerksber. Nr. 68.
— Die Beheizung von Martinöfen mit Braunkohlengeneratorgas. Stahlwerksber. Nr. 46.
Dornhecker, K., Dr.-Ing., Der saure Martinofenbetrieb. Stahl und Eisen 1920, S. 1129, 1165 u. 1201.
Duisburger Maschinenbau A.G. Hebezeuge und Spezialmaschinen für Hüttenwerke. Stahl und Eisen 1906, S. 928 u. 997.
Durand, J., Photographische Platten und Filme für Baumann-Abdrücke. Genie civil 1925, S. 131. Siehe auch Stahl und Eisen 1925, S. 1531.
Dyrssen, W., Abhitzeverwertung im Siemens-Martin-Betrieb. J. Iron Steel Inst. 1924, S. 175. Siehe auch Stahl und Eisen 1925, S. 1276.
— Wiedergewinnung der Abhitze von Siemens-Martin-Öfen. Iron Coal Trades Rev. 1924, S. 759.

Eigenschaften hochsiliciumhaltigen Baustahls. Stahl und Eisen 1926, S. 493.
Endell, K., Dr., Über das Verhalten feuerfester Steine unter Belastung bei hohen Temperaturen. Stahl und Eisen 1921, S. 6.
— Über den gegenwärtigen Stand unserer Kenntnisse von der Konstitution feuerfester Baustoffe. Stahl und Eisen 1920, S. 1526.
Engan, Fr., Einiges über die Verwendung von Magnesit im Stahlwerksbetrieb. Berg und Hütte 1924, S. 155.
— Entwicklung des Siemens-Martin-Verfahrens in Cleveland. Iron Coal Trades Rev. 1925, S. 819 u. 866.
Eyermann, P., Zur Frage der kippbaren Martinöfen. Stahl und Eisen 1900, S 310.

Fetherston, T. C., Verbesserter Sauerstoffbrenner für Siemens-Martin-Öfen. Blast Fournace 1925, S. 374.
Fettweis, H., Die Beheizung eines Martinofens mit Koksofengas. Vgl. Stahl und Eisen 1911, S. 36.
Forelli, F., Siemens-Martin-Ofen mit Rekuperativfeuerung. Metallurgia ital. 1924, S. 446. Siehe auch Stahl und Eisen 1925, S. 757.
Fischer, F., Taschenbuch für Feuerungstechniker. Leipzig 1925.
Fisk, G., Der thermische Wirkungsgrad des Martinofens. Iron Age 1914, S. 732.
Forter, S., Neues Reserveventil für Regenerativgasöfen. Stahl und Eisen 1903, S. 166.
Frey, H., Abhitzekessel. Arch. Wärmewirtsch. 1923, S. 67.
Friedrich, O., Neuere konstruktive Verbesserungen an Martinöfen. Stahl und Eisen 1910, S. 987.
— Neuere Ergebnisse über die Ausnutzung einer Siemens-Martin-Ofenanlage durch die Verwendung ausweselbarer Köpfe, Bauart Friedrich. Stahl und Eisen 1912, S. 1275.
— auswechselbare Köpfe für Siemens-Martin-Öfen. Stahl und Eisen 1911, S. 540.
— Betriebserfahrungen mit dem Siemens-Martin-Ofen, Bauart Friedrich. Stahl und Eisen 1913, S. 431.

Frölich, Fr., Mechanische Beschickungsvorrichtungen für Martinöfen. Z. V. d. I. 1907, S. 491.
Fulton, L. M., Kalk bzw. Kalkstein im basischen Martinbetrieb. Iron Coal Trades Rev. 1923, S. 292.

Gemeinfaßliche Darstellung des Eisenhüttenwesens. Düsseldorf 1926. Verlag Stahleisen m. b. H.
Genzmer, R., Mitteilungen über die Flußeisendarstellung im Siemens-Martin-Ofen. Stahl und Eisen 1904, S. 1418.
— Die Roheisenerzverfahren in Deutschland. Stahl und Eisen 1910, S. 2145.
Gille, H., Ein verbessertes Umsteuerungsglockenventil für Regenerativöfen. Stahl und Eisen 1907, S. 1319.
— Über die Konstruktion für Martinöfen. Gieß.-Zg. 1907, S. 452 u. 489.
Gillhausen, G., Dr.-Ing., Der Siemens-Martin-Betrieb in England. Stahlwerksber. Nr. 71.
Goldmerstein, L., Der Zusatz von Fluorverbindungen bei Martinverfahren. Iron Age 1914, S. 724.
Göbel, E., Temperaturuntersuchungen an Siemens-Martin-Öfen. Stahlwerksber. Nr. 105.
Graßmann, F., Thomas- oder Martin-Flußeisen. Stahl und Eisen 1901, S. 1021.
Grey, A. de, Betrachtungen über neuzeitliche Siemens-Martin-Öfen 1924, S. 338.
Guijot, J., Die Zersetzung des Generatorgases in den Wärmespeichern des Siemens-Martin-Ofens. Rev. Mét. 1925, S. 515.
Gutowsky, N., Dr.-Ing., Die Abmessungen von Martinöfen nach Erfahrungswerten. Stahl und Eisen 1911, S. 1183.

Hadfield, R. A., Physikalische Chemie bei der Stahlerzeugung. Iron Coal Trades Rev. 1925, S. 947.
Harnickel, K., Dr.-Ing., Über die Betriebsergebnisse mit Semmelsteinen. Stahl und Eisen 1924, S. 851.
Harrison, H. C., Gewölbesteine für den Siemens-Martin-Ofen. J. Am. Ceram. Soc. 1924, S. 698.
Head, A. P., On tilting open-hearth furnaces. J. Iron Steel Inst. 1899, I, S. 69.
Heck, F., Masutfeuerungen und ihre Anwendung. Stahl und Eisen 1904, S. 1430.
Heiligenstaedt, W., Dr.-Ing., Die rechnerische Untersuchung des Wärmeaustausches in den Wärmespeichern des Siemens-Martin-Ofens. Stahlwerksber. Nr. 95.
— Beziehungen zwischen Gefüge und chemischer Zusammensetzung feuerfester Steine. Stahl und Eisen 1926, S. 1360.
— Die Speicherung der Wärme in Regeneratoren. Wirkungsweise und Berechnung. Mitt. Wärmestelle d. V. d. Eisenh. 1925, Nr. 73, S. 325.
Helm, R. C., Flüssiger Brennstoff in metallurgischen Öfen. Iron Age 1922, S. 1137.
Hennecke, R., Dr.-Ing., Das Schrottkohlungsverfahren. Stahlwerksber. Nr. 119.
Hermanns, H., Das moderne Siemens-Martin-Stahlwerk. Halle 1922.
— Die bisherigen Bestrebungen und die zukünftigen Aussichten der Braunkohlenvergasung für die Beheizung von Siemens-Martin-Öfen. Braunkohle 1921, S. 337 u. 358.
— Neues Luftumschaltventil für Regenerativöfen. Z. V. d. I. 1914, S. 33.
— Neuere Siemens-Martin-Stahlwerke. Z. V. d. I. 1914, S. 1493 u. 1553.
Herty, Belyea, Burkart und *Miller*, Über einige die Entschwefelung im basischen Siemens-Martin-Ofen bestimmende Einflüsse. Tr. Am. Inst. Min. Met. Eng. 1925, S. 561.
Herzog, E., Dr.-Ing., Das Vorschmelzen von Roheisen für nach dem Schrott-Roheisen-Verfahren betriebene Siemens-Martin-Öfen. Stahlwerksber. Nr. 98. Siehe auch Stahl und Eisen 1926, S. 357.
— Der heutige Stand unserer Kenntnisse vom Siemens-Martin-Ofen. Stahlwerksber. Nr. 120.
Hibbard, H. D., Unterschiede im Kochen im Siemens-Martin-Ofen. Iron Age 1925, S. 1605. und 1671.
Hoffmann, J., Über neuzeitliche Siemens-Martin-Öfen. Stahl und Eisen 1913, S. 1860.

Holt, Fr. v., Die Anlagen und Erzeugnisse der Georgsmarienhütte mit besonderer Berücksichtigung der Wärmewirtschaft. Stahlwerksber. Nr. 21.

Holz, E., Talbotverfahren und kombinierter Bessemer-Martin-Prozeß. Stahl und Eisen 1902, S. 1.

Howe, M. H., Lunkern und Seigern in Flußeisenblöcken. Tr. Am. Inst. Min. Eng. Juli 1906. Vgl. Stahl und Eisen 1906, S. 1373 u. 1485.

— Über den Einfluß des Gießens auf Lunkern und Seigern. Vgl. Stahl und Eisen 1908, S. 116.

— Der Martinofen und die Martinverfahren. Iron Age 1920, S. 545.

Hülsbruch, W., Die Gasumsetzungen in den Kammern der mit einem Gemisch aus Hochofen- und Koksofengas beheizten Siemens-Martin-Öfen. Stahl und Eisen 1925, S. 1746.

Hütte, Taschenbuch für Eisenhüttenleute. Berlin 1922.

Illies, H., Amerikanische Siemens-Martin-Anlagen. Stahl und Eisen 1902, S. 645 u. 713.

— Neue kippbare Martinöfen der Lackawanna Steel Co., Buffalo. Vgl. Stahl und Eisen 1914, S. 285.

Indiana Steel Co., Stahlwerke in Gary. Stahl und Eisen 1909. S. 1227.

Irresberger, C., Eine neue amerikanische Martinofenanlage. Stahl und Eisen 1914. S. 1087.

Iwanow, P. A., Das Forter-Ventil. Gorn. J. 1908, S. 136.

Jackson, P. G., Untersuchungen über die Schwefeldioxydaufnahme aus Heizgasen durch feuerfeste Stoffe. J. Am. Ceram. Soc. 1926, S. 154.

Johannsen, O., Dr., Die Geschichte des Eisens, 1924. Verl. Stahleisen.

Johansson, A., Holzfeuerung für Siemens-Martin-Öfen. Jernkontorets Annaler Upsala 1924. Siehe auch Stahl und Eisen 1925, S. 516.

Jung, A., Die Aufnahme des Schwefels aus dem Heizgas im Siemens-Martin-Ofen. Stahlwerksber. Nr. 83.

— Die Verarbeitung von flüssigen Thomasroheisen im feststehenden Martinofen mit nur einer Schlacke. Stahlwerksber. Nr. 69.

Juon, Ed., Die Wärmespeicher des Siemens-Martin-Ofens im Verlaufe der Ofenreise. Stahl und Eisen 1912, S. 1774 u. 1869.

Jüptner, H. v., Eisen und Stahl vom Standpunkte der Phasenlehre. Stahl und Eisen 1900, S. 1212 u. 1269.

Kagarise, J. W., Verbesserungen im Bau der Züge von Siemens-Martin-Öfen. Year Book Am. Iron St. Inst. 1921, S. 577. Vgl. Stahl und Eisen 1922, S. 1133.

Kahrs, Beitrag zur Kenntnis der beim Gießen und beim Erstarren des Stahles entweichenden Gase. Kruppsche Monatsh. v. 5. Nov. 1925, S. 6. Siehe auch Stahl und Eisen 1925, S. 1640.

Karnaoukoff, M. H., Desoxydation von Siemens-Martin-Stahl in der Abstichrinne. Rev. Mét. Extraits 1925, S. 322.

Keen, W. H., Saurer und basischer Martinstahl. Iron Age 1911, S. 324.

Kerl, Drieschner und *Bertram*, Das Werk Höntrop des Bochumer Vereines. Stahl und Eisen 1926, S. 429.

Kerpely, A. v., Fortschritte der Eisenhüttentechnik. Leipzig, seit 1866 jährlich ein Band.

Kersten, P., Abhitzeverwertung an einem Siemens-Martin-Ofen. Rev. Univ. Mines 1925, S. 144.

Killing, E., Dr.-Ing., Beiträge zur Frage der Manganausnützung im basischen Martinofen. Stahlwerksber. Nr. 48. Siehe auch Stahl und Eisen 1920, S. 1545.

— Ersparung von Ferromangan durch Flußspat im Martinwerk. Stahl und Eisen 1920, S. 773.

Kinney, C. L., Die wirtschaftliche Bedeutung der Metalloide im basischen Roheisen für den Siemens-Martin-Ofen. Trans. Am. Inst. Min. Mét. Eng. 1924, S. 136. Siehe auch Stahl und Eisen 1925, S. 1076.

— und *McDermott*, Entwurf eines vorgesehenen 100-t-Martinofens. Iron Age 1925, S. 1131.

Kinney, C. L., Der thermische Wirkungsgrad und Wärmebilanz eines Siemens-Martin-Ofens. Year Book Am. Ir. St. Inst. 1922, S. 464. Vgl. Stahl und Eisen 1923, S. 405.

Kippgen, A., und *Wark*, Zur Frage der Seigerungserscheinungen, der Gasblasen- und Lunkerbildung in Stahlblöcken. Stahl und Eisen 1911, S. 1151 u. 1199.

Knickenberg, H., Wärmebilanz eines Siemens-Martin-Betriebes. Stahlwerksber. Nr. 115.

*Knox*sche Wasserkühlkästen für Siemens-Martin-Öfen. Iron Age 1911, S. 683.

Korten, R., Über das Desoxydieren mit flüssigem Ferromangan. Stahlwerksber. Nr. 10.

Kreutzberg, E. C., Zubereitung von Eisen und Stahlschrott. Iron Coal Trades Rev. 1923, S. 1019.

Krueger, H., Beheizung von Martinöfen mit Hochofengas. Stahl und Eisen 1913, S. 2016 und 2066.

Krupp A.G., Essen, Das Martinwerk 7 der —. Stahl und Eisen 1923, S. 199.

Lambot, J., Neuer kippbarer Martinofen. Stahl und Eisen 1914, S. 677.

Ledebur, A., Handbuch der Eisenhüttenkunde. III. Bd. 4. Aufl. Leipzig 1903.

— Altes und Neues vom Eisen (Seigerung). Stahl und Eisen 1886, S. 143.

— Über den Sauerstoffgehalt des Flußeisens. Stahl und Eisen 1895, S. 376.

— Betrachtungen über das Bertrand-Thiel-Verfahren. Stahl und Eisen 1903, S. 36.

Lewis, L., Herstellung von basischem und sauerem Martinstahl. Eng. Min. J. 1907, S. 234 u. 371.

Lichte, H. F., Das Forter Umschalteventil für Regenerativfeuerungen in seiner neuesten Ausführung. Gieß.-Zg. 1908, S. 228.

Litinsky, L., Schamotte und Silica. Leipzig 1925. Otto Spamer.

Longenecker, L. S., Feuerfeste Steine für den Siemens-Martin-Ofen. Iron Age 1925, S. 1735.

Lowndes, R. H., Verwendung von Kohlenstaub in Siemens-Martin-Öfen. Mech. Eng. 1923, S. 651. Siehe auch Stahl und Eisen 1924, S. 1114.

Lürmann, Fr., Die neueren Fortschritte in der Flußeisenerzeugung. Stahl und Eisen 1900, S. 769.

McDermott und *Willcox*, Abhitze von Martinöfen. Iron Coal Trades Rev. 1921, S. 696.

— Drucküberwachung beim Siemens-Martin-Ofen. Blast Furnace 1925, S. 230.

Macnair, P. M., Schlackenreaktionen. Iron Coal Trades Rev. 1925, S. 951. Siehe auch Stahl und Eisen 1925, S. 1924.

Mackenzie, T. B., Verwertung der Abwärme von Siemens-Martin-Öfen. Vgl. Stahl und Eisen 1912, S. 406.

Magg, J., Martinstahlwerk aus Eisenbeton. Z. V. d. I. 1922, S. 405.

Maré, B. E. L. de, Aus der Praxis eines amerikanischen saueren Martinofenbetriebes. Stahl und Eisen 1921, S. 1074.

— Der saure Martinofenprozeß. Iron Age 1920, S. 1589 u. 1672.

Markgraf, H., Dr.-Ing., Die Verwendung von Koksgeneratorgas im Martinofen. Stahl und Eisen 1920, S. 753.

Mars, G., Die Spezialstähle. Berlin, 1922.

Martens, A., Das mikroskopische Gefüge von Flußeisen in gegossenen Blöcken. Mitt. a. d. Kgl. Techn. Versuchsanstalt 1893, S. 274.

— Seigerung in Eisen- und Stahlgüssen. Stahl und Eisen 1894, S. 797.

Martinofen mit Wasserkühlung. Iron Age 1910, S. 922.

— mit Teerfeuerung. Iron Coal Trades Rev. 1912, S. 887.

— der erste kippbare. Tekn. Tidskr. 1913, S. 123. Siehe auch Stahl und Eisen 1914, S. 198.

— Kühlvorrichtungen an —. Vgl. Stahl und Eisen 1914, S. 288.

— drei bemerkenswerte. Iron Age 1911, S. 1203.

— Abmessungen und Durchbildung. Iron Age 1925, S. 1111.

— — -Anlage der Julienhütte. Stahl und Eisen 1913, S. 1766.

Martinstahlwerk, das neue, der französischen Marine. Stahl und Eisen 1904, S. 334.

Maryland Steel Co., Das Gebäude für das Martinwerk der —. Engg. Rec. 1911, S. 301. Vgl. Stahl und Eisen 1912, S. 664.

Mathesius, W., Der Martinprozeß, insbesondere in hüttenmännischer Beziehung. Monatsbl. Berliner Bezirksver. deutscher Ing. 1914, S. 46 u. 74.
Mathewman, F. A., und *Campion*, Schmelzvorgänge im saueren Martinofen. J. West of Scotland Iron Steel Inst. 1912/13, S. 125.
Mayer, F., Die Wärmetechnik des Siemens-Martin-Ofens. Stahl und Eisen 1908, S. 717, 756 u. 802.
Mayer, L., Dr.-Ing., Über Verminderung von Lunker-, Gasblasen- und Seigerungsbildung. Stahlwerksber. Nr. 37.
Miller, H. F., Die Verwendung verschiedener Brennstoffe in Siemens-Martin-Öfen. Year Book Am. Iron Steel Inst. 1922, S. 208.
— Köpfe für Martinöfen. Blast Furnace 1920, S. 612.
— Neuere Konstruktionen an Siemens-Martin-Öfen. Iron Age 1912, S. 1595. Vgl. Stahl und Eisen 1913, S. 409.
— Eine neue Bauart von Wärmespeichern. Iron Age 1913, S. 993.
— Züge für Siemens-Martin-Öfen. Iron Age 1914, S. 554.
Millward, W., Verbesserter Martinofen von Loftus. Min. Metallurgy 1922, S. 25.
Moll, H., Der Moll-Kopf für Siemens-Martin-Öfen. Stahl und Eisen 1924, S. 193.
Monden, H., Dr., Beitrag zur Metallurgie des basischen Verfahrens. Stahl und Eisen 1923, S. 745.
Mossend, Stahl- und Walzwerke. Engg. 1923, S. 447, 542 u. 640. Siehe auch Stahl und Eisen 1924, S. 438.
Müller, R. W., Weshalb ging man in Amerika auch zu basischen Siemens-Martin-Verfahren über? Gieß.-Zg. 1923, S. 62.
— Entzinkung im Martinofen unter gleichzeitiger Gewinnung von Zinkoxyd. Stahl und Eisen 1920, S. 1193.

Nägel, A., Neue Umsteuerungsvorrichtung für Regenerativöfen. Stahl und Eisen 1923, S. 691.
Naske, Th., Dr.-Ing., Beitrag zur Metallurgie des Martinprozesses. Stahl und Eisen 1907, S. 157, 191, 229 u. 265.
Nelson, J., Neues Umsteuerventil für Siemens-Martin-Öfen. Iron Age 1923, S. 1560 u. 1610.
Nerreter, A., Dr.-Ing., Ausbau der lothringischen und luxemburgischen Eisenindustrie. Stahl und Eisen 1923, S. 625.
Neuerungen an Martinöfen (fahrbare Schlackentaschen). Stahl und Eisen 1908, S. 170 u. 277.
Neumann, G., Neuerungen im amerikanischen Martinofenbau. Stahlwerksber. Nr. 66. Siehe auch Stahl und Eisen 1921, S. 1821.
— Über die Verwertung der Abhitze bei Martinöfen. Stahlwerksber. Nr. 51.
— Eine neue Einrichtung zum Beschicken von Siemens-Martin-Öfen mit flüssigem Roheisen. Stahl und Eisen 1912, S. 1568.
New York State Steel Co., Die Anlagen der —. Iron Age 1909, S. 1623. Vgl. Stahl und Eisen 1909. S. 508.

Oberhoffer, P., Dr., Das technische Eisen. Berlin 1925.
— Sauerstoff im Eisen. Stahl und Eisen 1925, S. 1341 u. 1379.
— und *Knipping*, Untersuchungen über die Baumannsche Schwefelprobe und Beiträge zur Kenntnis des Verhaltens des Phosphors im Eisen. Stahl und Eisen 1921, S. 253 und 1772.
— und *Fr. Körber*, Das Verhalten des Mangans im basischen Herdfrischverfahren. Stahl und Eisen 1923, S. 329.
Obholzer, A., Zur Frage der Vermeidung der Lunkerbildung. Stahl und Eisen 1907, S. 1117 und 1155.
Ohnstein, A., Die Kugeldruckprüfung. Stahl und Eisen 1904, S. 399.
Osann, B., Lehrbuch der Eisenhüttenkunde 2. Leipzig 1921.
— Großräumige Martinöfen. Stahl und Eisen 1921, S. 1304.
— Die Gutehoffnungshütte bei Oberhausen. Stahl und Eisen 1904, S. 501.

Osann, B., Amerikanische Ofenkonstruktion unter besonderer Berücksichtigung ihres Mauerwerks. Stahl und Eisen 1905, S. 523.
— Das Harmetverfahren im Martinbetriebe der Gewerkschaft „Deutscher Kaiser". Stahl und Eisen 1908, S. 1601.
— Generatorgas aus Koks im Martinofenbetriebe. Gieß.-Zg. 1919, S. 193. Vgl. Stahl und Eisen 1920, S. 948.

Pacher, Fr., Über verschiedene Arten von Schlackeneinschlüssen in Stahl, ihre mutmaßliche Herkunft und ihre Verminderung. Stahlwerksber. Nr. 14.
Pawelczyk, Th., Die Beheizung von Martinöfen mit kaltem Koksofengas. Stahl und Eisen 1920, S. 1276.
Pawloff, M. A., Die Abmessungen von Martinöfen. Stahl und Eisen 1910, S. 978.
— Die Abmessungen von Martinöfen nach Erfahrungswerten. Stahl und Eisen 1911, S. 1183.
— Entwicklung in Abmessungen und Bau von Siemens-Martin-Öfen. Rev. Mét. 1923, S. 607.
— Erzprozeß in einer südrussischen Martinstahlanlage. Engineer 1909, S. 216.
Peltz, G. M., Schaubild zur Bestimmung des Luftüberschusses von Generatorgas. J. Am. Ceram. Soc. 1924, S. 437.
Petersen, Zum heutigen Stand des Herdfrischverfahrens. Stahl und Eisen 1910, S. 1 u. 58.
Petroleum als Brennstoff für Martinöfen. Iron Coal Trades Rev. 1910, S. 437.
Pfoser, A., Abwärmeverwertung an Siemens-Martin-Öfen zur Dampferzeugung. Stahl und Eisen 1912, S. 405.
Phoenix, E. A., Verminderung der Schmelzkosten im Siemens-Martin-Betrieb. Iron Coal Trades Rev. 1925, S. 553.
Piwowarsky, E., Dr.-Ing., Der Zeitpunkt der Siliciumzugabe in seiner Wirkung usw. Stahl und Eisen 1920, S. 773.
Poech, K., Mitteilungen über die Stahlerzeugung im basischen Martinofen. Stahl und Eisen 1901, S. 331.
Poetter & Co., Neuerung an Reversierventilen für Gasöfen zur Vermeidung von Gasverlusten. Stahl und Eisen 1903, S. 333.
Polak, V., Strahlungsmessungen im Herdraum eines Siemens-Martin-Ofens. Stahlwerksber. Nr. 103.
Pomerantzeff, M. B., Nutzbarmachung der Wärme in den metallurgischen Öfen. Rev. Mét. 1911, S. 127. Vgl. Stahl und Eisen 1912, S. 197.
Pomp, A., und *R. Wijkander*, Einfluß der Ausbildungsform des Zementits auf die Härtbarkeit des Stahles. Mitt. Eisenforsch., Düsseldorf. Verl. Stahleisen.
Posnack, E. R., Die Entwicklung der Wärmespeicher. Blast Furnace 1925, S. 327.
Puppe, J., Dr.-Ing., Erfahrungen mit Maerzöfen. Stahl und Eisen 1920, S. 1592 u. 1648.
— Das Talbotverfahren im Vergleich mit anderen Herdfrischverfahren. Stahlwerksber. Nr. 62. Siehe auch Stahl und Eisen 1922, S. 46.

Quigley, F. B., Wärmespeicher für Siemens-Martin-Öfen. Year Book Am. Iron Steel Inst. 1923, S. 382. Siehe auch Stahl und Eisen 1924, S. 666.
— Bauart der Wärmespeicher. Iron Coal Trades Rev. 1923, S. 767.

Radcliffe, F., Stahlerzeugung im saueren Siemens-Martin-Ofen. Trans. Am. Soc. Steel Treat. 1925, S. 728.
Rauter, G., Dr., Sparfüllung für Wärmespeicher. Stahl und Eisen 1908, S. 1279.
Rees, W. J., Veränderungen in Silicasteinen während ihrer Verwendung in Siemens-Martin-Öfen. J. Am. Ceram. Soc. 1925, S. 41.
— Bemerkungen über das Lagern von Silicasteinen. Trans. Ceram. Soc. 1924—25, I. Teil, S. 62.
Reichert, J. W., Dr., Die Weltgewinnung an Eisen und Stahl. Stahl und Eisen 1926, S. 65.

Riemer, A., Über Inhomogenität der weichen basischen Martinblöcke. Stahl und Eisen 1902, S. 269.

— Manganerz als Entschweflungsmittel beim basischen Martinverfahren. Stahl und Eisen 1902, S. 1357.

Ring, H., Anlage und Betrieb eines Klein-Martinofens mit Teerölfeuerung. Stahl und Eisen 1914, S. 1424.

Rodsewitsch, N. B., Vom Ersatz des Roheisens im Siemens-Martin-Ofen durch Anthrazit. Bote d. Metallind. Nr. 4—8, 1923.

Rotter und *Matejka*, Temperaturmessungen im Herdraum eines Talbot-Ofens. Stahlwerksber. Nr. 93.

Ruhfus, A., Vorgänge beim Stahlschmelzen. Stahl und Eisen 1906, S. 775.

Russel, G. A. V., Einrichtung und Betrieb von basischen Martinstahlwerken. Iron Coal Trades Rev. 1921, S. 37, 82, 204 u. 238.

— Einige neuere Entwicklungen im Siemens-Martin-Betrieb. Iron Coal Trades Rev. 1924, S. 197.

Schach-Paronjaur, G. J., Das Siemens-Martin-Verfahren. Bote d. Metallind. 1924, Nr. 4 bis 6, S. 67.

Schdanow, W., Einige Bemerkungen über das Martinverfahren mit flüssigem Roheisen. Stahl und Eisen 1908, S. 1930 u. 1987.

Scheele, H. K. von, Über Abhitzeverwertung von Siemens-Martin-Öfen zur Holztrocknung. Stahl und Eisen 1924, S. 950.

Schenck, R., Die Verwendung von Sauerstoff und sauerstoffreicher Luft bei den Frischverfahren. Stahl und Eisen 1925, S. 1596.

Schleicher, S., Dr.-Ing., Über die Verwendung von Flußspat im Martinofen. Stahlwerksber. Nr. 54.

— Die Zersetzung von Kohlenwasserstoffen, Teer- und Kohlenoxyd im Siemens-Martin-Betrieb. Stahlwerksber. Nr. 94.

Schlipköter, M., Wärmewirtschaft im Eisenhüttenwesen. Dresden und Leipzig 1926.

Schmidhammer, W., Eine besondere Art des Erzprozesses im Martinofen. Stahl und Eisen 1902, S. 651.

— Stahlerzeugung im basischen Martinofen. Stahl und Eisen 1906, S. 1247.

Schmidt, H., Dr., Die Grundgedanken der Strahlungspyrometrie. Stahlwerksber. Nr. 88.

Schmitz, A., Das Torkret-Verfahren im Hüttenbetriebe. Stahl und Eisen 1926, S. 13.

— *F.*, Dr., Vergleichende Untersuchungen von basischem und saurem Stahl. Stahl und Eisen 1923, S. 1536.

— *W.*, Zur Kohlenstaubfrage. Stahl und Eisen 1924, S. 285.

Schock, N., Über die Wirtschaftlichkeit des Siemens-Martin-Verfahrens im Vergleich zum Thomas-Verfahren. Stahlwerksber. Nr. 23. Siehe auch Stahl und Eisen 1914, S. 697.

Schömburg, W., Ein neues Gas- und Luft-Umsteuerventil für Martinöfen. Gieß.-Zg. 1914, S. 525.

Schraml, Fr., Über Gasverluste der Siemensöfen. Stahl und Eisen 1904, S. 338.

Schreiber, J., Über die Abhitzeverwertung bei Siemens-Martin-Öfen. Stahlwerksber. Nr. 15. Vgl. Stahl und Eisen 1913, S. 45 u. 107.

Schrödter, R., Dr.-Ing., Über den Einfluß des Höhenunterschiedes und der Entfernung zwischen Gaserzeugern und Öfen im Martinbetriebe. Stahlwerksber. Nr. 65.

Schulte, R., Kontrolle für Siemens-Martin-Öfen und ähnliche Feuerungen. Stahl und Eisen 1905, S. 439.

Schulz, E. H., Dr.-Ing., Feuerfeste Baustoffe, ihre Prüfung und ihr Verhalten im Hüttenbetriebe. Stahl und Eisen 1926, S. 1667.

— Erforschung und Prüfung der feuerfesten Baustoffe für die Hüttenindustrie in Deutschland. Stahl und Eisen 1925, S. 1735 u. 1779.

— Der Betrieb der kippbaren Siemens-Martin-Öfen der Dortmunder Union. Stahlwerksber. Nr. 64.

Schumann, A. F., und *A. G.*, Verbesserung im Martinofenbau. Iron Age 1921, S. 269.

Schuster, Fr., Dr.-Ing., Das Talbot-Verfahren im Vergleiche mit anderen Herdfrischverfahren. Stahl und Eisen 1914, S. 944, 994, 1031; Stahlwerksber. Nr. 23.
— *W.*, Betriebserfahrungen bei der Stahlwerksabhitzeanlage der Hütte Donawitz. Mont. Rdsch. Wien 1926, S. 263.
— Betriebserfahrungen mit Abhitzekesseln hinter Siemens-Martin-Öfen. Stahl und Eisen 1924, S. 65.
Schwarz, C., Dr.-Ing., Die Strahlungsverluste eines Siemens-Martin-Ofens mit besonderer Berücksichtigung des Gewölbes. Stahlwerksber. Nr. 104.
— Berechnungsart des Speichervermögens einseitig beheizter Ofenwände. Stahlwerksber. Nr. 112.
— Die Ausflammverluste an Siemens-Martin-Öfen. Stahlwerksber. Nr. 114.
— Temperaturverteilung, Wärmedurchgang und Speicherfähigkeit bei einseitig periodisch beheizten Wänden. Z. techn. Phys. 1925, S. 457.
— *M. v.*, Dr., Eisenhüttenkunde. Berlin 1925.
Schweitzer, O., Erfahrungen mit dem Auskleiden von Stahlgießpfannen durch Ausmauern, Ausstampfen und Torkretieren. Stahlwerksber. Nr. 121.
— Über die Arbeitsweise des Eisen- und Stahlwerks Hoesch. Stahl und Eisen 1923, S. 649; Stahlwerksber. Nr. 63.
Scott, A. P., Koksofengas als Brennstoff für Siemens-Martin-Öfen. Iron Age 1911, S. 538. Vgl. Stahl und Eisen 1912, S. 61.
Seigle, J., Theoretische Überlegungen über gewisse Erscheinungen in der Arbeitsweise und Wirksamkeit von Umkehr-Wärmespeichern. Iron Coal Trades Rev. 1924, S. 766.
Shaner, E. L., Das Streben der Stahlwerker nach einem höheren Ofenwirkungsgrad. Iron Coal Trades Rev. 1923, S. 60.
Siemens und Siemens-Martin-Ofen siehe unter Martin.
Simmersbach, O., Die Herdofenstahlerzeugung aus flüssigem Roheisen. Stahl und Eisen 1905, S. 699. u. 769.
— Über neuere elektrisch betriebene Beschickungsvorrichtungen für Herdöfen. Stahl und Eisen 1903, S. 829.
— Neues Gas-Reversierventil für Herdöfen. Stahl und Eisen 1903, S. 891.
— Über die Verwendung von Koksofengas in unvorgewärmtem Zustand zur Stahlerzeugung. Stahl und Eisen 1913, S. 273.
— Über die Verwendung von Koksofengas im Martinofen. Stahl und Eisen. 1911, S. 1993 u. 2094.
Smith, Ch. A., Haltbarkeit des feuerfesten Materials bei Siemens-Martin-Öfen. Iron Coal Trades Rev. 1924, S. 546.
Springorum, Fr., Dr.-Ing., Der Martinprozeß. Stahl und Eisen 1897, S. 396.
— Die Beheizung von Martinöfen mit kaltem Koksofengas. Stahlwerksber. Nr. 44.
— Experimentelle Untersuchungen des Hoeschverfahrens. Stahl und Eisen 1910, S. 396.
Stadeler, A., Dr.-Ing., Wärmebehandlung eines sauren und basischen Martinstahls von ähnlicher Zusammensetzung. Stahl und Eisen 1911, S. 1728.
Stahlwerksanlage in Alabama, neuzeitliche. Iron Age 1925, S. 887.
Stauber, G., Dr.-Ing., Hebe- und Transportmittel in Stahl- und Walzwerksbetrieben. Stahl und Eisen 1907, S. 955.
— Desgleichen, Stahl und Eisen 1908, S. 1009, 1088 u. 1142.
Steinberg, C., Über die Stahlerzeugung im sauren Martinofen. Gorn J. 1910, S. 59.
Steinhoff, E., Untersuchungen über Silikasteine. Stahl und Eisen 1924, S. 1277.
Stobrawa, C., Das Fertigmachen der Martinchargen. Stahl und Eisen 1905, S. 30. Siehe auch Stahl und Eisen 1905, S. 212.
Stoughton, B., Neue Fortschritte in der Martinstahlerzeugung. J. Frankl. Inst. 1909, S. 470.
Straub, T. D., Basische Siemens-Martin-Öfen von großer Fassung. Iron Age 1911, S. 201.
Strauß, B., Über die Härten des Stahls. Kruppsche Monatshefte 1921, S. 81.
Stuart, M. Phelps, Die Beziehungen zwischen Gefüge und chemischer Zusammensetzung feuerfester Steine. J. Am. Ceram. Soc. 1925, S. 648.

Stuckenholtz, Spezialkonstruktionen moderner Transportmittel für Hüttenwerke. Stahl und Eisen. 1904, S. 1105.
Surzyczki, St., Talbot-Stahlschmelzverfahren in Frodingham. Stahl und Eisen 1903, S. 170.
— Ununterbrochenes Stahlschmelzverfahren in feststehenden Martinöfen. Stahl und Eisen 1904, S. 163. Siehe auch ebenda 1905, S. 675; 1904, S. 301 von *Daelen*; 1904, S. 458 von *Thiel*.

Tafel, W., und *Anke*, Die Möglichkeit der Verwendung von Gichtgas im Siemens-Martin-Ofen. Stahl und Eisen 1926, S. 147.
Talbot, B., Über neuzeitliche Siemens-Martin-Öfen. Stahl und Eisen 1913, S. 1860.
— Die Entwicklung des kontinuierlichen Herdofenprozesses. Vgl. Stahl und Eisen 1903, S. 682.
Talbots kontinuierlicher Siemens-Martin-Prozeß. Iron Age 1900, Nr. 6, S. 5. Siehe auch Stahl und Eisen 1900, S. 263.
Tate, T. R., Abhitzekessel und Siemens-Martin-Öfen. Iron Coal Trades Rev. 1921, S. 201.
Thiel, O., Der Bertrand-Thiel-Prozeß. Stahl und Eisen 1897, S. 403 u. 733; 1898, S. 146.
— Thomas- oder Bertrand-Thiel-Prozeß. Stahl und Eisen 1901, S. 1305. Siehe auch Stahl und Eisen 1902, S. 35.
— Ein neues Vorfrischverfahren in seiner Anwendung auf den Bertrand-Thiel- und Thomas-Prozeß. Stahl und Eisen 1903, S. 306.
Toldt-Wilcke, Regenerativgasöfen. Leipzig 1907.
Toy, F. L., Erzeugung von basischem Martinstahl. Iron Coal Trades Rev. 1920, S. 1199 u. 1275.
Trubin, K. G., Vom Aufkohlen beim Siemens-Martin-Verfahren. Bote d. Metallind. 1924, Nr. 4 bis 6, S. 5.
Tschernoff, K., Dr., Untersuchungen über die Struktur des Stahlingots. Z. d. Berg- u. Hüttenm. Vereins f. Steiermark u. Kärnten 1880, S. 307.
Turner, B. W., Der erste Martinofen in Australien. Iron Coal Trades Rev. v. 15. Nov. 1901. Siehe auch Stahl und Eisen 1902, S. 692.

Unckenboldt, Neuerung an Martinöfen. Stahl und Eisen 1903, S. 1275.

Veach, C. W., Erzeugung von basischem Martinstahl. Iron Coal Trades Rev. 1920, S. 178.

Wärmestelle: Anhaltszahlen für den Energieverbrauch in Eisenhüttenwerken. Düsseldorf 1925.
Wärmestrombilder (Sankey-Diagramme) aus dem Eisenhüttenwesen. Verlag Stahleisen m. b. H. Düsseldorf. 1922.
Weeren, Dr., Beschickungsvorrichtungen. Dinglers polyt. Journ. Bd. 307, S. 108.
Westfälische Stahlwerke in Bochum, Die neuen Stahlwerksanlagen der —. Stahl und Eisen 1908, S. 113.
Whiteley, J. H., Wirkungsweise des Eisenoxyds in basischen und sauren Siemens-Martin-Schlacken. Iron Coal Trades Rev. 1925, S. 952. Siehe auch Stahl und Eisen 1925, S. 1923.
— Die Schwankungen des Schwefelgehalts in sauren Siemens-Martin-Stahlschmelzungen. Iron Coal Trades Rev. 1924, S. 216. Siehe auch Stahl und Eisen 1925, S. 1431.
— Die Entphosphorung von Stahl im basischen Ofen. Iron Coal Trades Rev. 1922, S. 839.
— und *Hallimond*, Einwirkung der Eisenoxyde auf die Zustellung des sauren Martinofens. Iron Coal Trades Rev. 1919, S. 366. Vgl. Stahl und Eisen 1920, S. 951.
Wickhorst, M. H., Über den Einfluß des Siliciums auf die Siemens-Martin-Blöcke. Iron Coal Trades Rev. 1913, S. 804. Vgl. Stahl und Eisen 1913, S. 1948.
Wigham, W., Verschiedene Beheizungsarten von Martinöfen. Iron Age 1913, S. 1056.
Wilcke, F., Wärmetechnik und Wärmewirtschaft. Leipzig 1926.

Wilhelm, H., Örtlicher und zeitlicher Temperaturverlauf im Herdraum eines Siemens-Martin-Ofens. Stahlwerksber. Nr. 106.

Williams, Cl. E., Betriebsverhältnisse im Siemens-Martin-Ofen rücksichtlich der feuerfesten Stoffe. J. Am. Ceram. Soc. 1924, S. 681.

— *J. W.*, Überwachung des Schwefels im basischen Martinbetrieb. Blast Furnace 1923. S. 51.

Withworth, E. A., Basischer Siemens-Martin-Betrieb. Trans. Am. Soc. Steel Treat. 1925, S. 739.

Worobiew, W., Der Betrieb von Siemens-Martin-Öfen mit Hochofengas. Stahl und Eisen 1913, S. 2009.

Würtenberger, F., Zersetzung des Kohlenoxydgases im Wärmespeicher des Martinofens. Stahl und Eisen 1903, S. 447.

Wüst, F., Vergleichende Untersuchungen an saurem und basischem Stahl. Mitt. Eisenforsch. 3. II. 1922, S. 29. Verl. Stahleisen.

— und *Felser*, Der Einfluß der Seigerung auf die Festigkeit des Flußeisens. Stahl und Eisen 1910, S. 2154.

Ziegler, A., Einfluß der Karburierung und des Wasserdampfgehaltes von Heizgasen auf den Wärmeübergang im Siemens-Martin-Ofen. Stahlwerksber. Nr. 96.

Namen- und Sachverzeichnis.

BETRIEBS-KONTROLLE

Gas sparen . . . !
MONO

DIE PHYSIKALISCHEN UND CHEMISCHEN GRUNDLAGEN DES EISENHÜTTENWESENS

Von

PROF. WALTHER MATHESIUS

Berlin

Zweite, umgearbeitete Auflage

Mit 39 Figuren im Text und auf einer Tafel, 106 Diagrammen im Text und auf zwei Tafeln. Geheftet RM 27.—, gebunden RM 30.—

Ferrum: Der logische Aufbau des Werkes bedingt eine vortreffliche Übersichtlichkeit, die noch durch ein ausführliches Inhaltsverzeichnis gehoben wird. Die Darstellungsweise ist klar und lebendig, bringt viel neue Gedanken und Anregungen und gestaltet manchen an und für sich trockenen Stoff interessant. Zahlreiche Figuren, Diagramme und Tabellen ergänzen den Text.

Stahl und Eisen: . . . Das Buch soll eine Ergänzung bilden zu den allgemein geschätzten und überall bekannten Handbüchern für Eisenhüttenkunde von Ledebur und Wedding. Es soll gleichsam ein Nachschlagewerk sein, das rasch über die chemischen und physikalischen Vorgange des gesamten Eisenhüttenwesens unterrichtet. Dieses Ziel, das der Verfasser sich steckte, darf als vollauf erreicht bezeichnet werden. Ein anzuerkennender Fleiß, eine große Arbeit gibt dem ganzen Werke eine Grundlage, die auch außergewöhnliche Belastungen — ich meine Abweichungen von dem gesteckten Ziele (das ist, nur die chemischen und physikalischen Vorgänge zu behandeln) — verträgt . . . Den Eisenhüttenleuten, ebenso den Hüttenwerken kann ich das Buch für ihre Bücherei deshalb nur wärmstens empfehlen.

DAS KALKBRENNEN

mit besonderer Berücksichtigung des Schachtofens mit Mischfeuerung und die Gewinnung von kohlensäurehaltigen Gasen

Von

BERTHOLD BLOCK

Zivilingenieur, Berlin-Charlottenburg

Zweite, wesentlich erweiterte und völlig neu bearbeitete Auflage

Mit 270 Abbildungen in der Schrift

Geheftet RM 25.—, gebunden RM 27.50

Claassen, Zentralblatt für die Zuckerindustrie: Es ist ein vortreffliches Werk, das der Verfasser uns bietet, da es das bisher über das Kalkbrennen Geschriebene an Vollkommenheit und Eigenart der Darstellung weit übertrifft. Er beherrscht in sicherer Weise alle Lehren der Physik, Chemie und Technik, die auf den Kalkofenbetrieb einen Einfluß haben, und mancher Leser des Buches wird erstaunt sein, wie viele Zweige der Wissenschaften dabei in Betracht kommen, insbesondere daß das Verflüchtigen der Kohlensäure aus dem Kalkstein den gleichen Gesetzen unterworfen ist wie die Verdunstung und Verdampfung von Flüssigkeiten. Daher bilden die Lehren von den Dämpfen und ihrer Spannung, von der Wärmeübertragung und Wärmeleitung die unmittelbaren Grundlagen für die Theorie des Kalkbrennens; aber nicht weniger wesentlich sind die Lehren von der Verbrennung und der Gasströmung und selbstverständlich auch die Erklärung aller chemischen Vorgänge im Kalkofen und die chemische und physikalische Beschaffenheit der in Betracht kommenden Stoffe und ihr Verhalten in der Hitze. Unter der sicheren Führung des Verfassers folgt man seiner Darstellung und seinen eingehenden Berechnungen, deren Ergebnisse in Tafeln zusammengestellt und vielfach durch besondere Figuren deutlicher zum Ausdruck gebracht werden . . .

Chemische Apparatur: Das Wort „Aus der Praxis für die Praxis" gilt vielfach schon als sehr abgebraucht; wenn aber irgendwo, so ist es hier am Platze. Der Verfasser schöpft aus einem reichen Schatze an Erfahrung. Besonders lehrreich ist die unmittelbare Nutzanwendung der theoretischen, physikalischen und chemischen Erörterungen auf die Technik des Kalkbrennens. Die in derartigen Monographien oft deutlich fühlbare Scheidewand zwischen Theorie und Praxis fehlt hier vollkommen.